高等学校教材

环境经济学

钱 翌 张培栋 编著

化学工业出版社

·北京·

环境经济学是一门新兴的边缘学科。本书共分十章，从经济学角度对环境问题进行了深入探讨。本书的环境经济学基本理论、分析方法、实践应用都是建立在市场经济体系之上，同时体现了可持续发展的思想，建立起一种全新的理论框架体系，并且充分吸收了国外资源环境管理研究中的新理论和新成果，为市场经济新形势下我国环境资源管理模式的构建提供科学的参考依据。

本书可作为环境类、经济类、管理类专业本科生和研究生学习用书，也可作为其他相关专业教学参考用书，对于从事环境保护、资源管理、农业生产等部门的工作人员也有一定的参考价值。

图书在版编目（CIP）数据

环境经济学/钱翌，张培栋编著. —北京：化学工业
出版社，2015.2（2021.1 重印）
高等学校教材
ISBN 978-7-122-22615-0

Ⅰ.①环…　Ⅱ.①钱…②张…　Ⅲ.①环境经济学
Ⅳ.①X196

中国版本图书馆 CIP 数据核字（2014）第 301758 号

责任编辑：高　震　杜进祥　　　　　　　　文字编辑：李　曦
责任校对：王素芹　　　　　　　　　　　　装帧设计：孙远博

出版发行：化学工业出版社（北京市东城区青年湖南街 13 号　邮政编码 100011）
印　　装：北京七彩京通数码快印有限公司
787mm×1092mm　1/16　印张 11¼　字数 292 千字　2021 年 1 月北京第 1 版第 5 次印刷

购书咨询：010-64518888　　　　　　　售后服务：010-64518899
网　　址：http://www.cip.com.cn

凡购买本书，如有缺损质量问题，本社销售中心负责调换。

定　　价：38.00 元

　　传统的粗犷型经济发展模式造成了一系列极其严重的资源环境问题，资源耗竭、能源短缺、环境污染、生物多样性破坏……人口、资源、环境与经济发展已成为人类社会共同面临的全球性问题。在市场经济下如何有效配置环境资源，调整产业结构以应对经济结构转型，构筑可持续的生产、消费和绿色贸易发展的政策体系，是我国亟待解决的重大现实问题。

　　环境经济学是从新古典经济学、福利经济学逐渐演化而来的，是西方经济学逻辑体系的自然延伸，是西方经济学自身的一个必要组成部分。环境经济学的实践建立在市场经济基础理论之上，主要运用市场手段来解决资源开发利用中的环境外部性问题，是一门研究环境与社会经济协调发展的理论、方法和政策手段的综合性交叉学科。在国外，环境经济学一直是高等院校环境、管理类专业的主干课程。在我国，环境经济学是一门新兴学科，目前仍处于完善阶段，许多问题都值得深入研究和探讨。党的十八届三中全会提出"加快资源税改革""实行资源有偿使用制度和生态补偿制度"，明确了我国环境资源保护和发展的方向，强调政府应基于市场，运用宏观调控措施，解决资源、环境可持续利用问题。

　　随着区域和全球环境问题的不断加剧、国内市场经济体系的不断完善、基于市场机制解决环境问题的意识不断增强，以及环保部门利用经济手段管理环境的实践不断增多，国内相关专业陆续开设了此类课程。

　　本书共分十章，即绪论；经济学基础；外部性理论；环境成本理论；资源开发与环境恶化；环境费用-效益分析；环境经济评价；环境政策手段分析；外部性内部化的环境经济刺激手段分析；环境与贸易。在内容体系安排上本书具有以下特点。

　　第一，环境经济学的基本理论、分析方法、实践应用都是建立在市场经济体系之上；第二，环境开发利用中体现了可持续发展的思想，并建立起一种全新的理论框架体系；第三，充分吸收了国外资源环境管理研究中的新理论和新成果，为市场经济新形势下我国环境资源管理模式的构建提供科学的参考依据。

　　本书可作为环境类、经济类、管理类专业本科生和研究生学习用书，也可作为其他相关专业的教学参考读本，对于从事环境保护、资源管理、农业生产等部门的工作人员也有一定的参考价值。

　　本书由钱翌负责总体设计，由钱翌和张培栋共同完成。具体分工如下：第一章由钱翌编著；第二章由张培栋编著；第三章由钱翌编著；第四章由钱翌、张培栋编著；第五章由钱翌编著；第六章由钱翌、张培栋编著；第七章由张培栋、钱翌编著；第八章由钱翌、张培栋编著；第九章由钱翌、张培栋编著；第十章由张培栋编著。全书由张培栋负责统稿工作，徐艳对书稿进行了认真地整理及文字校对工作。

针对编写过程中参阅、摘引及摘编的相关文献著作中的内容，本书对直接引用内容已在正文中做脚注，对间接引用或有启发意义的论著皆在参考文献中列出。如有遗漏，敬请谅解。在此对所有被引用文献原著者表示衷心感谢！

因笔者水平有限，书中难免存在遗漏和疏忽之处，希望读者谅解并予以指正。

编著者

2014 年 12 月

CONTENTS 目 录

第一章 绪 论

环境经济学同大多数经济学分支一样，不是一门先验的科学，而是运用经济学理论和分析方法研究经济和环境的相互关系与作用机理的社会科学。环境经济学在创立和发展的过程中，既从微观经济学、宏观经济学、福利经济学等科目获得大量理论支持，同时也融合和借鉴了与环境相关的自然科学中的理论和方法。今天环境经济学的基本理论是一个综合了经济学和自然科学概念的综合体系。

第一节 环境经济学的产生和发展

环境经济学的产生和发展，是在经济社会发展过程中环境问题日益突出的情况下，随着人类对经济与环境关系认识的逐步深入而形成的一门新兴学科。

一、环境与环境问题

环境是相对于中心事物而言，它因中心事物的不同而不同。环境经济学中的环境是以人为中心的人类生产和生活的场所。《中华人民共和国环境保护法》明确指出："本法所称环境，是指影响人类社会生存和发展的各种天然的和经过人工改造的自然因素总体，包括大气、水、海洋、土地、矿藏、森林、草原、野生动物、自然古迹、人文遗迹、自然保护区、风景名胜区、城市和乡村等"。

环境问题是指构成环境的因素遭到损害，环境质量发生不利于人类生存和发展的变化，甚至给人类造成灾害。环境问题是在经济发展过程中逐渐形成的。在人类社会发展初期，人口数量少，生产力水平低，人类对环境的影响很微弱，基本上不会产生环境问题。随着人口数量的不断增加和生产力水平的逐步提高，人类对自然环境的干预能力越来越大，超过了自然的承受能力，由此导致了环境问题。

环境问题分为两大类。一是由于自然灾害如地震、洪水、海啸、火山爆发等作用引起的环境问题，一般称之为原生环境问题；二是由于人为因素引起的环境问题，一般称之为次生环境问题。环境科学中研究的环境问题主要是次生环境问题。

人类活动引起的环境问题主要表现在两个方面。一是生态破坏，如水土流失、土壤沙化、盐碱化、资源枯竭、气候变异、生态平衡失调等；二是环境污染，人类活动产生的大量污染物，如废水、废气、固体废物等排入自然环境，使环境质量下降，以致影响和危害人体健康，损害生物资源。

二、人类解决环境问题的实践

环境问题可以给人类的生存和发展造成严重的危害，如降低环境质量、危害人体健康、破坏自然景观、危及后代发展等多方面。面对日益严重的环境问题，人类开始采取措施解决环境问题。

人类解决环境问题的实践大致经历了简单禁止、末端治理、综合防治三个阶段。随着解决环境问题的实践不断深入，人们逐渐发现，环境问题涉及面广，解决环境问题需要综合运用法律、经济、行政、技术、教育等手段。

三、环境问题的实质是经济问题

环境问题的实质是经济问题，这可以从以下三个方面进行阐述。

（1）环境问题是经济发展的"副产品"　目前，人类关注的环境问题是伴随经济的发展而逐渐形成的。

（2）环境问题会造成严重的经济损失　环境问题的日益恶化，会对社会经济造成严重的损失。据世界银行测算，2007 年室外空气和水污染对中国经济造成的健康和非健康损失的总和约为 1000 亿美元（相当于中国 GDP 的 5.8%）。

（3）环境问题的最终解决依赖于经济的不断发展　我们不能通过停止经济发展来解决环境问题，而只能通过经济发展来解决环境问题。

环境问题是个经济问题，解决环境问题必须从经济方面入手。从经济学角度分析环境问题产生的原因、危害，并提出解决环境问题的对策。

四、传统经济学的缺陷

传统经济理论的缺陷主要表现在以下两个方面。

① 传统经济理论不考虑"经济外部性"，而经济外部性是环境问题的根源。

② 衡量经济增长的经济学标准——国民生产总值（GNP）不能真实地反映经济福利，因为经济增长所反映的经济发展速率并不能全面地反映人民生活水平的提高。

五、环境经济学的产生

解决环境问题的前提就是要对其进行经济学分析。传统的经济学理论在分析、解决环境问题上存在着明显的缺陷。因此，为了满足环境保护实践的需要，一门新的学科——环境经济学诞生了。

① 自从工业革命以来，工业生产规模急剧扩大和能源使用方式的革命，把自然界中本来以高品位状态存在的物质和能量，经过开采、加工、转换、使用和排放，变成了低品位存在的形式。这种改变极大地影响了大气、土壤和水体的质量。

② 由于科技进步，人们能够了解发生在自然系统中非常微小的变化，因而能够比过去更加清楚环境问题的后果。

③ 现代化的生产过程产生了一些新的合成物质。这些物质对生态系统来说，其影响是未知的和不确定的，有些物种可能会适应自然环境的改变，有些则可能因为不能适应而发生变异，甚至灭绝。

④ 由于生活水平的普遍提高，公众已经开始向往和追求一个清洁、安全和舒适的环境。这表明，当温饱问题解决之后，环境需求是一种更高层次的需求表现。

在这样的社会发展背景之下，从经济学角度思考环境问题的经济学家们显然会得到十分重要的启示，发现需要深入研究的领域和问题。环境经济学开始真正进入形成和发展阶段。

20 世纪 70 年代以来，随着经济学的发展和环境问题的恶化，环境经济学不断吸收和借鉴新的理论工具和方法，学科理论体系和应用领域得到不断完善与发展。如今，环境经济学发展速度之快，应用范围之广，研究层次之深，不但远远超出了经济学同行乃至全社会的预料，也是环境经济学奠基者们所始料不及的。

为了适应社会需求的变化，各国政府纷纷建立了环境保护行政主管部门，代表国家行使管理环境的职能。保护环境要有政策和管理手段，需要投资，而什么样的政策和管理最有效，保护环境需要花多少钱，谁来出这笔钱，怎么花这些钱等，这一系列的问题都需要环境经济学家做出具体回答。

第二节 环境经济学的理论基础

古典经济学家虽然没有明确地提出经济增长的环境资源问题，但他们形成的一些理念在当代环境问题研究中仍发挥着重要影响。例如，托马斯·马尔萨斯（Thomas Robert Malthus，1766—1834 年）提出的绝对自然资源稀缺理论；大卫·李嘉图（David Ricardo，1772—1823 年）认为，人口的增多会促使社会将更为劣等的土地介入农业生产中，由于自然资源的稀缺性和土地收益递减规律，最终会使经济增长陷入停滞局面；约翰·斯图亚特·穆勒（John Stuart Mill，1806—1873 年）则坚信技术进步能够延缓农业收益递减规律的影响。政治经济学的经典理论尽管强调了市场机制在促进增长和推动创新中所发挥的重要作用，但对经济增长的前景持悲观态度。

1870 年以后，新古典经济学成为西方经济学主流体系。新古典经济学建立在"理性人假设""完全信息假设"和"完备市场"等基本假设基础之上，并采用边际分析技术方法。此外，新古典经济学认为，价值决定于交换，反映了产品的偏好和成本。相对稀缺论代替了绝对稀缺论，这些都为福利经济学的发展做了铺垫。很多经济学家认为，新古典经济学的假设存在一些固有缺陷，导致在现实经济活动中产生了大量环境污染问题。在这种背景下，环境经济学家以新古典经济学分析框架为起点，以福利经济学为理论基础，纠正了传统经济学中的固有缺陷（表 1-1），在继承前人研究成果的基础上，对外部性理论、成本-效用理论、公共物品理论、公共选择理论和产权理论等方面进行了修正和扩展，探求如何实现环境资源的有效配置。

表 1-1　传统经济学与环境经济学的比较

传统经济学	环境经济学
1. 不考虑环境与经济活动的相互关系和作用	1. 经济学的一门新兴分支学科,主要研究环境和经济活动的相互关系和作用
2. 主要研究私人物品,即可以在市场购买到的那些物品	2. 主要研究公共物品,不存在现成的市场或市场存在缺陷,无法进行有效的供给
3. 不考虑生产和消费过程产生的外部不经济性	3. 考虑生产和消费过程产生的外部不经济性
4. 不重视涉及时间的选择问题,例如自然资源的可持续利用和代际间公平问题	4. 重视自然资源的可持续利用和代际间公平问题
5. 基本不考虑资源的有限性和环境容量的有限性	5. 明确考虑资源的有限性和环境容量的有限性

资料来源：Katar Singh, Anil Shisbodia. Evironmental Economics: Therory and Applications. India: SAGE Publications, 2007.

20 世纪初，意大利社会学家兼经济学家帕累托（V. Pareto）从经济伦理的意义上探讨资源配置的效率问题，并提出了著名的"帕累托最适度"理论。这一思想后来被环境经济学者们奉为圭臬。外部性理论是环境经济学建立和发展的理论基础。外部性概念源于马歇尔1890 年发表的《经济学原理》中提出的"外部经济"概念，他的学生庇古（A. C. Pigou）在 1920 年出版的《福利经济学》中首次从福利经济学的角度系统地分析外部性问题，用外部性理论来解释环境污染问题。外部性是在没有市场交换情况下，一个经济主体的活动对另一个经济主体的活动产生的外部影响。庇古在书中引用了一个典型的环境问题来说明外部性的具体表现，一辆在铁路上行进的蒸汽机车冒出的火星，引燃了路边成熟的麦田（外部不经济性）。庇古还提出了实现外部效应内部化的办法——对引起外部性的活动征税或补贴，即"庇古税"。1960 年罗纳德．H. 科斯（Ronald H. Coase）在《社会成本问题》中提出了产权理论。产权理论认为，产权不明晰是外部性产生的一个典型来源。解决外部性理论问题可以用市场交易形式替代"庇古税"。

基于个人偏好和支付意愿或接受意愿的成本效益分析方法可以用来分析环境项目或环境政策的社会总成本和总收益，并评估其可行性。20世纪30年代和40年代，现代福利经济学的创始人约翰·希克斯（John R. Hicks）和尼古拉斯·卡尔多（Nicholas Kaldor）提出的希克斯-卡尔多标准推动了费用效益分析方法在环境项目和环境政策评估中的广泛应用。一系列环境价值评估方法如意愿调查法、旅行成本法、享乐价格法、生产函数法等也成了环境经济学不断探索的新领域。

环境资源一般都具有公共产权或开放性的特征，这也是环境资源被滥用的原因。1954年经济学家戈登（H. Scott Gordon）在《公共财产资源的经济理论：渔业》一文中指出，海洋渔场的公共资源属性导致渔民的过度进入和捕捞，结果使渔业的总产量下降。1968年哈丁（G. Hardin）发表的文章提出了"公地悲剧"的概念，公有资源往往被过度利用。政府可以通过管制或税收，也可以通过将公有资源变为私有资源的途径解决这些问题。

公共选择理论为人们探讨环境问题提供了又一个新的工具。公共选择是指非市场的集体选择，即政府选择。公共选择理论认为，个人是以自利为本性的，而所有团体的行为最终都可归结为组成团体的个人行为，即承认政府追求是某种特殊利益而不是全民利益，也是通过权衡成本收益来进行其最优选择。环境经济学家们应用公共选择理论对环境问题进行分析，认为政府失灵也是环境问题产生的根源之一。同时，不能否认政府在环境管理中的作用，更不能排除政府对环境问题的干预。大多数环境经济学家认为，提高环境管理决策者和执行机构对环境问题的全面正确理解、制定具有可操作性的环境政策，是解决环境问题的关键所在。

第三节　环境经济学的主要研究领域

纵观环境经济学的发展历程，其内容基本包括以下五个领域。

一、环境与经济的相互作用关系

环境与经济的相互作用是环境经济学中一个历史最悠久的研究领域，也是环境经济学的理论基础。鲍尔丁（Kenneth E. Boulding）在20世纪60年代中期提出了"太空船地球经济理论"，他将地球经济体系比喻为在浩瀚太空中航行的一艘孤立无援、与世隔绝的宇宙飞船，可供使用的资源和污染物的净化能力都是有限的，人们必须在循环生态系统中寻求到正确的位置，实现资源的持续供给。他指出，第一，根据热力学第一定律，生产和消费过程产生的废弃物，其物质形态并没有消失，必然存在于物质系统之内，因而在设计和规划经济活动时，必须同时考虑环境吸纳废弃物的容量；第二，虽然回收利用可以减轻对环境容量的压力，但是根据热力学第二定律，不断增加的熵意味着100%的回收利用是不可能的。"太空船地球经济理论"让学术界认识到，在大规模开发与利用环境资源过程中，外部性是一种无处不在的普遍现象，环境负外部性广泛影响着经济运行。

20世纪70年代初期，克尼斯（Allen V. Kneese）、艾瑞斯（Robert Ayres）和德阿芝（Ralph C. d'Arge）出版了《经济学与环境》一书。他们依据热力学第一定律的物质平衡关系，对传统的经济系统做了重新划分，提出了著名的物质平衡模型。他们还利用一般均衡模型，分析了包括环境要素在内的投入产出关系。该书首次从经济学的角度指出了环境污染的实质，并且勾勒出使用经济手段管理环境的前景。

二、环境价值评估及其作用

环境价值（费用效益）评估是自环境经济学学科建立以来发展最快的一个领域，也是争议最多的领域。评估环境价值主要有两个目的，其一是完善经济开发和环境保护投资的可行性分析；其二是为制定环境政策、实施环境管理提供决策依据。

在实际应用中，经济评价的作用主要表现在五个方面，一是表明环境与自然资源在国家发展战略中的重要地位；二是修正和完善国民经济核算体系；三是确定国家、产业和部门的发展重点；四是评价政策、发展规划和开发项目的可行性；五是参与制定国际、国家和区域可持续发展战略。

三、管理环境的经济手段

环境经济学在环境政策领域的研究包括两方面，一是如何在政府命令控制型政策和经济手段之间做出选择；二是需要什么形式的政府干预。经济学家多主张使用经济手段，因为经济手段更能够提高经济效率和促进技术进步。但是，在环境管理的实践中，大多数国家的政府更倾向于使用命令控制型手段。然而，近年来出于降低成本和提高效率的考虑，越来越多的国家开始使用经济手段。

经济学界对具体采用哪一种经济手段管理环境也有不同的看法。如以庇古税为基础的污染税或排污收费，主要是政府通过征税或者补贴来矫正经济当事人的私人成本。而基于科斯的产权理论，戴尔斯最早提出的可交易的许可证，其基础是新建一个排污权交易市场。此时，环境质量是由排污许可证的供给来保证的，而且这种供给是可调节的。持证的排污者可以根据市场价格的变化，决定买入还是售出排污许可证。在美国排污权交易比较通行，在欧洲和日本排污税（收费）则比较普遍。

四、环境保护与可持续发展

可持续发展概念是世界自然保护同盟（IUCN）在1980年发表的报告《世界自然保护战略：面向可持续发展的生命资源保护》中提出的。1987年，布伦特兰夫人在世界环境与发展委员会的调查报告《我们共同的未来》中真正把可持续发展的概念推上了全球视野。该调查报告指出，大多数发展中国家还在以自然资源的过度消耗和环境破坏来推动国民经济的增长；从本质上说，经济与环境是可以相互协调可持续发展的；传统的经济增长模式必须改变，新的发展战略应当建立在可持续的环境资源基础之上；为了实现可持续发展目标，经济效率是重要的，但同时也强调要公平分配，代内和代际公平是实现可持续发展的基本目标和前提。

环境经济学家认为，在经济发展中，应当遵守可持续性准则，即对环境费用和效益的经济价值进行评估；对重要的自然资源进行保护；严格避免不可逆转的损害；对可再生资源的利用严格限制在可持续产出的范围内；制订环境物品的"绿色"价格。

五、国际环境问题

在环境经济学发展的大部分时间里，其研究领域一直局限于一个国家的范围。但是，外部性是没有国界的。当前引起世人普遍关注的温室气体排放、臭氧层破坏、生物多样性破坏和酸雨都是国际环境问题。

解决国际环境问题的方法和措施在很大程度上不同于国内环境问题解决。因为没有一个国际权威机构能够控制跨国环境问题，这类问题的解决在很大程度上需要国际合作条约。大多数国际公约是各国自愿加入的，这就对国际环境政策的权威性和有效性构成了挑战。

解决跨国或国际环境问题，世界各国既有成功的经验（例如，欧洲的跨国酸雨问题、关于臭氧层的国际公约），也有一些正在探索之中的新方法、新手段（例如，全球范围内的温室气体排放权交易）。可以预见，为了人类共同的利益，世界各国最终将携起手来，解决日益紧迫的国际环境问题。环境经济学也将同过去一样，为了改善人类的福利，做出自己的贡献。

第四节　环境经济学的研究对象和研究方法

环境经济学研究的实质就是运用经济学的理论和方法来分析如何实现自然资源和环境资源的有效配置和利用，以实现经济的可持续增长。

将环境经济学定位于经济学科，就是要运用经济学的基本原理和方法，分析和研究环境保护与经济发展的关系，最大限度地利用经济手段，实现经济的可持续发展，实现总体效益的最大化。但是，环境经济学是主要研究人与自然关系的经济学，环境经济学的研究必须基于环境科学原理。放弃经济学理念和经济学分析工具的环境经济学就偏离了学科的本源，因为环境经济学科得以存在和发展的理由就在于经济学理论和方法在解决环境问题中的有效性。如果没有环境科学知识做支撑，闭门造车地研究环境经济学，则会使环境经济学的研究失去根基。环境经济学研究，就是运用经济学思维和经济学工具对环境问题进行分析、归纳、总结和判断。环境经济学的发展需要经济学家和环境科学家紧密合作。

第五节　经济学分析在环境问题研究中的作用

现代经济学为环境和自然资源分析提供了一种思想方法和分析工具。经济学分析为解决环境问题提供了非常有效的工具。人们常用道德原因解释为什么要保护环境（破坏环境是不应该的），相对于道德原因来说，经济原因可能是更有力或者更现实的解释（保护环境是经济上必需的）。这一点对说服政策制定者可能尤为重要。经济学首先指出在环境保护和资源配置问题上选择、决策的必要性，进而寻找环境恶化的经济原因，最后设计经济机制来减缓以至消除环境的恶化。经济学家说，天上不会掉馅饼，没有免费的午餐，保护环境必须花钱，必须耗费宝贵的资源，这些资源之所以宝贵，是因为它们可以用于其他用途，可以用于经济发展，解决吃饭问题。因此，存在选择的问题，必须做出决策，最有效地分配资源，使经济发展和环境保护两者的关系在可能的条件下得到最好的调和。

经济学为环境和自然资源分析及有关政策的制定提供了系统的分析工具，环境和自然资源这一新的研究对象也使经济学获得了新的发展。对环境和资源的改进或恶化进行的测量或计量就是现代经济学的一个新的研究命题。由于具有公共产品的特性，许多自然资源和环境变化的价值难以测定。而要确定环境污染的程度，也需要对环境变化的经济价值做出评价。环境经济学可利用社会成本效益分析方法来解决这一问题，从而为决策者确定使用或保护自然资源的力度、处理环境污染和经济发展的关系提供决策依据。

资源和环境问题给出了不同于理论学科以往所面临的那种挑战，一般不能依靠单一的学科来研究。在 20 世纪 50 年代，首先由生物、化学、地理学等自然科学的科学家对资源和环境问题进行了科学探讨，在环境机理和治理技术方面取得了重大进展。随后，经济学家从理论上对环境污染产生的根本原因进行了探讨，并意识到依靠传统的经济理论已不能解决环境污染、资源破坏和枯竭等问题。经济学家在剖析市场经济缺陷的基础上，提出了解决环境外部不经济性问题的种种手段以及市场工具，并从宏观经济学和微观经济学的角度，对资源与环境经济政策手段、环境质量价值评估方法和具体环境管理工具等进行了大量的理论和实证性研究。

宏观经济学的主要内容包括国民收入决定理论、经济周期理论、经济增长理论、货币与通货膨胀理论以及宏观财政与货币政策。它以整个国民经济活动为考察对象，研究经济中各有关总量的决定及其变化。环境问题也是宏观经济学研究内容之一。宏观经济政策与环境的研究开始于 20 世纪 70 年代末期，主要集中于衡量经济增长的标准和宏观经济政策与环境之间的关系两个方面。经济学家认为，作为经济增长主要指标的国民生产总值（GNP）所反映的"经济发展速度"并不能全面地反映社会福利水平的提高。因而，一些经济学家提出了将资源退化、环境污染和破坏以及家庭主妇劳务价值纳入国民收入核算体系的理论和方法，近年来逐步走向规范化并被推广应用。

微观经济学主要包括价格理论、生产理论、消费者行为理论、厂商均衡理论和分配理论等。它以单个经济单位（如居民户、厂商）为研究对象，研究单个经济单位的经济行为以及相应经济变量（如生产量、成本和利润等）如何确定，传统的微观经济学研究单个经济单位的经济行为时，一般都不考虑其外部不经济性，这一缺陷会使厂商产品价格和资源配置发生扭曲。其后果就是一些产品的价格与其边际社会成本偏离甚远，从而直接影响到地球或区域环境质量。经济学家针对这种现象，提出了市场外部性理论、环境质量公共物品理论、环境质量改善或破坏的经济评估方法以及解决外部性环境问题的手段等。

思 考 题

1. 请思考经济增长是否不可避免地导致环境退化？

2. 结合传统经济学和环境经济学的区别，试述环境与资源经济学的主要研究对象与研究内容。

3. 很多学者认为"宇宙飞船理论"对全球经济的描述在最终分析中是有效的。而与此同时，另一些学者则认为我们目前首先考虑的应该是营养不良和贫穷等迫切问题，这些问题的解决更应当是我们的直接目标，虽然我们最终必须达到可持续发展的目标，但它却不应该是不顾其他一切而追求的直接目标。对这两种不同的观点，你是如何理解的？

第二章　经济学基础

环境经济学的主要研究目的是解决资源与环境资源在不同使用者之间的有效配置问题，以促进人类社会与资源环境的可持续发展。

第一节　经济学的三大基本假设

经济学中的三大基本假设，一是稀缺性假设，即相对于人们的无限需要而言，资源是稀缺的；二是经济人假设，即人们都是在一定的约束条件下，试图实现自身利益最大化；三是交易成本不为零假设，即交易方式取决于交易成本与收益的比较。这三大前提假设同样适用于环境经济学。

一、稀缺性假设

稀缺性假设是指人们能够获取的生产要素相对于人们无穷无尽的需要，总是稀缺的。在环境经济学中，生产中所使用的资源总是稀缺的，这是人类生存环境的客观现实。

在经济学中，稀缺性假设把市场价格信号看作资源配置的有效手段，即当市场上产品供不应求时，产品的市场价格就会上升，产品生产者或提供者就会增加产品的生产，随着市场上产品供求趋于平衡，产品的价格才会逐渐回落到稳定的均衡价格水平。反之，当市场上产品供过于求时，产品市场价格会下降，产品的生产者或提供者就会减少产品的生产，随着市场上产品供求趋于平衡，产品的市场价格才会逐渐上升到稳定的均衡价格水平。经济学中的"稀缺性假设"将稀缺仅仅视为一种普通的相对于需求的稀缺，夸大了市场价格机制调节供求的作用，完全忽视了资源的不可再生性与可耗竭性，没有考虑后代人的利益，因此在环境经济学中，必须要考虑自然资源不可再生和可耗竭性的特点。

二、经济人假设

经济学中的"经济人假设"包含了三层意思，人们以自身效用或利润最大化为目标；人们受信息限制表现出有限理性特征；信息不对称时人们为实现自身利益最大化，会表现出不完全披露信息的机会主义行为倾向。

1. 追求自身效用或利益最大化假设

冯·米塞斯认为从事经济活动的人会努力追求实现自身效用或利益最大化，这是"人类行为的基本逻辑"，是不言自明的真理。在现代主流经济学中，人们追求自身效用或利益最大化假设被视为考察各种经济问题的基本前提。

在追求自身效用或利益最大化假设下，人们在从事经济活动的过程中，既不会考虑他人和社会利益，也不会考虑子孙后代的利益。因此追求自身效用或利益最大化假设与经济社会可持续发展是相悖的。

2. 有限理性假设

有限理性假设是一个现实性很强的假设，在纷繁的世界中，从事经济活动的人们总是希望能够凭借自己的理性做出判断，但是由于受可获得信息数量的多寡、信息传播的效率、人们接受信息的能力限制，人们只能在有限理性中试图做出判断，并依靠经验、习惯和惯例等已有的决策模式，寻找解决问题的满意方案，而不是利益最大化方案。

3. 机会主义行为倾向

机会主义行为倾向是指在信息不对称的情况下，人们不会完全如实地披露所有的信息，会有损人利己的行为的倾向。损人利己的行为可分为两类，一类是在追求私利的时候，"附带地"损害了他人的利益，例如化工厂排出的废水污染了河流；另一类是纯粹以损人利己为自己谋利，如坑蒙拐骗、偷窃。机会主义行为使各种社会经济活动处于混乱无序状态，造成资源极大浪费，给社会带来难以估计的损失，阻碍社会的发展。

三、交易成本不为零假设

现实中人们为了达成交易，需要花费时间和成本寻找交易对象、选择适用的交易方式、讨价还价达成一致价格、缔结契约、监督契约条款履行等，所耗费的时间和成本就构成了交易成本。交易成本的存在大大减少了现实中的交易活动。交易成本不为零假设具有很强的现实性，是产权制度存在的理论依据。

第二节　经济学的基本概念

一、成本与收益

1. 成本

成本也称为生产费用，指生产中投入的劳动、材料和资本品等生产要素之和。其中，劳动成本是企业付给管理人员和雇用工人的工资；材料成本包括原材料和中间产品的成本；资本品成本则包括厂房等建筑物及机器的成本。

在传统经济学中，成本可分为总成本、平均成本和边际成本。总成本是指生产一定量产品所需要的成本；平均成本是指平均生产每单位产品所消耗的成本；边际成本是指每增加一单位产品所增加的成本。

一家小型的环保设备生产企业，假设企业目前主要生产一种废气处理器，那么企业为生产这种产品而购买机床及各种原材料、雇用的工人、建设厂房等方面的所有支出均构成该企业的生产成本。

2. 收益

在传统经济学中，收益是指厂商出售产品得到的收入，即单价与销售量的乘积。收益包括成本和利润两个部分，它也可分为总收益、平均收益和边际收益。总收益是指销售一定量产品所获得的全部收入；平均收益是指平均销售每单位产品所获得的收入；边际收益是指每增加销售一单位产品所获得的收入。

为了实现利润最大化，所有企业都会尽可能降低成本，在产品价格和产量既定时，企业往往通过寻找成本最低的生产方法来实现利润最大化。因此，利润最大化企业也是成本最小化企业。在一定限度内，企业会依据劳动、材料和资本品的市场价格水平，改变劳动、材料和资本品的投入组合，以降低生产成本。

3. 收益-成本分析

收益-成本分析是指对投入与产出进行货币估算和衡量的方法。在市场经济条件下，任何一个经济主体在进行经济活动前，都要考虑经济价值上的得失，以便对投入与产出有一个尽可能科学的估计。即先要估算一个项目的预期收益，然后再比较实施该项目的社会总成本。例如，如果要修建一个公园，那么，公园提供给人们的娱乐享受就是收益，修建公园的预期花费以及所放弃土地的其他用途就是相应的成本。

在分析环境计划和政策时，应当同时考虑收益和成本两个方面。在很多环境问题引发的政治争论中，焦点往往都是收益和成本的比较，争论中的一方主要关注收益，而另一方则主要关心成本。通常说来，强调收益的多是一些环境保护组织，企业则更侧重于成本。

二、社会成本和私人成本

社会成本是整个社会从事某种活动时付出的总成本，等于私人成本与外部成本之和。

（1）私人成本是单个经济主体在市场中生产某种产品或提供某种服务真正支付的费用。"私人"是具备独立决策行为的单个经济主体，可以是一个生产者、一个企业、一个消费者或一个家庭等。

（2）外部成本是私人活动对外部造成影响却没有为之支付的成本，外部成本造成了私人成本与社会成本之间的差额。例如，某人吸烟时，对空气造成污染，这是社会成本的一部分，本人却没有承担，私人成本小于社会成本，存在有害的外部成本；当私人成本大于社会成本时，存在有益的外部成本，比如，某人饲养的蜜蜂对附近的苹果种植园主带来了有益的影响，但并未得到苹果种植园主的相应支付，私人成本大于社会成本，存在有益的外部成本。

三、机会成本

机会成本是指把一定的资源用于生产某种产品时所放弃的生产其他产品的最高价值，或者利用一定的资源获得某种收入时所放弃的其他收入的最高水平。

举例来说，两个工厂，条件相同，但甲厂每年赢利300万元，乙厂每年赢利只有100万元。就财务会计而论，乙厂并不亏本。但用机会成本来衡量，甲厂每年获得的300万元盈利，就构成乙厂年度机会成本的一部分。因为如果把乙厂交给甲厂管理，它一年能赢利300万元。乙厂能赚而不赚，就是亏本。

资源环境一般可以用于不同的用途，有时这些用途之间互相不可兼容，则会存在资源环境的机会成本。例如，三峡可以用来观赏，也可以用来发电。为了发电修筑水坝，改变了三峡原有的景观。发电和原有景观之间不兼容，发电的机会成本是牺牲原有的景观用途。

一般来说，使用资源带来机会成本有以下两个前提。

① 该资源具有物质意义上的稀缺性。

② 该资源必须有多种可能的使用选择。比如，有些资源可以现在使用，也可以将来使用。那么现在使用该资源所放弃的将来使用它可能带来的收益，就成为现在的机会成本。

机会成本有时是明显的，而有时并不那么明显。明显的机会成本也叫做显性成本，包括企业为了生产产品而做出的货币支出。不明显的机会成本也叫隐性成本，是那些没有体现为货币支付的机会成本，主要包括时间成本、资本成本、资源成本和环境成本。经济学家一般关心的是企业如何做出生产和定价决策，在衡量成本时会考虑所有的机会成本。而会计师的工作是记录流入和流出企业的货币，主要衡量显性成本，往往会忽略隐性成本。

四、市场

根据市场参与者对市场的影响程度不同，可以将市场分为完全竞争市场和非完全竞争市场两大类，其中非完全竞争市场又可分为完全垄断市场、寡头垄断市场和垄断竞争市场三种类型。

1. 完全竞争市场

完全竞争市场是一种理想的市场状态，其特征包括生产者和消费者都很多，而且规模很小，只是既定价格的接受者，而不是价格的决定者；所有卖者向市场提供的产品都是同质的，对买者来说没有任何差别；私人成本等于社会成本；生产者和生产要素都可以自由进入或退出市场；信息是完全的。

现实中很难找到完全符合上述特征的完全竞争市场，只能近似地认为某些市场满足完全竞争市场假设条件。例如，在一个小麦市场，小麦可以近似地被认作是同质产品，同时，市场上的确有成千上万出售小麦的农民和千百万使用小麦和小麦产品的消费者，此时，由于没有一个买者或卖者能影响小麦价格，每个人都只是市场价格的接受者。

2. 非完全竞争市场

（1）完全垄断市场　它是指整个行业中仅存在一个厂商的市场类型。在完全垄断市场中，厂商控制了整个行业的商品供给；该厂商生产和销售的商品没有任何相近的替代品，不受竞争的威胁；新厂商不可能进入该行业参与竞争；该厂商独自定价并实行差别价格来保持垄断地位，获取垄断利润。例如，本地的电力公司可能就是这样的垄断厂商，因为居民只能从这一家电力公司购买电力产品。

（2）寡头垄断市场　在寡头垄断市场中，只有少数几家厂商供给该行业全部或大部分产品，每个厂家的产量占市场总量的相当份额，对市场价格和产量有举足轻重的影响。由于每一厂商的行为都会影响对手的行为，所以，每个寡头在决定自己的策略和政策时，都非常重视对手的态度和反应。例如，本地的通讯服务运营商市场就是寡头市场，通讯服务主要由两三家通讯运营商提供，这些通讯运营商总是努力避免激烈竞争，以维持高价的通讯服务。

（3）垄断竞争市场　市场中有许多厂商，他们生产和销售的是同种产品，但这些产品又存在一定的差别。产品差别不仅指同一种产品在质量、构造、外观、销售服务条件等方面的差别，还包括商标、广告方面的差别和以消费者想象为基础的虚构差别。由于存在着这些差别，使得产品成了带有自身特点的"特殊"产品，也使得消费者有了选择的可能，从而使厂商对自己差异化产品的生产销售量和价格具有了控制力，即具有了一定的垄断能力，此时厂商垄断能力的大小则取决于其产品区别于其他厂商的程度。产品差异化程度越大，垄断程度越高。垄断竞争市场是常见的一种市场结构，如肥皂、洗发水、毛巾、服装、布匹等日用品市场，餐馆、旅馆、商店等服务业市场，牛奶、火腿等食品类市场，书籍、药品等市场大都属于此类。

在多种市场类型中选择完全竞争市场开始研究，是因为完全竞争市场最容易分析，而且，大多数市场上都有某种程度的竞争，因此，基于完全竞争条件得到的诸多供给与需求结论也适用于更复杂的市场。

五、经济效率

微观经济学经济效率研究的核心是资源的有效配置，就一个私人经济主体而言，在给定的资源约束条件下实现效用最大化或利益最大化，就是高效的。而社会经济效率更加追求在既定的资源约束条件下，如何实现最大社会经济福利❶。资源配置效率或经济效率与社会经济制度和市场结构密切相关。衡量经济效率的标准主要有以下两个方面。

（1）帕累托效率标准　即假定固有的一群人和可分配的资源，从一种分配状态到另一种状态的变化中，在没有使任何人境况变坏的前提下，也不可能再使某些人的处境变好。换句话说，就是不可能再改善某些人的境况，而不使任何其他人受损。显然，这是一种难以实现的理想状态，按照帕累托效率标准，只要有任何一个人受损，整个社会变革就无法进行。

（2）卡尔多-希克斯改进标准　即如果一种变革使受益者所得足以补偿受损者的损失，这种变革就叫卡尔多-希克斯改进。如果卡尔多-希克斯已经达到没有改进余地的状态，那么

---

❶ 在福利经济学中，福利指消费者和生产者通过市场交易活动所获得的收益。消费者所获得的收益表现为从购买商品（或服务）中所获得的满足程度，即效用。生产者所获得的收益表现为生产和出售商品（或服务）所获得的利润。

就达到了卡尔多-希克斯效率。按照卡尔多-希克斯的改进标准，一项变革如果能使整个社会的收益增大，只要全社会受益足以补偿受损的利益，即便有些人会利益受损，变革也可以进行。

相比帕累托效率标准，卡尔多-希克斯改进标准的条件较为宽松，在谈判成本不是很高的条件下，卡尔多-希克斯改进可以转化为帕累托效率。这是卡尔多-希克斯标准更受人们欢迎的主要理由。

第三节　一般经济物品的配置理论

一般经济物品的配置理论包括价格和竞争机制、消费理论、生产理论、一般均衡理论和福利经济理论等。

一、价格和竞争机制

一般市场中独立的经济单位分为卖方和买方两大类，买方包括消费者和厂商，消费者以消费为目的购买商品和服务，厂商以生产商品和提供服务为目的购买劳动力、资本和原材料。卖方包括出售商品和服务的厂商，出卖劳动力的工人，向厂商出租土地或矿产资源的资源拥有者。市场是通过卖方和买方相互作用使交易成为可能的卖方和买方的集合。

所谓市场机制则是指通过市场价格和供求关系的变化以及经济主体之间的自由竞争，协调供给和需求之间的关系，促进产品和生产要素的流动与分配，从而实现资源优化配置的机制。市场机制的核心是价格机制与竞争机制。市场通过价格波动的信号为市场主体指示方向。市场主体参与价格竞争或非价格竞争，适应市场者生存，不适应者被淘汰，市场机制由此发挥优化资源配置的作用。

1. 需求

单个消费者对某种商品的需求构成单个需求。全体消费者对某种商品需求的总和构成市场需求。在现实中，我们考察经济发展与环境的关系时，更加关注群体行为，因此，我们研究特定人群的总需求和支付意愿。

① 需求（Demand，以 D 表示）是指在特定时间内，在各种可能的价格下，消费者愿意并且能够购买的某种商品的数量。

在特定的时间内，消费者对一定数量的商品所愿意支付的最高价格为需求价格。消费者对商品的需求量与需求价格呈反向变动的规律，称为需求法则。

如果用横轴代表商品的数量，纵轴代表商品的价格，则可得到一条表征商品的需求价格与需求量之间关系的曲线，也就是需求曲线，如图 2-1 中的 D_0 和 D_1。需求曲线一般从左上方向右下方倾斜，且倾斜程度随着商品的不同而不同。

消费者对一种商品的需求量受多种因素影响，如商品的价格、家庭收入水平、收入分配的平均程度、消费者偏好、替代品或互补品的价格、消费者的预期价格等。

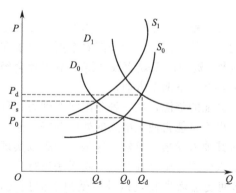

图 2-1　需求与供给的变动对市场均衡的影响

在一定时间内，某个消费者对一种商品的需求，称为个别需求。某个市场的所有消费者的个别需求之和，称为市场需求。市场需求曲线是市场中所有个体消费者需求曲线的水平叠加。

商品价格变动所引起的需求量的变动，称为需求量的变动。即对于给定的需求曲线（如图 2-1 中的 D_0 所示），价格越低，消费就越多，这是沿着需求曲线的变动；当商品本身价格不变时，其他因素（如消费者收入或偏好的变化）引起的需求量的变动，称为需求的变动，即如图 2-1 中，当需求曲线 D_0 右移至 D_1 曲线时，在给定的价格下，消费会更多。因此，需求量的变动是指均衡点在一条既定的需求曲线上的移动，而需求的变动是指整个需求曲线的移动。

② 需求价格弹性[❶]（Price Elasticity of Demand，以 E_{dp} 表示）是指一种商品市场价格的相对变动所引起的需求量的相对变动，也就是需求量的变化率与价格的变化率之比。

按照需求法则，需求量与价格呈反向变动，故 E_{dp} 一般为负值，但习惯上都略去负号，采用其绝对值 $|E_{dp}|$。根据 $|E_{dp}|$ 的大小，可将商品的需求价格弹性分为以下五种。

a. 当 $|E_{dp}|=0$ 时，无论商品的价格如何变动，其需求量固定不变，此时称为完全无弹性。

b. 当 $1>|E_{dp}|>0$ 时，商品价格的任何变动，只会引起需求量较小程度的变动，此时称为缺乏弹性。

c. 当 $|E_{dp}|=1$ 时，价格的任何变动，会引起需求量同等程度的变动，此时称为单一需求弹性。

d. 当 $\infty>|E_{dp}|>1$ 时，价格的任何变动，会引起需求量较大程度的变动，此时称为富有弹性。

e. 当 $|E_{dp}|\to\infty$ 时，价格的任何变动，会引起需求量的无限变动，此时称为完全弹性。

③ 需求收入弹性（Income Elasticity of Demand，以 E_m 表示）是指消费者收入的相对变动所引起的对某种商品需求量的相对变动，也就是需求量的变化率与收入的变化率之比。根据 E_m 的大小，可以将各种商品分为四类。

a. 正常品：$E_m>0$，表示商品的需求量随着收入的提高而增加。

b. 奢侈品：$E_m>1$，表示收入发生相对变动时，商品需求量的变化更大。

c. 必需品：$1>E_m>0$，表示收入发生相对变动时，商品需求量的变化较小。

d. 劣质品：$E_m<0$，表示商品需求量随着收入增加而减少。

④ 需求交叉弹性（Cross Elasticity of Demand，以 E_{xy} 表示）是指一种商品价格的相对变动所引起的另一种商品需求量的相对变动。根据 E_{xy} 的大小，可以判断两种商品之间的关系。如果 $E_{xy}<0$，表示这两种商品为互补品；如果 $E_{xy}>0$，表示这两种商品互为替代品；如果 $E_{xy}=0$，表示一种商品价格的相对变动对另一种商品需求量的变动没有影响，这两种商品为独立品。

⑤ 消费者剩余衡量的是市场中消费者所得到的福利（利益）。在一定需求量下，需求曲线高度对应的是购买者的支付意愿，而每个购买者的消费者剩余等于他的支付意愿与市场价格之间的差额，一种市场上的消费者剩余总和就等于所有购买者的消费者剩余的加和。对一条既定的需求曲线，价格越是降低，消费者剩余越是增大。

2. 供给

在一定时间内，某个厂商对一种商品的供给量称为个别供给。市场上所有厂商对某种商品供给的总和构成市场供给。市场供给曲线是市场中所有个体厂商供给曲线的垂直叠加。

① 供给（Supply，以 S 表示）是指一定时间内，厂商在各种可能的价格下，愿意并且能够提供的某种商品的数量。

在特定时间内，厂商愿意出售一定数量商品的最低价格称为供给价格。一般来说，商品

[❶] 经济学上的弹性概念由阿尔弗莱德·马歇尔提出，是指一个变量相对于另一个变量发生的一定比例改变的属性。弹性的概念可以应用在所有具有因果关系的变量之间。作为原因的变量通常称作自变量，受其作用发生改变的量称作因变量。例如自变量 x 和因变量 y 之间存在关系 $y=f(x)$，称为 y 对 x 的弹性。

的供给量与供给价格呈正向变动，称为供给法则。

如果用横轴代表商品的数量，纵轴代表商品的价格，则可得到一条表征商品的供给价格与供给数量之间关系的曲线，也就是供给曲线，如图 2-1 中的 S_0 和 S_1。供给曲线一般从左下方向右上方倾斜，且倾斜程度随着商品的不同而不同。

一种商品的供给受多种因素影响，如商品的价格、技术水平[1]、有关商品的价格、生产要素的价格、厂商对未来的预期等。

商品价格变动所引起的供给量的变动称为供给量的变动。即对于给定的供给曲线（如图 2-1 的 S_0 所示），随着商品价格的上升，其供给量相应会增加，这是沿着供给曲线的变动。当商品本身价格不变时，其他因素（如生产成本或技术水平的变化）引起的供给量的变动称为供给的变动。如图 2-1 所示，当供给曲线由 S_0 向左移至 S_1 曲线时，即使价格不变，供给量也会减少。因此，供给量的变动是指均衡点在一条既定的供给曲线上的移动，而供给的变动是指整个供给曲线的移动。

② 供给价格弹性（Price Elasticity of Slapply，以 E_{sp} 表示）是指一种商品市场价格的相对变动所引起的供给量的相对变动，也就是供给量的变化率与价格变化率之比。

按照供给法则，供给量与价格呈正向变动，故 E_{sp} 一般为正值。根据 E_{sp} 的大小，可将商品的供给价格弹性分为 5 种情况，即供给完全无弹性（$E_{sp}=0$）、供给缺乏弹性（$1>E_{sp}>0$）、单位供给弹性（$E_{sp}=1$）、供给富有弹性（$\infty>E_{sp}>1$）、供给完全弹性（$E_{sp}\to\infty$）。

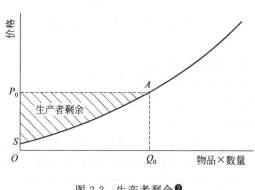

图 2-2　生产者剩余[2]

③ 生产者剩余概念由马歇尔在他的著作《工业经济学要义》中提出，指厂商在提供一定数量的某种产品时实际接受的支付价格和愿意接受的最低支付价格之间的差额。图 2-2 中 SA 为生产者生产物品 X 的供给曲线，P_0 为市场均衡作用下的最终价格，Q_0 是生产者按 P_0 价格向市场提供的物品 X 的数量，面积 $OSAQ_0$ 是生产者生产 Q_0 数量的物品 X 实际消耗总成本，而面积 OP_0AQ_0 是生产者按边际成本 P_0 销售 Q_0 数量的物品 X 的总收益，阴影面积 SP_0A 就是在该条件下生产者获得的生产者剩余，即相应生产经济活动下生产者本身所得的经济效益。生产者剩余与消费者剩余之和称为社会总剩余。

生产者剩余通常用来衡量厂商在市场供给中所获得的经济福利的大小，在供给价格一定时，生产者福利的大小就取决于市场价格的高低，如果厂商能够以较高的价格出售产品，厂商的福利就较大。一般来说，在其他因素不变时，提高市场价格或降低供给价格都会增加生产者剩余。

3. 市场均衡

在完全竞争市场条件下，市场通过价格自动调节供给和需求，使两者相等。此时的状态称为均衡状态，如图 2-1 中的需求曲线 D_0 和供给曲线 S_0 的交点，此时的商品均衡数量为 Q_0，商品的均衡价格为 P_0。

需求与供给的变动可以影响市场的均衡，从而起到调节市场的作用。市场上商品的均衡

[1]　指科研项目创新性和技术攻关的难度。按技术水平高低可分为国际水平（有发明创造）、国内先进水平（有独创性）、接近国内水平、技术成熟（能解决生产问题）四级。

[2]　《环境科学大辞典》编辑委员会.《环境科学大辞典》. 北京：中国环境科学出版社，1991.

价格和数量是由需求和供给两种力量所决定的，任何一方的变动都会引起均衡点的变动。通常，需求的变动短期内引起均衡价格和均衡数量同方向变动，而供给的变动引起均衡价格反方向变动和均衡数量的同方向变动。图 2-1 中，需求的短期变动，由 D_0 增加到 D_1，均衡价格由 P_0 上升到 P_d，均衡数量由 Q_0 上升到 Q_d；供给的短期变动，由 S_0 减少到 S_1，均衡价格由 P_0 上升到 P_s，均衡数量由 Q_0 下降到 Q_s。

4. 供求理论与环境物品

在环境物品的供给方与需求方之间，并不存在现成的市场机制，这主要由于大多数环境物品都是免费取用的，没有价格。因此在现行的市场机制下，环境物品的价格和需求（供给）数量的信息往往不存在、不确定或很有限，无法自动实现环境物品的优化配置，导致环境物品使用中普遍存在低效率或无效率的现象。但是对一些环境物品来说，通过确定环境物品的供给和需求曲线，明确环境物品的均衡价格，就有可能通过价格和竞争机制来解决环境问题，并用效率标准来判断解决的效果。

二、消费理论

消费理论是从需求角度研究消费者行为的理论。在西方经济学中，一般以效用理论来分析消费者的行为。所谓效用是人们从消费一种商品中所得到的满足。消费者对商品的选择，取决于商品效用。效用理论有两种分析方法，即基数效用分析法和序数效用分析法。

① 基数效用分析法，也就是边际效用分析法。该分析法认为，一种商品对一个人的效用，可以用基数测量和进行加减计算，如 1，2，3，4…并且每个人都能够说出某种商品对自己的效用。

② 序数效用分析法，也就是无差异曲线分析法。该分析法认为，一种商品对一个人的效用无法测量或进行加减计算，但可以按照消费者的偏好排出顺序，以序数第一、第二…表示商品效用的高低。

1. 边际效用分析法

按照基数效用分析法，总效用是指消费者在一定时间内消费某种商品而获得的效用总量。一种商品的边际效用是指每追加一个消费单位所增加的效用。

边际效用递减规律是指在一定时间内，在其他商品的消费数量保持不变的条件下，一个人消费一种商品的边际效用会随着消费量的增加而减少。

消费者均衡是指消费者以一定的收入，在一定的市场价格下，购买一定数量的商品，能够得到的最大满足的状态，即总效用最大化的状态。当消费者以一定的货币收入消费多种商品时，或者对一种商品采取多种消费方式时，一定要使最后一单位货币所取得的边际效用等于为之支付的边际成本，才能取得总效用的最大化。这就是效用最大法则。

2. 无差异曲线分析法

无差异曲线是指能够使消费者得到同样满足程度的两种商品的不同组合的轨迹。图 2-3 中，I_1、I_2、I_3 分别表示不同效用水平的 3 条无差异曲线。无差异曲线分析法是序数效用论的基础。该曲线的特点如下。

① 无差异曲线斜率为负。无差异曲线一般由左上方向右下方倾斜，斜率为负。这表明

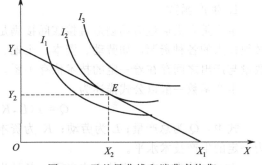

图 2-3 无差异曲线和消费者均衡

在收入和价格既定的条件下，为了获得同样的满足程度，增加一种商品的消费，就必然减少另一种商品的消费。每增加一个单位 X 而必须放弃的 Y 的数量，称为商品 X 对商品 Y 的边

际替代率。边际替代率一般为负值，但在应用中一般忽略负号。

② 无差异曲线凸向原点。在一般情况下，商品 X 对商品 Y 的边际替代率随着商品 X 的数量增加而递减，这就是边际替代率递减法则。边际替代率递减法则是由边际效用递减法则决定的，这使得无差异曲线都凸向原点。

③ 无差异曲线互不相交。预算线，又称为消费可能线或等支出线，是在收入和商品价格既定的条件下，消费者所能购买到的各种商品数量的最大组合，如图 2-3 中的曲线 X_1Y_1。如果将无差异曲线与预算线放在一个图中，那么预算线必定与无数条无差异曲线中的一条相切于一点，在该切点上消费者主观上的边际替代率等于客观上的价格比，最终实现了消费者均衡，如图 2-3 中的点 E。

3. 消费者剩余

消费者根据自身对商品效用的评价，来决定其愿意支付的价格。消费者对某物品所愿意支付的价格与实际支付的价格之间的差额就是消费者剩余。如图 2-4 所示，需求曲线 D 与供给曲线 S 相交，达到市场均衡，此时的均衡价格为 P_0，均衡数量为 Q_0，$\triangle AEP_0$ 的面积大小就是消费者剩余。

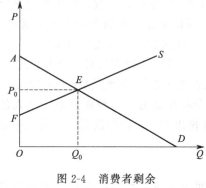

图 2-4 消费者剩余

消费者剩余在公共政策分析中是一个很重要的概念。从福利经济学的角度来讲，消费者剩余越大，表示消费者从这些商品的消费中得到的福利越大；反之，得到的福利越小。在环境经济学中，支付意愿和消费者剩余也是很重要的概念。从理论上讲，由于环境物品的有用性和福利性，其支付意愿是存在的，而且足够高。大多数环境物品没法用价格衡量或价格过低，其消费者剩余也应当是很大的。如果能够根据对环境物品的支付意愿，建立环境物品的需求曲线，就可以确定环境物品的消费者剩余。利用支付意愿和消费者剩余，就可以评估环境改善的经济价值和环境破坏的经济损失。环境物品作为公共物品，价格为零，消费者的需求量可达到最大，消费者剩余等于全部支付意愿，并且也达到最大。

三、生产理论

生产理论是从供给角度研究生产者行为的理论。生产理论可以从两个方面进行研究，即从实物形态上研究生产的原理，称为生产理论；从货币形态研究成本的结构，称为成本理论。生产理论和成本理论是同一生产者行为的两个方面，只是表现形式不同。

1. 生产函数

生产是人类通过劳动创造直接或间接满足人类欲望的效用过程，生产要素是生产过程中必须投入的各种资源，如劳动、资本、土地、自然资源、企业家才能等。生产要素的组合和数量与产出之间存在着一定的技术依存关系，对这种关系的定量描述就是生产函数。

生产函数一般以公式描述为：

$$Q = f(L, K, T, E, N \cdots) \tag{2-1}$$

式中，Q 为总产量；L 为劳动；K 为资本；T 为技术；E 为企业家才能；N 为土地；f 为一定的生产技术水平。

生产函数表示在一定技术水平下，各种生产要素（Q、L、K、T、E、N）组合所能达到的最大产出水平。

典型的生产函数如下。

① 柯布-道格拉斯（C-D）生产函数。

$$Q = AL^{\alpha}K^{\beta} \qquad (2\text{-}2)$$

式中，A 为模型参数，$A > 0$；α 为劳动 L 的产出弹性；β 为资本 K 的产出弹性。

② CES 生产函数。替代弹性不变的生产函数（Constant Elasticity of Substitution Production Function，CES 生产函数）是包括线性生产函数、投入产出生产函数、C-D 生产函数在内的一组具有不变替代弹性的生产函数。它的一般形式为：

$$Q = A\left[\alpha L^{-\rho} + (1-\alpha)K^{-\rho}\right]^{-\frac{1}{\rho}} \qquad (2\text{-}3)$$

式中，A 为模型参数，$A > 0$；α 为产出弹性或分配参数，$0 < \alpha < 1$；ρ 为替代参数，$\rho \geqslant -1$。替代弹性为：

$$E_{\sigma} = \frac{1}{1+\rho}$$

生产函数包括短期生产函数和长期生产函数。

2. 短期生产函数

一般假定短期内厂商在一定技术条件下，只生产一种产品（其产量为 Q），只有一种固定投入——资本 K，一种可变投入——劳动 L。在一定技术条件下，可变投入 L 与固定投入 K 组合所能够生产的最大产量，称为总产量。其中平均每单位劳动所生产的总产量，称为劳动的平均实物产量；平均每单位资本所生产的总产量，称为资本的平均实物产量。劳动的微小变动引起的总产量的变动，称为劳动的边际实物产量；资本的微小变动引起的总产量的变动，称为资本的边际实物产量。

根据短期生产函数，短期内在一定技术条件下，若其他投入不变，只是不断增加某一变动投入，该要素的边际实物产量会经历边际实物报酬递增、边际实物产量递减和负报酬 3 个阶段。这一规律也叫边际实物报酬递减法则。

3. 长期生产函数

一般假定长期内厂商在一定技术条件下，只生产一种产品（其产量为 Q），两种投入——资本 K 和劳动 L 都是可变投入。

长期生产函数由无数短期生产函数组成，但区别在于，短期生产函数的生产要素投入分为不变投入和可变投入，而长期生产函数强调两种变动投入下生产相同产量的不同组合。

等产量线是指在技术水平不变的条件下生产同一产量的两种生产要素投入量的所有不同组合的轨迹，如图 2-5 中的 Q_1、Q_2 和 Q_3。

边际技术替代率是指在技术水平不变的情况下，为维持同等的产量水平，增加一单位的某种投入所能替代的另一种投入的数量。沿着一条等产量线，以一种投入替代另一种投入的边际技术替代率不断下降，称为边际技术替代率递减法则。

等成本线，也叫企业预算线，是在既定的成本和生产要素价格条件下生产者可以购买到的两种生产要素的各种不同数量组合的轨迹。等成本线表明了厂商进行生产的限制，即它购

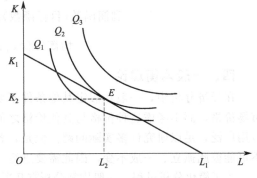

图 2-5 等产量线和生产者均衡

买生产要素所花的钱不能大于或小于所拥有的货币成本。大于货币成本无法实现产出水平，小于货币成本则无法实现产量最大化，如图 2-5 中的 K_1L_1。假定只有资本 K 和劳动 L 两种

投入，以 r 代表资本价格（即利率），以 w 代表劳动价格（即工资率），以 $\bar{C}$ 代表一定数量的总成本，则

$$\bar{C}=rK+wL \tag{2-4}$$

$$K=\frac{\bar{C}}{r}-\frac{w}{r}L \tag{2-5}$$

厂商在较长时期内的最优投入组合，即生产者均衡，是一定成本下产量最大的投入组合，其条件是等产量线的边际技术替代率等于等成本线的斜率，如图 2-5 中的点 E。用数学式表达如下。

$$\max Q=f(L,K) \qquad \text{s.t.（满足）}\bar{C}=rK+wL \tag{2-6}$$

求解得：

$$\frac{MP_L}{w}=\frac{MP_K}{r} \qquad \frac{MP_L}{MP_K}=\frac{w}{r} \tag{2-7}$$

式中，MP_L 和 MP_K 分别为劳动和资本的边际实物产量。

4. 规模报酬

规模报酬是指在技术水平和生产要素价格不变的条件下，当所有投入要素都按同一比例变动时，产量变动程度的状态。假设只有两种投入 L 和 K，且按照同一比例 $d=dX/X$ 变动，产量的变动为 $\mu=dQ/Q$，则生产力弹性为 $E_\varepsilon=\mu/\lambda$。根据生产力弹性的大小，可以将生产按规模报酬分为三个阶段。当 $E_\varepsilon>1$，即 $\mu>\lambda$ 时，生产处于规模报酬递增阶段；当 $E_\varepsilon=1$，即 $\mu=\lambda$ 时，生产处于规模报酬不变阶段；当 $E_\varepsilon<1$，即 $\mu<\lambda$ 时，生产处于规模报酬递减阶段。

5. 完全竞争条件下厂商均衡模型

设投入要素只有资本 K 和劳动 L，价格分别为 r、w，完全竞争条件下既包括产品市场又包括要素市场的完整的厂商均衡模型。

$$\text{生产函数 } Q=f(L,K) \tag{2-8}$$

$$\text{总收入函数 } TR=PQ \tag{2-9}$$

$$P=\bar{P} \tag{2-10}$$

$$\text{总成本函数 } w=\bar{w} \tag{2-11}$$

$$r=\bar{r} \tag{2-12}$$

$$TC=wL+rK \tag{2-13}$$

$$\text{利润函数（目标函数）}\Pi=TR-TC \tag{2-14}$$

$$\text{均衡方程式 } P=MR=MC=\frac{w}{MP_L}=\frac{r}{MP_K} \tag{2-15}$$

四、一般均衡理论

在经济分析中，一般在假定其他条件不变的条件下，孤立地研究 1～2 种产品或要素的市场价格，而不考虑这种价格与其他价格之间的关系，就称为局部均衡分析。它简单明了，应用广泛，足以研究许多实际问题。但是，各种经济现象之间的关系实际上是错综复杂的，不可能彼此孤立、一成不变，因此需要进行一般均衡分析。

为了简化分析过程，一般均衡分析有几项重要假定，消费者的偏好、要素供给量、生产函数既定不变；消费者追求效用最大化，生产者追求利润最大化；家庭收入全部来自要素收入，且全部用于消费；无论是产品市场还是要素市场，都处于完全竞争的或充分就业的状态，因而供给等于需求时，产品价格等于平均成本，要素价格等于平均生产成本，没有超额利润。

五、福利经济理论

福利经济学是根据一定的价值判断，对经济体系的运行是否符合既定的社会目标进行评价的经济学，即按照一定的价值判断标准，能够增进福利的经济体系运行被认为是"好"的，导致福利减少的经济体系运行被认为是"不好"的。评价经济体系运行的价值判断标准具有伦理性质，是大多数人所能接受的伦理判断。一般假定有三大社会目标，即最大的选择自由、最高的经济效益、公平的收入分配。

1920 年，庇古（A. C. Pigou）根据马歇尔的基数效用论和局部均衡论，创立了福利经济学。庇古的福利经济学包含两个基本的命题，一是，国民收入总量越大，社会经济福利就越大；二是，国民收入分配越平等，社会经济福利就越大。

20 世纪 30 年代以后，意大利经济学家帕累托对庇古的福利经济学进行了批判、补充和完善，根据帕累托（V. Pareto）的序数效用论和瓦尔拉斯（Walras）的一般均衡论，运用数学表达方法，创立了新福利经济学，提出"最优条件""福利标准"等理论。帕累托的新福利经济学注重效率研究，主张在既定的收入分配下，经济效率的最优状态是实现"帕累托最优状态"。这种最优状态包括三个方面，即交换的最优状态、生产的最优状态、社会福利的最优状态。完全竞争状态与帕累托最优状态是一致的。每一个完全竞争的均衡，是帕累托的最优；每一个帕累托的最优，是一个完全竞争的均衡。

1939 年卡尔多发表的《经济学福利命题与个人之间的效用比较》一文提出了其检验社会福利的标准，即总体衡量如果收益大于损失，就表明总的社会福利增加了。希克斯对卡尔多标准进行了补充，称为卡尔多-希克斯改进。卡尔多-希克斯效率标准将帕累托标准泛化了，其适用性更广泛。

以伯格森-萨缪尔森为代表的社会福利函数理论学派认为，收入分配会对消费和生产产生影响，因此福利经济学不应排除收入分配因素，并且要通过一定的价值判断来决定收入分配。帕累托最优状态只解决了经济效率问题，不能解决公平分配问题。经济效率只是社会福利最大的必要条件，公平分配则是社会福利最大的充分条件。只有同时解决效率与公平问题，才能真正达到社会福利的最大化。社会福利函数是整个社会所有个人效用水平的函数，而个人效用水平又是他们消费产品、提供要素等变量的函数。

第四节　环境经济学的宏观基础

宏观环境经济管理包括绿色国民收入核算、国民收入决定、宏观经济政策、长期经济增长等部分。

一、绿色国民收入核算

绿色国民收入核算是国家宏观经济学的重要发展与组成。国民收入核算包括 5 个总量指标，国内生产总值（GDP）、国民生产净值（NNP）、国民收入（NI）、个人收入（PI）和个人可支配收入（DPI），其中最核心的概念是国内生产总值。

1. 总量指标

国内生产总值（Gross Domestic Product，GDP）是一个国家领土内在一定时期内所生产的全部最终产品和劳务的市场价值，它包括一部分外国的生产要素在国内生产的价值。国民生产总值（Gross National Product，GNP）包括公民用自己拥有的投入进行的生产，但不包括虽然在本土进行但所有权属于外国人的生产活动。国民生产总值（GNP）减去折旧为国民生产净值（NNP）。国民收入（NI）指一个国家（或地区）在一定时期内本国领土上各种生产要素所有者得到的实际收入，即工资、利息、地租和利润的总和；个人收入（PI）是指一个国家一定时期内个人得到的所有收入总和；个人收入减去个人所得税为个人可支配收入（DPI）。

2. 绿色 GDP 与绿色 GDP 净值

绿色 GDP 或可持续收入（Sustainable Income，SI），是用以衡量各国扣除自然资产损失后新创造的真实国民财富总量的核算指标。简单地讲，就是将经济活动中所付出的自然资源耗减成本和环境降级成本从 GDP 中予以扣除。自然资源耗减成本又称资源成本，是资源在经济活动中被利用消耗的价值。环境降级成本又称环境成本，是由于经济活动造成环境污染而使环境服务功能质量下降的代价。绿色 GDP 净值等于 GDP 减去固定资产折旧和具有固定资产折旧性质的自然资源耗减成本和环境降级成本。

> **【专栏】绿色 GDP 或可持续收入**
>
> 　　人类的经济活动包括两方面的活动。一方面在为社会创造着财富，即所谓的"正面效应"，但另一方面又在以种种形式和手段对社会生产力的发展起着阻碍作用，即所谓的"负面效应"。这种负面效应集中表现在两个方面，其一是无休止地向生态环境索取资源，使生态资源从绝对量上逐年减少；其二是人类通过各种生产活动向生态环境排泄废弃物或破坏资源使生态环境从质量上日益恶化。改革现行的国民经济核算体系，对环境资源进行核算，从现行 GDP 中扣除环境自然资源耗减成本和环境降级成本，其计算结果可称之为"绿色 GDP"。绿色 GDP 实质上代表了国民经济增长的净正效应，绿色 GDP 占GDP 的比例越高，国民经济增长的正面效应越高，负面效应越低，反之亦然。

3. 总收入等于总支出

国民经济核算的基本原则是社会总收入等于社会总支出。理解社会总收入的关键是把利润看成是产品售价扣除工资、利息、地租等成本后的余额，即利润是收入的一部分。社会总支出是指社会购买最终产品的支出，理解社会总支出的关键是要把企业没有卖掉的存货价值看成是企业自己在存货投资上的支出。

4. 绿色核算方法

绿色核算方法中，如何确定资源和环境的价格是最主要的困难和障碍。目前普遍采取的环境核算方法有四种，一是影子价格法，影子价格可以反映产品的供求状况和资源的稀缺程度，资源越丰富，其影子价格越低，反之亦然；二是自然资源核算法，指通过统计自然资源实物量，对自然资源进行分类核算。这种方法比较关注材料、能源和自然资源的实物资产期初、期末存量和流量的变化；三是货币量核算法，主要考虑环境保护方面的实际支出，通过把由生产活动引起的环境成本纳入生产成本进行核算；四是福利核算法，重点研究生产者的活动对其他生产者或个人造成的环境影响。

二、国民收入决定

国民收入决定可以从社会总产出等于社会总支出角度考察。收入与支出的相互作用及其变动决定了 GDP 水平及其波动。

1. 乘数的概念及其作用

支出乘数是指支出的变化引起的国民产出变化程度。边际消费倾向的大小决定支出乘数的大小，边际消费倾向越大，支出乘数的值就越大。由于边际消费倾向总是小于 1，因此支出乘数总是大于 1。

支出乘数主要有投资乘数和政府支出乘数。用 ΔY 表示国内生产总值（或收入）的增量，ΔI 表示投资的增量，ΔG 表示政府支出的增量，b 表示边际消费倾向，则简单的投资乘数可以表示成 $\Delta Y/\Delta I = 1/(1-b)$，政府支出乘数可以表示为 $\Delta Y/\Delta GI = 1/(1-b)$。由于 1－边际消费倾向＝边际储蓄倾向，支出乘数也可以表示为边际储蓄倾向的倒数。

但要指出，只有存在未被利用的资源时，即在实际产出少于潜在产出时，乘数理论才是适用的。在一个生产能力过剩并有工人失业的经济中，如果投资或其他支出增加，其结果将是实际产出增加较多，而价格水平上升甚少；当经济达到甚至超过潜在产出时，更高支出的结果是更高的价格水平，很少甚至不能引起更多的产出和就业。

2. 两部门经济国民收入决定

在只有家庭和企业的两部门经济中，国内生产总值从社会总需求角度衡量为 $Y=C+I$，从社会总产出角度衡量为 $Y=C+S$，因此有 $C+I=C+S$，即 $S=I$，即经济要达到均衡时，意愿投资必须等于意愿储蓄（在公式中，C 为消费需求，I 为投资需求，S 为储蓄）。当 $I>S$ 时，产出会增加；当 $I<S$ 时，产出会减少。最终都将达到均衡收入水平。

3. 三部门经济国民收入决定

在两部门经济的基础上加进了政府部门，也就是在经济中考虑进了政府支出、税收和政府转移支付的因素成为三部门经济。在三部门经济中，从社会总需求角度衡量，$Y=C+I+G$；从社会总产出角度衡量，$Y=C+S+(T-TR)$（S 仍为家庭部门储蓄，也可写作 S_p，G 为政府购买支出；T 为政府税收，TR 为政府转移支付）。因此有 $C+I+G=C+S+(T-TR)$，亦即 $I=S+T-TR-G$。这意味着，在均衡时，预算盈余（赤字）$(T-TR-G)$ 与意愿投资和计划储蓄的差额 $(I-S)$ 相对应。

4. 四部门经济国民收入决定

在三部门经济基础上加上国外部门就是四部门经济。在四部门经济中，从社会总产出角度衡量，$Y=C+I+G+X$（X 表示出口）；从社会总产出角度衡量，$Y=C+S+T+M$（M 为进口）。因此有 $C+I+G+X=C+S+T+M$，亦即 $I=S+T-G+M-X$，其中，$M-X$ 为国外部门的储蓄（M 从外国立场看是出口，即取得收入，X 从外国立场看是进口，即支出，$M-X$ 就是外国的收入减去支出后的余额，即国外部门的储蓄，可用 S_r 表示），因此有 $I=S+T-G+S_r$。可见，无论从多少个部门的经济看，储蓄投资恒等式总成立。

三、宏观经济政策的作用

货币政策和财政政策是国家履行宏观经济管理职能的两个最重要的调节手段。财政政策是政府通过改变其购买支出，以及改变政府的转移支付和税收对总需求进行调控的政策，是缓和经济周期性波动的重要武器之一；货币政策是指政府通过中央银行变动货币供给量，影响利率和国民收入的政策措施。由于两大政策调节的侧重面不同，因此，货币政策和财政政策应相互协调，密切配合，以实现宏观经济管理的目标。

1. 财政政策的作用

政府可以采用三种基本方式影响总需求，即对货物和服务的购买；对个人和企业的转移支付；对个人和企业征税。第一种方式对总需求产生的是直接影响，后两种方式是通过改变个人和企业的收入水平影响消费和投资，进而影响总需求，因而对总需求产生的是间接影响。

① 积极的或权衡的财政政策　指政府根据经济情况和财政政策有关手段的特点，选择主动地变动财政支出和税收以稳定经济，是实现充分就业的机动性财政政策。影响财政政策发挥作用的因素包括财政政策作用的时滞、财政政策作用后果的不确定性、难以估计的影响总需求的各种因素、挤出效应等。

② 公债　亦称国债，是政府为弥补财政预算赤字所欠下的债务。发行公债有可能导致

私人支出下降，产生"挤出效应"，在中央银行购买公债，会导致增发货币，诱发通货膨胀。对公债的利弊，经济学家们一直持有不同意见。

2.货币政策及其工具

货币政策的工具有公开市场业务、改变贴现率、改变法定准备率以及道义上的劝告等措施。这些工具作用的直接目标是通过控制商业银行的存款准备金，影响利率与国民收入，从而最终实现稳定国民经济的目标。

3.财政政策和货币政策的混合使用

财政扩张政策会使 GDP 上升，也使利率上升；货币扩张政策使 GDP 上升，使利率下降。因此，把财政政策和货币政策混合使用可以出现 GDP 和利率变化的各种组合。如果想要增加GDP，又想使利率保持不变，可以把扩张性货币政策和扩张性财政政策结合起来使用；如果想要 GDP 不变，提高利率，可以把扩张性财政政策和紧缩性货币政策结合起来使用。

四、长期经济增长

1.经济增长的定义

经济增长最常见的定义有：①经济增长是指一个经济主体生产的物质产品和劳务在一个相当长时期内的持续增长，即实际总产出的持续增加；②经济增长是按人口计算的平均实际产出的持续增长，即人均实际产出的持续增长；③可持续经济增长是从传统意义上统计的 GDP 中将治理环境、恢复生态所付的费用扣除掉之后所得的国内生产总值，也就是绿色 GDP。绿色 GDP 是一个宏观概念，对应微观企业，就是要在企业核算中进行绿色成本核算。传统 GDP 以企业的销售额、净利润等指标为统计基础，只反映企业在一定时期内生产创造的新价值和产品销售价值，只反映了经济增长的"数量"，没有全面反映出经济增长的"质量"，特别是企业有损社会环境资源发展的"负数"部分，对经济发展的反映并不真实。

2.经济增长的源泉

经济增长的源泉主要是用来说明哪些因素导致经济增长。最主要的因素是劳动的数量增加和质量提高、资本存量的增加、技术进步和资源配置效率提高。其中资本和劳动的增加是生产要素的增加。技术进步包括发现、发明和应用新技术，生产新的产品，降低产品的生产成本。技术进步会使生产要素的配置和利用更为有效，推动经济的增长。资源配置效率提高意味着资源和要素从低生产率部门转移到高生产率部门，有助于社会平均生产率提高。

3.经济周期

经济周期就是总体经济活动扩张和收缩交替反复出现的过程，对扩张和收缩，西方经济学家有两种不同的解释，早期认为这种扩张和收缩是指绝对量的变化，后来发展为相对量，即增长率的变化过程。每一周期分为四个阶段——繁荣、衰退、萧条和复苏，每个阶段又各自有不同的特点。根据经济周期的时间还可以分为短周期、中周期和长周期。

4.乘数-加速数模型

乘数理论是指投资变动引起收入变动的理论；加速原理是指收入或消费需求的变动引起投资变动的理论。乘数-加速数模型就是把这两种原理结合起来，以说明经济周期的原因。该模型可以用来说明两个问题，一是经济体系本身所具有的产生周期性波动的功能；二是经济波动的原动力来自外界的冲击。在影响经济波动的各种变量中，投资起重要作用。从长期来看，人们的消费、储蓄和收入大致稳定，但投资与收入之间的关系极不稳定。投资的少量变动会引起收入的较大变动，反过来，收入少量的变动也会引起投资需求的较大变动。正是投资与收入相互作用的关系引起经济周期性波动。

第五节 资源、环境与经济大系统模型

一、传统的经济系统模型

传统的经济系统模型（图2-6）把整个经济看作一个系统，而没有考虑资源、环境与经济之间的相互作用和影响。

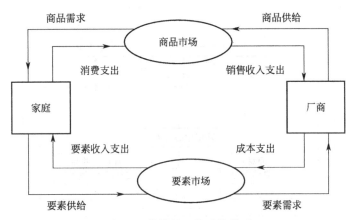

图2-6 传统的经济系统模型

在传统的经济系统模型中，如果忽略政府、外贸以及家庭之间、厂商之间的经济活动，经济系统就只有家庭、厂商两个基本部门，商品和要素两个基本市场。

家庭部门，既是商品的消费者，也是要素的所有者。作为消费者，追求个人效用最大化；作为要素提供者，追求收入最大化。

厂商部门，既是商品的生产者，又是要素的使用者。厂商部门追求的是利润最大化。厂商生产出的商品和服务，通过产品市场出售给家庭，家庭向厂商支付货币。家庭对商品和服务的需求和厂商对商品和服务的供给共同决定了市场上商品的数量和价格。

家庭将土地、劳动、资本、技术等生产要素在要素市场上出售给厂商，厂商向家庭支付货币。厂商对要素的需求和家庭对要素的供给共同决定了市场上生产要素的数量和价格。

因此，整个经济就构成了由实物、货币逆向流动而联系起来的循环系统。

二、现代资源与环境经济学中的经济系统模型

自然资源与环境是人类生存和发展不可缺少的自然条件，是人类经济活动的基础。自然资源包括生物资源、土地资源、水资源、矿产资源和能源等。环境包括环境容量、环境景观、生态平衡和自我调节能力、气候等。现代资源与环境经济学将自然资源、环境与经济系统结合起来，形成了资源、环境与经济的大系统，如图2-7所示。

自然环境是人类的生命支持系统，支撑着人类的生存。从经济学角度看，它是一种多功能的资产，也像其他资产一样，为人类提供着多方面的服务。

（1）提供自然资源 自然资源与环境为人类的各种经济活动提供资源，作为生产活动的投入，包括经济活动所需要的各种原材料和能源。原材料通过生产过程转化为消费品，能源则为生产过程提供动力，如图2-7中①、②、⑨所示。

（2）提供位置空间 自然资源与环境为经济系统提供了经济活动的空间，包括工业用地、农业用地、基础设施用地、住宅用地、休闲用地、军事设施用地等，如图2-7中③和④所示。

（3）提供公共消费品 自然环境还为人类提供公共消费品，包括新鲜的空气、宜人的风

景等，如图 2-7 中的⑤所示。这些公共消费品可分成两类，一类是物质形态上可测量的，如氧气；另一类是在物质形态上不可测量的，只能做定性评价，如风景的舒适性。

（4）接受废弃物　在人类生产和消费活动中，不可避免地会产生一些废弃物，如由燃烧化石燃料产生的二氧化碳和二氧化硫，以及汽车尾气中的一氧化碳和氮氧化物等。这些废弃物一般都被排放到自然环境中，如图 2-7 中⑥和⑦所示。尽管在这些废弃物排放前，人们进行各种物理和化学处理，仍不可避免地需要在环境中排放，只是排放数量或浓度有所减少。

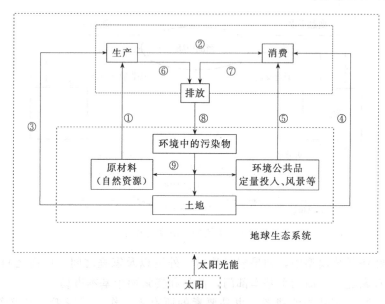

图 2-7　资源环境与经济系统

人类在经济活动中排放的废弃物可以被一些环境介质接受，如土地、大气、水等。一些废弃物会部分被分解、积聚或转移到其他地区。因此，排放物与周围环境中的污染物是不同的概念。排放物是生产和消费活动中排出的废弃物。而污染物是在特定时间、特定环境介质中存在的废弃物。排放物在自然环境中通过扩散过程变为污染物（图 2-7 中⑧）。当讨论环境质量时，通常是指污染物，而环境政策直接控制的指标一般是指排放物。

在特定时间和环境中，环境中的污染物将影响环境的质量，也会影响为经济系统提供的公共消费品和原材料的质量。例如污染物会影响空气质量，或使土壤退化，破坏自然景观。

三、资源环境问题的根源

1. 自然环境的内在因素

在不考虑人类直接或间接地从太阳得到能量的前提下，自然环境与经济系统的关系可近似看作一个封闭系统，即不从系统外得到任何能量和物质，也没有任何能量和物质流到系统外部。根据热力学第一定律，能量和物质不能产生也不能消灭，那么从自然环境流入经济系统的大量原材料和能源要么在经济系统内积聚，要么作为经济活动废弃物回到自然环境中。当过多的经济活动废弃物进入自然环境时，会使自然环境质量下降，即当进入自然环境的废弃物数量超过自然环境的吸纳能力时，自然环境能够提供的服务数量和质量都会下降。如空气污染严重时会引起人们的呼吸系统病变问题，水源污染严重时会增加人们的疾病发生率，烟尘污染严重时无法观赏美丽的风景等。

根据热力学第二定律，熵永远是增加的。熵是指不可利用的能量的数量。这就意味着当能量从一种形式转换为另一种形式时，是不可能完全有效转换的，在转换过程中总是有能源损失，而没损失的那部分，一旦利用，就不能再用于未来。这也意味着在没有新能源流入的情况下，封闭系统最终将用完它的能源。尽管地球能够从太阳获得能量，然而，熵定律也意味着，太阳能的流量是可支持人类使用的能量上限。

2. 人类使用的因素

从以上的分析中可知，人类能够利用的自然环境和资源是有限的。长期以来，人类活动对自然资源的无偿和竞争使用导致了环境质量下降，从而产生了资源与环境问题。下面将分析各种竞争性使用问题。

（1）环境作为公共消费品的拥挤问题　拥挤可以理解为公共品可以被所有人同时使用，但容量存在限制，如果使用人数超过了容量，被使用的公共品在质量上将发生变化。也就是说，超过容量限制的一个边际使用者将会影响对其他使用者来说有效的公共品质量。

环境物品作为公共品，在某种程度上可被所有人使用。而环境物品往往存在一个容量限制。一旦使用程度超过了环境容量，公共品的质量将受到负影响，出现公共品的拥挤现象。

可见，公共品的拥挤问题与环境物品的容量有限有关。环境问题可认为是全球拥挤的问题。人类的生存空间是有限的，全球人口的增长影响了人类生存空间的质量。人类所能够使用的原材料是可耗竭的，可再生原材料的再生功能也是有限的。对全球环境拥挤问题，存在两方面矛盾，首先，随着人口增长和经济发展，对全球环境物品的需求将增加；其次，环境物品的供给始终受到限制。因此，全球的资源环境拥挤问题将会日益严峻。

（2）自然环境各种功能之间的竞争使用问题　自然环境作为公共消费品的功能（如自然地貌的美学价值）和作为经济活动位置空间的功能之间也存在着竞争性使用的问题。如一个自然风景优美的地区，地下矿产资源丰富，为了发展经济，不得不放弃作为旅游景点的功能，而成为矿产资源的开采地。在"公共消费品"功能内部也存在竞争使用的问题，例如一个提供饮用水的水库，也可作为旅游资源，开展水上摩托艇等娱乐活动，但难免会影响饮用水的质量。

（3）资源环境的代际配置问题　人类一方面存在为将来和子孙后代保护自然环境系统的需求，另一方面，为了经济发展和人民生活水平的提高，存在着利用自然环境的资源供给功能的需求，这两种需求相互竞争。如何将稀缺的环境物品在各种用途和需求之间进行优化配置，是一个现实而紧迫的课题。

（4）环境污染问题　环境不仅可用作公共消费品，而且也用作污染物的接受介质。人类直接或间接地向环境排放超过其自净能力的物质或能量，会造成环境质量降低，对人类的生存与发展、生态系统和财产造成不利影响。

资源与环境问题是自然资源竞争性使用的问题，也是一个资源稀缺和配置不当的问题。因此，资源与环境问题的实质可以认为是怎样在各种竞争性用途中优化配置的问题。

思　考　题

1. 何谓机会成本？使用资源带来机会成本的两个基本前提分别是什么？
2. 简述各种不同类型市场的特点及其效率。
3. 结合图示，解释市场价格、支付意愿和消费者剩余三者之间的关系。
4. 何谓边际实物报酬递减法则？
5. 何谓边际技术替代率递减法则？
6. 结合绿色 GDP 概念，解释绿色 GDP 净值概念。
7. 如何确定公共物品（如水、空气）的供给量？试思考确定公共物品供给水平的有效方法。

第三章　外部性理论

第一节　外部性概念及分类

外部性这一概念直接来源于20世纪20年代由庇古创立的旧福利经济学，是私人收益与社会收益或者私人成本与社会成本不一致的现象。

一、外部性概念

有关外部性的定义很多，但相关经济学文献至今仍未对其得出一个令人完全满意的结论。

我国学者马中定义外部性为："外部性是在没有市场交换的情况下，一个生产单位的生产行为（或消费者的消费行为）影响了其他生产单位（或消费者）的生产过程（或生活标准），如果

$$F_i = f(X_i^1, X_i^2, X_i^3 \cdots X_i^m, X_j^n) \qquad i \neq j \tag{3-1}$$

则可以说生产者（或消费者）j 对生产者（或消费者）i 存在外部影响。其中，F_i 是生产者 i 的生产函数或消费者 i 的效用函数；X_i^m 是生产者（或消费者）i 的内部影响因素；X_j^n 是生产者（或消费者）j 对 i 施加的影响。"

按照传统福利经济学的观点来看，外部性是一种经济力量对另一种经济力量的"非市场性"的附带影响，是经济力量相互作用的结果（所谓非市场性，是指这种影响并没有通过市场价格机制反映出来）。

【专栏】有关外部性的几个代表性定义

① 萨缪尔森和诺德豪斯从外部性的产生主体角度来定义外部性，"外部性是指那些生产或消费对其他团体强征了不可补偿的成本或给予了无须补偿的收益的情形。"[1]

② 兰德尔认为，外部性是用来表示"当一个行动的某些效益或成本不在决策者的考虑范围内的时候所产生的一些低效率的现象；也就是某些效益被给予或某些成本被强加给没有参加这一决策的人。"[2]

用数学语言表达，就是某经济主体的福利函数的自变量中包含了他人的行为，而该经济主体又没有向他人提供报酬或索取补偿。数学函数表达式为

$$U_j = U_j(X_{1,j}, X_{2,j} \cdots X_{nj}, X_{mk})j \neq k \tag{3-2}$$

式中，$X_i(i=1,2,\cdots,n,m)$ 指经济活动；j 和 k 指不同的个人（或厂商）；U 指 j 的福利函数。

这表明，只要某个经济主体 j 的福利受到他自己所控制的经济活动 X_i 的影响外，同时也受到另外一个人 k 所控制的某一经济活动 X_{mk} 的影响，就存在外部效应。这是从外部性的接受主体角度来下定义。

③ 赫勒和斯塔雷特认为，"外部性是指这样一种情况，个人的效用函数或企业的成

---

[1] 保罗·萨缪尔森，威廉·诺德豪斯. 经济学. 第16版. 北京：华夏出版社，1999.

[2] 兰德尔. 资源经济学. 北京：商务印书馆，1989.

本函数不仅依存于其自身所能控制的变量，而这种依存关系又不受市场交易的影响。"[1]
这是一个较有代表性的定义。

二、外部性的特征

（1）外部性产生于决策范围之外且具有伴随性　外部性是伴随着生产或消费而产生的某种副作用。例如造纸厂生产过程会排出污水，但企业的决策动机并不是为了排污而生产。因此，外部性是生产者或消费者在做出决策时带来的"非市场性"的附带影响。

（2）外部性是经济活动中的一种溢出效应　在受影响者看来，这种溢出效应不是自愿接受的，而是由对方强加的。例如，某工厂造成的空气污染，使附近居民因呼吸有害的空气而损害身体健康。

（3）外部性不可能完全消除　对环境资源而言，由于人们无法通过市场或某种交易制度来为获得的外部收益付费，或者因为带给别人外部成本而向其支付补偿金。现实生活中，外部性存在范围如此之广，我们也不可能完全消除外部性，但可以尽力追求次优，以降低环境资源的低效率使用机会。

三、外部性的测度

一般用收益或费用来测度环境外部性。其中，成本和费用指标如下。

① 外部费用。某一种具有外部不经济性的经济活动，带给他人无法得到补偿的损失或额外费用。

② 私人费用。通过市场表现并反映在产品或服务的价格之中的真正发生支付的费用。

③ 社会费用。某项经济活动使社会真正承担的全部费用，包括私人费用和外部费用。

④ 环境费用。为维护环境质量而支付的污染控制费用和污染造成的社会损害费用的总和。

⑤ 边际费用。增加单位物品或服务的产出时所追加的费用。

⑥ 边际私人成本。企业增加某一单位产品的生产所需要的私人费用。

⑦ 边际社会成本。整个社会因单个企业（或消费者）新增加一个单位的生产（或消费）所需承担的成本，包括边际私人成本与边际外部成本。

此外，还有边际私人收益、边际社会收益等指标。同时，与收益和成本有关的边际成本递增规律[2]和边际收益递减规律[3]仍起作用。

四、外部性的类型

外部性伴随着生产或消费活动产生。传统上将这两个类别划分为以下 4 种具体形式。

1. 外部经济性

（1）生产的外部经济性　当一个生产者在生产过程中给他人带来有利的影响，而没有从中得到补偿时就产生了积极的外部效果。如果这种有利的影响随着产量的增加而增加，这种现象就称为生产的外部经济性。如养蜂场和果农之间的互惠关系。

（2）消费的外部经济性　当一个消费者在消费过程中给他人带来有利的影响，而消费者本身却不能从中得到补偿时就产生了积极的外部效果。如果这种有利的影响随着消费数量的

● 朱中彬. 外部性的三种不同含义. 经济学消息报, 1999,（7）.

❷ 边际成本递增规律：短期内，在一定技术条件下，若其他投入不变，只是不断增加某一变动投入，则这一变动投入的边际收益迟早会逐渐减少，单位产品的成本迟早会逐渐增加。

❸ 边际收益递减规律：相对于其他不变入量而言，在一定的技术水平，增加某些入量将使总产量增加；但是在某一点之后，由于增加相同的入量而增加的出量多半会变得越来越少。

增加而增加，这种现象就称为消费的外部经济性。如花圃爱好者种植花圃供别人免费观赏。

2. 外部不经济性

（1）生产的外部不经济性　当一个生产者在生产过程中给他人带来损失或额外费用，而他人又不能得到补偿时就产生了外部不经济性。如果这种不利的影响随着产量的增加而增加，这种现象就称为生产的外部不经济性。如造纸厂排出的污水对邻近饮料厂产生的负面影响。

（2）消费的外部不经济性　当一个消费者在消费过程中给他人带来损失或额外费用，而他人又不能得到补偿时就产生了外部不经济性。如果这种不利的影响随着消费数量的增加而增加，这种现象就称为消费的外部不经济性。如吸烟造成室内空气污染，公共场合随便吐痰、乱扔废物，汽车排放尾气等现象。再如消费鱼翅导致鲨鱼种群数量减少，消费虎骨酒或购买虎皮垫子导致非法狩猎老虎现象的发生等。

如果外部性的成本转嫁涉及多代，则可称这种外部性为代际外部性。代际外部性也可以分为代际外部经济性和代际外部不经济性。"前人栽树，后人乘凉"式开发活动属于代际外部经济性；"涸泽而渔"式的急功近利的开发活动则属于代际外部不经济性。

第二节　环境外部性对资源配置的影响

从资源配置的角度分析，外部性是表示当一个行动的某些效益或费用不在决策者的考虑范围内的时候所产生的一种低效率的现象，它将导致市场失灵。

假设有两家企业都位于一条河边，位于河流上游的是一家钢材生产企业，而位于下游的是一家度假酒店。尽管使用方式不同，但两家企业使用同一条河流。钢铁企业产生的废物直接排入河中，位于下游的度假酒店在河流上开展水上娱乐项目以吸引更多消费者。如果这两种服务的所有者不同，那么就不可能实现对水资源的有效利用。由于钢铁厂没有承担废物排入河流导致的酒店的营业损失，钢铁厂的决策就不可能会受到该酒店成本的影响。因此，预期钢铁厂会向河流倾倒更多的废物，不可能实现河流资源的有效配置。

外部性的大小可用社会成本或效益与私人成本或效益之间的差值来表征，因此外部性可以用下列公式计量。

$$边际外部成本(MEC) = 边际社会成本(MSC) - 边际私人成本(MPC)$$
$$边际外部效益(MEB) = 边际社会效益(MSB) - 边际私人收益(MPB)$$

一、外部经济性对资源配置的影响

图 3-1 以植树为例简单分析外部经济性。当存在外部经济性时，边际社会效益（MSB）大于边际私人效益（MPB），差额是边际外部效益（MEB）。种树人投资植树造林时，其投资行为由（MPB）和边际成本（MC）决定。此时，私人植树量 Q_1 小于由 MSB 和 MC 决定的有效植树量 Q^*。当要求私人植树量达到 Q^* 时，则须降低植树的成本。即若不能有效补偿外部经济性，将导致资源配置失效。

二、外部不经济性对资源配置的影响

图 3-2 以伐木为例简单分析外部不经济性。当存在外部不经济性时，边际社会成本（MSC）大于边际私人成本（MPC），差额是外部环境成本（MEC）。伐木工人砍伐森林利益最大化的砍伐水平是由边际效益（MB）和 MPC 决定。这时私人砍伐水平 Q_1 大于由 MB 和 MSC 决定的有效水平 Q^*。当要求砍伐水平降到 Q^* 时，必须提高伐木的价格。即若不

能有效纠正外部不经济性，将会导致资源配置失效。

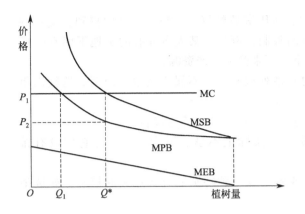

图 3-1 外部经济性对植树造林的影响

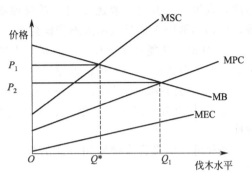

图 3-2 外部不经济性对伐木的影响

三、外部性对污染物排放的影响

图 3-3 以燃煤发电厂为例来说明电厂的污染行为对污染物排放的影响。X_j^n 是生产者（或消费者）j 对 i 施加的影响（j、i 是某生产者或消费者），当不考虑外部不经济性时，X_j^n 的价格为零，电价为 P_e，发电量为 Q_e；当要求发电厂支付大气排污费时，相当于给空气污染确定了一个合理的负价格，导致电力生产成本增加，使供给曲线 S_e 左移，到达 S_e' 的位置，形成新的均衡点（P_e'，Q_e'）。从国民经济角度分析，由于减弱了外部不经济性，P_e' 和 Q_e' 都是高效率的。

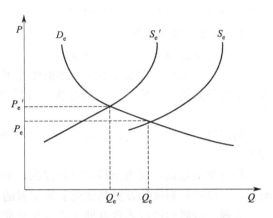

图 3-3 污染行为对燃煤发电量的影响

第三节 外部性和产权

产权不清晰是外部性的一个主要来源。科斯定理认为，如果外部性的制造者和受害者之间不存在交易成本，只要其中一方拥有永久产权，都将产生最优结果。这意味着在有些情况下，能够通过明确财产所有权解决外部性问题。产权理论认为，如果环境资源的产权能够清楚界定，市场机制就能够实现环境资源的优化配置。实际上，环境的一些功能（如环境作为废弃物接受者的功能）的产权是可以充分清晰地界定的。

一、产权的概念

产权就是财产权利，产权包括以下三层含义。

① 产权是人们在资源稀缺条件下使用资源的规则，这种规则依靠法律、习俗、道德来维护，产权具有强制性、排他性。

② 产权是一组权利，包括财产的所有权和由此派生的占有权、支配权、使用权、收益权等。

③ 产权是行为权利。

二、产权的分类

戴尔斯（Dales）将产权分为以下四类。

① 排他性产权。它包括处理物品的权利、使用资源的权利、破坏物品的权利、交易物品的权利等。所有权一般还受到一系列规则的限制。例如，某人所拥有的土地下面有一矿藏，但却不能因土地是其私人财产而建立一个工厂来开采矿产资源。

② 身份或功能性所有权。指归属某人的一系列权利，但不属于其他人。例如驾驶出租车的执照、营运证、署名权、肖像权等。

③ 使用公共服务的权利。如享有使用高速公路、国家公园等的权利。

④ 公共资源。例如，对空气、土地等资源，实际上不享有财产权，因为它们没有排他性。

产权可以定义为直接使用资源的权利，或者是以一种特别的方式定义的权利，如选举权等。

三、科斯定理

科斯定理是现代产权经济学关于产权安排与资源配置之间关系的思想的集中体现，也是现代产权经济学最基本的核心内容。

1. 科斯定理的内涵

科斯定理由以下三个定理组成。

科斯第一定理：在交易费用为零的情况下，不管权利如何进行初始配置，当事人之间的谈判都会导致资源配置的帕累托最优。市场交易费用为零是科斯第一定理能够成立的关键假设。

科斯第二定理：在交易费用不为零的情况下，不同的权利配置界定会带来不同的资源配置。

科斯第三定理：因为交易费用的存在，不同的权利界定和分配，会带来不同效益的资源配置，所以产权制度的设置是优化资源配置的基础（达到帕累托最优）。

合理、清晰的产权界定有助于降低交易成本，因而激发了人们对界定产权、建立详细的产权规则的热情。但是，产权制度的产生也是有成本的，需要耗费资源。因此，科斯第三定理给人们的启示是，要从产权制度的成本收益比较的角度，选择合适的产权制度。

2. 科斯定理对理解外部性和市场的作用有着重要意义

① 它提出了一个更为广泛的"市场"概念，这种市场主要建立在权利交易的基础上，而不是一般单纯的物物交换。

② 它的使用是有前提的，即其高效率的交易模式仅在不减弱的财产权条件下才能实现。

③ 它假设交易成本为零，同时不考虑收入效果，这与实际情况往往不一致，在某些情况下，交易成本不但是正的，而且相当高，同时也存在一定的收入效果。

另外，科斯定理在一些方面也受到批评，包括谈判地位差别的存在、讨价还价过程的不充分性以及效率和公平方面的考虑。最关键的是，在现实中谈判的每一方都超过一个人。而环境质量是一个公共品，具有非竞争性使用的特点，也就存在着免费"搭车"的问题。如果假定仅有一个受污染者，就不存在公共品和免费"搭车"的问题。

四、环境配置与产权方法

从历史上看，人类从没有对环境的使用界定过产权。因此，市场不能完成环境功能优化配置，也就导致了人类生产和消费结构的扭曲。例如，海洋中的鱼类被视为公共资源，结果渔业资源被过度使用。非洲的撒哈拉沙漠不断扩大，内蒙古草原退化、沙化，也都有不存在产权或产权不够有效的原因。

假定有关环境的排他性产权能够被清晰界定，它们可以自由交易，且没有任何交易成本，同时假定个人都是利己的，追求的都是个人效用最大化，则不同环境使用者之间讨价还价，将导致自然环境配置的帕累托最优。优化配置的结果与产权的初始配置无关。

【专栏】外部不经济及其克服方式——以深海捞鱼为例

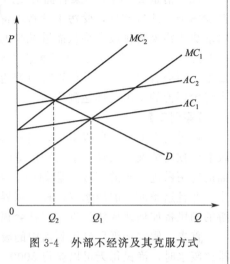

科斯认为产生"外部不经济"的原因是对稀缺资源缺乏产权界定，若将稀缺资源划定为私人所有，那么"外部不经济"将得以克服。他借用深海捕鱼的例子及坐标图（图3-4）说明了其观点。

当海洋资源不界定产权时，打捞者供给曲线（即平均成本曲线）为 AC_1（即不支付租金，免费使用海洋资源），由于海洋资源有限，因此打捞越来越困难，所以图中的边际成本曲线 MC 是向上倾斜的，需求曲线为 D，因此，此时的打捞量是 Q_1；当海洋资源产权归私人所有时，打捞者将为此支付一定租金，此时 AC_1 将向上平行移至 AC_2，此时的打捞量为 Q_2，Q_1 相对于 Q_2 显然是"过度"的。

图 3-4　外部不经济及其克服方式

环境作为废弃物接受者的功能，长期以来一直被当作公有资源无偿使用，导致环境资源过度使用、环境污染严重、环境退化等问题；同时也导致经济中生产和消费部门结构的扭曲，使经济偏好于污染密集型的部门结构。

对环境作为废弃物接受者的功能，如果环境的产权能够被清晰界定，也就能够改变公有资源的性质，那么使用产权分析的方法，就可以优化配置环境资源。此时，环境资源不再是自由物品，而是稀缺物品，存在一个稀缺价格。

环境问题的公共品性质要求政府进行干预，因为市场不能提供公共品；而产权方法认为在许多包括公共品的情况下，私人产权能够被清晰界定，市场能够起到优化资源配置的作用，不需要政府的干预，政府活动应主要限制在私有权无法界定的领域。

五、运用科斯定理解决环境资源配置举例

因种种原因，现实中往往不能完全满足科斯定理所需的条件，为了说明可应用科斯定理解决环境资源配置问题，下面我们来分析两个在理想化产权前提下解决外部性问题的例子。

【案例一】

为方便起见，假定经济中只有两个人，一个污染者和一个受污染者。下面分析两种情景。

（1）情景1　假定环境的排他性产权归于受污染者。图3-5中曲线 OD 表示单位污染物的损害，对受污染者来说，单位污染物产生的边际损害随环境中污染物数量的增加而增大，只要边际补偿额高于其受到的边际损害，就可以接受环境污染。据此，受污染者的谈判位置会沿着边际损害曲线 OD 由 O 向 D 移动；当单位污染物的补偿额低于污染者的边际削减成本时，污染者愿意为使用环境提供

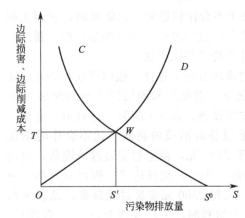

图 3-5　最优环境质量水平的决定

补偿。据此，污染者的谈判位置将沿边际削减成本曲线 CS^0 由 C 向 S^0 移动。最终，在 W 点，两者讨价还价的结果达到均衡。环境优化配置时环境中污染物的数量为 OS'，需要削减的数量为 S^0S'。污染者将为单位污染物支付一定的补偿费 T 给受污染者，即拥有环境排他性产权的所有者。

（2）情景 2 假定污染者拥有使用环境的排他性产权。在这种情况下，为使污染生产者减少污染物的排放量，受污染者将不得不支付补偿费给污染者。此时，受污染者的支付意愿将取决于污染物排放量降低能够减少的对他的边际损害，因此他讨价还价的位置将沿着曲线 OD 从 D 向 O 移动。而污染者愿意主动减少污染的前提条件是，得到的补偿大于边际削减成本。污染者讨价还价的位置将沿边际削减成本曲线 S^0C 从 S^0 向 C 移动。在 W 点，两者讨价还价的结果同样达到均衡。

【案例二】

通过前面的分析可以得出，当外部性影响较小且产权容易界定时，经济效率可以在没有政府干预的情况下实现。下面利用造纸厂排放废水的例子对科斯定理在环境资源产权配置方面的应用做进一步的解读。假如一条河流上游建有一家造纸厂，下游有一户渔民靠养鱼为生，并且这条河流的用水权产权可以界定，我们来分析一下排放废水的造纸厂和位于河流下游的渔民将如何达成协议以实现社会福利最大化。

首先，假定造纸厂排放到河中的废水造成河鱼减产，降低了下游渔民的利润。假设没有排放废水时，渔民每天可以获得 5000 元利润。在出现造纸厂后，如果该厂不对产生的废水进行任何处理，即不支付这一"外部"成本，其利润为 5000 元；此时渔民如果也不对废水进行处理，他的利润就会降至 1000 元，见表 3-1 的第一行，此时造纸厂没有安装过滤系统，渔民也没有出资建设废水处理厂。

表 3-1 每日不同废水排放量水平下的企业利润   单位：元

项　　目	造纸厂利润	渔民利润	总利润
无过滤,无处理厂	5000	1000	6000
无过滤,有处理厂	5000	2000	7000
有过滤,无处理厂	3000	5000	8000

表中第二行表示，渔民出资建了一座废水处理厂，此时河鱼产量恢复到了没有废水时的水平，但由于他建厂付出了 3000 元的成本，所以这种情况下，造纸厂利润不变，而渔民利润为 5000－3000＝2000 元。同样，如果造纸厂安装了过滤系统，支付了 2000 元的成本，其利润就降低为 3000 元，而渔民的利润则恢复到最初的 5000 元。

表 3-1 中给出的三种情况，渔民和造纸厂都是处于不合作状态的，也就是说，它们互相之间并没有达成任何协议，也没有对对方做出任何支付。这三种情况没有涉及产权问题。

现在不妨做出一定的产权假设，来看看会出现什么样的解决方法。

首先假设造纸厂有向河中倾倒废水的产权。此时渔民有两个选择，他们可以花钱自己建废水处理厂，在表 3-1 中可以看到，这种不合作情况下，造纸厂和渔民的共同利润是 7000 元。另一种选择是为造纸厂支付一定的金额来安装过滤设备。表 3-1 的第三行显示，造纸厂安装过滤设备需要的额外成本是 2000 元，而有过滤设备时渔民的利润将比不合作时增加 3000 元。所以，对造纸厂来说，只要得到的补偿大于 2000 元，就愿意安装过滤设备；对渔民来说，只要支付金额不超过 3000 元，他就可以同意。于是，交易达成，假设双方都充分了解这一情况并且愿意公平分摊利益，渔民向造纸厂支付 2500 元安装过滤设备，见表 3-2，在造纸厂拥有倾倒权，没有合作时，渔民获得 2000 元的利润，工厂获得 5000 元。合作后，双方的利润都增加了 500 元。这一讨价还价的解决方法得到了有效率的结果。

表 3-2　不同产权下的讨价还价　　　　　　　　　　　　单位：元

产 权	倾倒权(造纸厂)			清洁水权(渔民)		
利润	造纸厂利润	渔民利润	总利润	造纸厂利润	渔民利润	总利润
不合作	5000	2000	7000	3000	5000	8000
合作	5500	2500	8000	3000	5000	8000

假定渔民由于对清洁水享有产权，因此要求工厂安装过滤设备。工厂获得 3000 元的利润，渔民得到 5000 元。由于没有一方可以通过讨价还价使情况变好，最初的结果就是有效率的。

可见，两种不同的产权下，双方谈判后都会找到有效的解决办法。工厂安装过滤设备时，工厂和渔民的总利润最大化。

这样就可以得出，在产权明确的情况下，当各方能够无成本地讨价还价并对大家都有利时，无论产权如何界定，最终结果都将是有效率的，这一结论称为科斯定理。细心的读者可能会发现，在上面的例子中，虽然最终都达到了帕累托效率，但是双方的利润分配并不相同，也就是说，不同的产权下可能会达到不同的帕累托状态。这是后来的经济学家对科斯定理作进一步研究时所证明的。

第四节　外部性对策与纠正

最大限度地减弱以致纠正外部性向来被视为环境经济政策的主要目标之一，为此经济学家提出了解决外部性问题的方案，即外部不经济性内部化。所谓环境外部不经济性内部化，就是使生产者或消费者产生的外部成本，进入它们的生产和消费决策，由它们自己承担或"内部消化"。关于外部性内部化，长期以来都存在庇古和科斯手段之争，虽然两种手段不断发展变化，但是并没有偏离最初的思想，因此本节着重介绍这两种手段。

一、庇古手段

庇古从"公共产品"问题出发，最先提出了外部性内部化的对策。通过分析商品生产过程中社会成本与私人成本的问题，庇古认为企业生产排放的污染物影响了人们正常的生产和生活条件，造成了社会的损失，但企业生产成本中并没有包括这个损失，使得边际私人成本与边际社会成本、边际私人收益与边际社会收益不一致，结果使完全竞争厂商按利润最大化原则确定的产量与按社会福利最大化确定的产量严重偏离，造成市场资源配置失效。由于市场不能自行消除外部性，因而需要政府通过征税或者补贴来矫正经济当事人的私人成本或私人收益。只要政府采取措施使得私人成本和私人收益与相应的社会成本和社会收益相等，资源配置就可以达到帕累托最优状态。该方法即为"庇古税"方案，它体现了污染者付费原则，一方面可以使企业改变生产技术和流程或投入预防性措施减少污染物的排放，促使企业发展新的环境技术；另一方面可以增加消费者和公民的环保意识。

【专栏】发达国家对庇古税的实践

（1）法国、日本等国实施大气污染排放税　法国将收费作为刺激企业采用污染削减技术的手段，如果企业采用推荐控制技术，其所交的税可以以投资补贴的形式返还给企业。日本征税的目的在于建立为空气污染受害者提供补偿的基金，征税水平与往年所交纳的补偿金的数量有关。

（2）荷兰对水资源同时开征水污染税和地下水税　水污染税是由水资源管理委员会代表政府向地表水及净化工厂直接或间接排放废弃物、污染物和有毒物质的单位和个人征收的一种税。水污染税的收入按照专款专用原则，在财政中设置专用资金为水资源的保护和净化提供财力支持。2005 年荷兰用于水务管理的年财政预算总额约 36 亿欧元，其中约 80％用于污水处理，其余 20％用于改善地表水的相关项目，而且该税种的激励作用较强，有关研究表明有 43％的厂商认为他们采取防治水污染措施的主要原因是考虑到水污染税的征收。

基于企业利润最大化的基本假设，最优庇古税所要满足的条件为

$$\max(pq_i) - C_i(q_i, a_i) - te_i(q_i a_i) \tag{3-3}$$

式中，p 为产品价格；q 为产量；i 为某个企业；C 为产品的生产成本；a 为污染削减量；e 为污染物排放量；t 为每单位污染征收的庇古税，产量和削减成本恒为正。一阶充要条件为

$$P = C'_a + t \cdot e'_q \qquad C'_a = -t \cdot e'_a \tag{3-4}$$

由此可见，庇古手段存在一定的局限。首先，庇古税的制定对信息有很高的要求，决策者必须掌握企业的生产函数和污染物排放情况，现实中的信息不完全成为庇古方法的最大挑战；其次，从经济效率角度看，当政府干预的成本超出外部性所造成的损失时，消除外部性就不必要了；最后，征税过程中可能出现寻租活动❶，会导致资源浪费，造成资源配置扭曲。

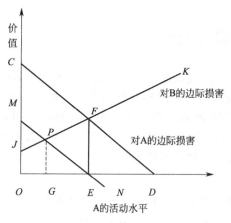

图 3-6　庇古税造成的资源配置失误

二、科斯手段

科斯对庇古思想进行了根本性的批判，表示市场自身也能解决外部性问题，并且将庇古税理论纳入到自己的理论框架之中，进一步巩固了经济自由主义的根基。科斯主要观点是，到底是允许 A 伤害 B，还是允许 B 伤害 A，需要产权的界定，不能武断地对某一方征税；在交易费用为零的情况下，双方可以通过协商达到资源的最优配置，科斯交易即可消除任何资源使用的偏差，此时对庇古税或补贴没有需求；在交易费用不为零的情况下，解决外部性问题的手段要根据成本-收益的总体比较，可能是庇古手段有效，也可能是科斯手段有效。在科斯条件下，庇古税可能会造成资源配置失误，如图 3-6 所示。

在图 3-6 中，横轴是 A 的活动水平，直线 CD 是 A 活动产生的边际效益，直线 JK 是由于 A 的活动对 B 产生外部性而造成的边际损害。在无任何特别刺激的前提下，A 的效用最大化行为将产生一种活动水平 OD，此时，A 的边际效益为零。P 点处实现帕累托最优，这是因为该点处的社会边际效益为零，对 A 的边际效益正好被对 B 的边际损害抵消。此时，A 的活动保持在 OE 水平。在科斯交易的背景下，B 可以付钱给 A，使其把活动削减到 OE。由于任何位于 OE 右边的活动，对 B 的边际损害都超过对 A 的边际收益，因此，可以从交易中获得潜在的收益，科斯均衡是 OE 在 F 点为正确的社会产出。然而，假设对 A 征收相当于 OE 水平时所造成的边际社会损害税，这个税为每单位活动水平 EF 的税额，其效果可能使 A 的边际效益线下移到 MN，MN 表明 A 完税后的边际效益。当科斯交易在有税的情况下进行时，将导致 F 点移至 P 点，最优活动水平由 OE 转为 OG。由此可见，科斯背景下，庇古税不仅多余，其本身也变成了资源配置失误的原因。

---

❶　政府运用行政权力对企业和个人的经济活动进行干预和管制，妨碍了市场竞争的作用，从而创造了少数有特权者取得超额收入的机会。根据美国经济学家 J. 布坎南和 A. 克鲁格的论述，这种超额收入被称为"租金"，谋求这种权力以获得租金的活动，被称作"寻租活动"，俗称"寻租"。

　　科斯认为如果向外部性的受害者进行赔偿，则会引起受害者策略行为的改变，使得外部不经济性的受害者寻求进一步限制外部性的产生量，而那些喜欢外部经济性的人寻求社会过量的外部性产出。例如，一个洗衣店拥有 A、B 两家洗衣工厂：A 厂位于发电厂附近，B 厂远离发电厂，B 厂虽然不受污染损害，但运输成本很高，洗衣店更愿意让 A 厂多干活，因为 A 厂洗衣越多，受到的边际损害就越大，电厂缴纳的赔偿费就越多。从社会福利的角度看，其结果显然是低效率的。因此，在对外部性的制造者征收庇古税时，如果受害者的策略是故意和过量接受外部性的损害，借此来提高对污染者的征税额，就应该对受害者也征税，以控制不利于社会的对策行为。

　　需要说明的是，科斯理论也存在几点局限。第一，科斯手段强调将市场作为解决外部性问题的最终途径，因此在市场化程度不高的经济体系中，特别是在与真正的市场经济相比差距较大的发展中国家，科斯手段难以发挥作用；第二，自愿协商是否可行取决于交易费用的大小，若交易费用高于社会净收益，则该方式就失去了意义；第三，产权明晰是自愿协商的前提，但类似于环境资源这样的公共物品，因其产权难以界定或界定成本过高，会使自愿协商失去该前提条件。

　　总之，庇古手段和科斯手段作为减弱外部性、实现外部性内部化的有效方法，均在实践中被广泛应用。不过，两种手段都有自己的适用范围。

思　考　题

1. 何谓外部性？外部性的基本类型有哪些？
2. 试举例阐述外部经济性对资源配置的影响。
3. 试举例阐述外部不经济性对资源配置的影响。
4. 简述科斯三大定理。
5. 试述环境外部不经济性内部化的基本途径及各自的局限性。

第四章 环境成本理论

人类的生存和社会的发展依赖于环境资源并受其约束。人类在使用这些资源时，要付出破坏资源和影响环境质量的代价，即环境成本。

第一节 环境成本的产生

假定我们生产一种纸箱，箱子的生产需要多种资源的投入，如劳动力、各种机器设备、能源、原材料和环保设备等。核算成本的第一步就是要确定这些生产投入品的价值。

环境资源也是一种特殊的生产要素，但长期以来被排除在经济学的视野之外。我们可以通过生态补偿论来解释环境成本。自然资源-环境复合体能够为经济系统提供各种服务，如原材料来源、维持生命系统、分解和容纳生产与消费过程产生的废弃物、舒适性服务。通过对自然生态系统做出补偿——实物量补偿和价值量补偿，维护社会经济系统的持续发展。其中，价值补偿的办法之一就是在产品成本和价格中加入环境成本。

第二节 环境成本的概念

环境成本是一个新概念，目前没有统一的定义，不同领域的人士看待环境成本时有着不同的立足点，对环境成本的定义也有所区别。

一、联合国统计署的定义

1993 年，联合国统计署（UNSO）发布的"环境与经济综合核算体系"中定义的环境成本包括：①因自然资源数量消耗和质量减退而造成的经济损失；②环保方面的实际支出，即为了防止环境污染而发生的各种费用和为了改善环境、恢复自然资源的数量或质量而发生的各种支出。

二、美国环境管理委员会的定义

美国环境管理委员会定义的环境成本包括：①环境损耗成本，指环境污染本身导致的成本或支出，如烟雾受害者的支气管炎等疾病的治疗费或者因有害废水排入河流所造成的渔业损失等；②环境保护成本，指为了将自己和污染隔离开来而发生的费用，如为了防止噪声污染而发生的建设隔音装置的费用；③环境事务成本，指为了对环境进行管理而发生的收集环境污染情报、测算污染程度、执行污染防治政策而发生的各种费用；④环境污染消除费用，指为了消除现有的环境污染而支出的费用。环境损耗成本和环境保护成本均属于外部成本，环境事务成本和环境污染消除费用都属于企业的内部成本。

三、联合国国际会计和报告标准政府间专家工作组的定义

联合国国际会计和报告标准政府间专家工作组（ISAR）于 1998 年 2 月召开的第 15 次会议通过了《环境会计和报告的立场公告》，将环境成本定义为：环境成本是指本着对环境负责的原则，为管理企业活动对环境造成的影响采取或被要求采取措施的成本，以及因企业执行环境目标和要求所付出的其他成本。比如，避免和处置废物、保持和提高空气质量、清

除泄漏油料、开发更有利于环境的产品、开展环境审计和检查等方面的成本。具体可分为环境污染补偿成本、环境治理成本、环境损失成本、环境保护维持成本、环境保护发展成本等。环境污染补偿成本指企业由于污染和破坏生态环境应予补偿的费用；环境治理成本指企业为治理被污染和破坏的环境而发生的各项支出；环境损失成本指企业对生态环境的污染和破坏而造成的损失以及由于环境保护需要勒令某些企业停产或减产而造成的损失；环境保护维护成本指为预防生态环境污染和破坏而支出的日常维持费用；环境保护发展成本指为进一步发展环境保护产业而投入的各项支出。

这一定义指出了环境成本的形成来自企业活动对环境造成的影响，而对环境成本的控制正是要达到减轻或消除这种影响的目的。

那么环境经济学中的环境成本究竟是指什么呢？首先，环境成本必然是成本的一种，而成本是一个流出的概念，代表着某一主体为了实现某种目的或实现某种目标而发生的资产流出或价值牺牲；其次，对环境成本的考察应当立足其环境方面的特征。在对机会成本的分析中已经讲过，环境资源的稀缺性越来越被人们认可，环境资源作为一种经济资源，对它的利用往往引起环境质量下降。综合这两方面的考虑，可将环境成本定义为企业活动中所有与环境相关的费用及为企业活动对环境造成的负面影响所支出的费用。

第三节　环境成本的类型

一、主要类型[1]

环境成本的主要类型之一是环境恶化带来的成本。例如，河流上游的一家造纸厂向河里排放大量废水导致下游河水不再清澈美丽，影响了喜欢在河里游泳和划船的人。更严重的是，下游的河水还可能是公共用水的水源，水质恶化意味着下游的城镇不得不在水进入千家万户前，花费更多成本进行水质净化。

下游发生的这些成本与造纸厂内部使用的原材料、劳动力和能源等一样，都是造纸过程发生的真实成本。但是，从造纸厂的角度看，这些成本都是外部成本，承担它们的并不是造纸厂的经营者。

要想使产出水平符合社会效率，资源的使用决策必须考虑两类成本，即造纸的私人成本加上环境恶化产生的各种外部成本。则有

社会成本＝私人成本＋外部成本(环境成本)

图 4-1 对此进行了说明。

图 4-1(a) 为纸张产量和下游发生的外部成本之间的关系，当产量增加时，边际外部成本上升。

图 4-1(b) 中，纸的需求曲线和造纸的私人边际成本曲线相交于价格 p^m 和产量 q^m，这是在厂商不考虑外部成本的竞争性市场中得到的价格和产量，但实际的社会边际成本（MPC＋MEC）更高，这样，社会有效率的产出水平就是 q^*，与之对应的价格为 p^*。

比较两个产出水平和价格会发现，市场形成的产出水平远高于社会有效率的水平，而市场价格则远低于社会有效率的价格。以造纸厂为例，虽然对企业来说，向河中排污可能非常便宜，但却让下游的居民负担了大量成本。所以，与社会有效率的水平相比，自发的市场体

[1] ［美］菲尔德（FIELD, B.C.），［美］菲尔德（FIELD, M.K.）著. 环境经济学. 第5版. 原毅军，陈艳莹译. 大连：东北财经大学出版社，2010 (66).

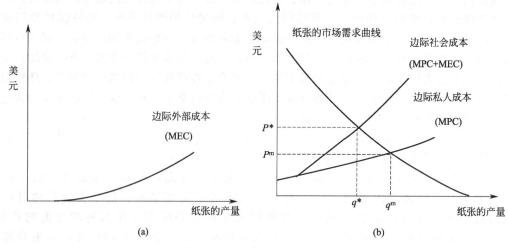

图 4-1 外部成本和市场产出

系生产的纸张数量过多,而价格又过低。

【专栏】近期关于美国汽车驾驶的外部成本的评估数据❶

从数据中可看到,成本项目中所占比例最大的是交通拥堵和交通事故。最多的环境成本为地方空气污染,达到与全球变暖有关的外部成本的 7 倍,见表 4-1 所示。

表 4-1　与驾驶汽车相关的外部成本

污染源成本	美分/加仑❷	美分/英里❸
温室气体排放	6	0.3
城市空气污染	42	2.0
交通拥堵	105	5
交通事故	63	3.0
石油消耗	12	0.6
合计	228	10.9

成本的转化按照燃油经济性,即 21 英里/加仑核算。

二、其他类型

环境成本还有很多其他类型。比如,化工厂排放的有毒烟气危害到附近居民的健康,建筑开发商无视当地居民的视觉污染在土地上大兴土木等。

第四节　环境成本的构成

根据环境成本的定义,可以得到环境成本的外延,即环境成本包括的内容。

环境成本包含企业活动中与环境相关的支出,这包括企业为获得环境资源的使用权做出的支付,以及企业为弥补或改善其环境行为所做出的支付。

按企业经营的不同阶段来划分环境成本的构成,具体划分如下。

❶　Ian W. H. Parry, M argaret Walls, Winston Harrington. Automobile Externalities and Policies. Journal of Economic Literature, 2007, XLV, (2): 384.

❷　1 加仑=3.785 升。

❸　1 英里=1.609 千米。

（1）采购阶段的环境成本 指由于政府限量或禁止使用某些稀缺资源或原材料，使企业在利用该资源或原材料时所付出的追加成本。

（2）制造阶段的环境成本 指由于企业在生产过程中向大气和水环境排放废弃物，而为其承担的环境责任所付出的各种费用，包括环境污染的防治费用、治理污染的设备投资、排污费、各类环境管理费、罚金及对周围居民的赔偿费等。

（3）销售流通阶段的环境成本 主要指产品包装等废弃物的回收处理费用。

根据企业环境支出的类别来划分环境成本。

（1）企业在生产过程中直接减少污染物排放的成本 主要包括废弃物处置、环境污染较严重材料的替代、节能设施的运行、再生利用系统的运营成本等。

（2）在生产过程中为预防环境污染而投入的成本 包括环保设备的购置、职工环境保护教育费、环境负荷的监测计量、环境管理体系的构建和认证等成本。

（3）企业销售产品的环保包装或回收顾客丢弃的污染环境的废品、包装等所投入的成本。

（4）企业有关环保的研究开发成本 如环保产品的设计，对环保生产工艺和工厂废弃物回收再利用等进行研究、开发的成本。

（5）提高企业周围社会环境效益支出的成本，包括企业周边的绿化、对企业所在地区环境活动的支持、环境信息披露和环境广告等支出。

（6）其他环保支出 主要包括公害诉讼赔偿金、罚金，以及由于企业生产活动造成的对土壤污染、自然破坏的修复成本。

此外，针对现代企业生产经营活动对环境的损害（全球变暖、臭氧层破坏、光化学烟雾、酸性沉淀物、森林退化、资源破坏等）而言，这部分环境成本的特点在于其难以计量。例如，沉积于河床的一批玻璃瓶，造成的只是舒适性方面的损失，河道并没有发生变化或者说它带来了清除玻璃瓶的成本，这样的环境成本估量起来就比较简单。然而，如果污染物质还有生物影响，就会是一个更为复杂的问题。后文对环境成本计量的专门讨论将更清楚地阐释这一点。

我国的环境经济组曾对湖南、湖北水稻生产的环境成本做过估算，成本项目包括农用化学品导致的空气和水污染，围湖造田导致的洪水损害，农药对农民健康的影响，生物多样性的损失等，计算出每千克水稻的环境成本为 0.05～0.15 元（1995 年），预计到 2020 年将达到 0.20～0.32 元。

第五节　显性（内部）环境成本

一、基础概念

环境成本的前一部分内容（即企业做出了实际支付的与环境相关的成本）是可以体现在会计的损益报告书中的。之所以说可以体现而不是已经体现，是因为目前环境会计还是会计学的一个新领域，尚有一些这方面的支出还未能出现在企业的损益报告表中。但这部分环境成本看得见、摸得着，所以将之称为显性环境成本，通常也可以称之为内部环境成本，这是因为企业在决策时将考虑到这些成本。

环境经济学的主要任务之一，就是要运用各种经济手段限制人类损害环境质量，鼓励人类保护和改善环境质量。污染防治成本是最典型的环境成本，是一种最重要的内部环境成本。

二、污染防治成本的特性

要防治环境污染，需要购买污染防治设备，也必须使用土地来放置这些设备，在污染防治设备的运行中还要消耗人力能源等其他的生产要素。考虑到资源的稀缺性，污染防治成本其实就是使用这些资源的机会成本。

污染防治系统也可以看成一个投入产出系统。环境控制的成本函数和生产系统的成本函数相类似。从短期看，随着设备使用的加强，单位产品的成本下降，接着又会上升，在接近生产能力时，产品成本将急剧增加，这一规律同样适合于污染防治系统。从长期看，所有生产要素都能变化，长期防治成本也和生产系统的长期成本一样，在规模的不经济性和经济性之间进行转换。

图 4-2 给出了一种典型的污染防治成本函数。LAC 和 LMC 各自代表长期平均成本和长期边际成本，SMC 和 SAC 各自代表短期边际成本和短期平均成本。分析短期防治成本曲线的特性可以找出污染防治的最佳程度。

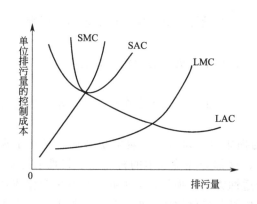

图 4-2 污染防治成本   图 4-3 防治污染成本曲线

图 4-3 是一个典型的防治污染成本曲线。污染防治程度决定污染防治的总成本，图中，MC 为边际成本曲线，TC 为总成本曲线。注意这里的横坐标是环境质量，环境质量越高，排污量就越小，污染控制量就越高，也就是说，环境质量相当于污染控制量。这里 TC 表示了总防治成本与环境品质之间的关系，总成本增加速度是递增的，这是因为高程度的污染防治比低程度的防治昂贵得多。以汽车废气的防治为例，只要简单调整一下化油器就可以减少一些废气排放。但是若要实现高程度的防治，就必须加装较复杂的设备，如空气泵、触媒转化器等，防治总成本也会增加。

边际成本是当环境品质改善一个单位时所增加的成本。总成本增加表示边际防治成本是随环境品质的改善而增加的。

三、污染防治成本的作用

经济利益是引发环境问题的根本原因。在利润最大化目标的驱使下，工厂主一般会用最省钱的方法处理排出的废弃物。如果没有管制办法，直接排入环境是最经济的。如果禁止工厂主将废弃物直接排入自然环境，他也会审慎考虑如何结合土地、劳动及资本等生产要素以最低的成本来处理排放的废弃物。

工厂主以最小成本处理废弃物与其追求最低生产成本的道理是一样的。例如，可以通过在烟囱中加装过滤器来解决粉尘的污染，此时有两种比较有效的办法。一是扩大过滤器的容量（增加资本投入），二是随时清理过滤器（增加劳动投入）。如果只扩大过滤器容量而不增加劳动投入，粉尘收集的收益会呈递减趋势，也就是说每增加 1 元钱的资本投入，所能收集的粉尘数量（资本的边际产量 MPPK）会递减；同理如果只增加劳动投入而不扩大过滤器的容量，也会发生劳动的边际产量 MPPL 逐渐递减的现象。在粉尘排放量一定的情况下，过滤器容量（不同的资本投入）和劳动投入在最低成本时的组合应满足下式。

$$MPPK/PK = MPPL/PL \qquad (4-1)$$

式中，PK 为资本的价格（利息）；PL 为劳动的价格（工资）。

可见，污染防治成本是工厂主决定污染处理方式的主要决策依据。

污染防治成本还可以帮助政府制定环保政策。传统的效益-成本分析在企业进行微观决策时所起的污染防治作用很小，从微观角度，可以认为每个独立的工厂主都把利润看成是公司的唯一目标，包括污染控制这样的活动都会围绕这一目标。如前所述，工厂处理废弃物最简单也是最经济的方法就是将其直接排入大自然，但是站在全社会的角度看，情况并非如此。例如，某工厂 A 污水直接排入附近的河中，随着污水排放量的增加，水中溶氧量将逐渐减少。假设附近的居民主要依靠在这条河里捕鱼为生，那么鱼群的生长数量和水中的溶氧量对他们就有直接关系，低溶氧量时只有少量鱼群可以存活。从 A 企业自身利益考虑，治理污水没有任何效益，用成本分析得出的结果必然不利于污水治理。如从 A 企业和附近居民捕鱼收益考虑，情况将有所不同。下面是 A 工厂防治污水成本和附近居民捕鱼收益情况，见表 4-2。

表 4-2 污水防治成本和捕鱼收益

环境质量溶氧量/（毫克/升）	捕鱼量/（吨/年）	捕鱼收益/（千元/年）	捕鱼边际收益/（千元/年）	污水治理边际成本/元
1	16.0	12	12	2
2	29.3	22	10	2.15
3	40.9	30.7	8.7	3.2
4	52.5	39.4	7.5	4.0
5	61.2	45.9	6.5	5.8
6	68.8	51.6	5.7	5.7
7	75.2	56.4	4.8	6.7
8	80.5	60.4	4.0	7.8
9	85.2	63.9	3.5	9
10	89.1	66.8	2.9	10.5
11	91.9	68.9	2.1	12.5
12	94.1	70.6	1.7	16

边际成本等于边际收益时，环境品质是最佳的，即经过治理污水，使环境品质（河水中的溶氧量）达到 6 毫克/升时，治理收益最大。这个值应当成为政府制定环保标准时的参考值。当污水排放造成河水污染的受害者不止一个，即污水治理的受益者不止一个时，要正确估计污水治理的效益不是一件容易的事，特别是包括一些不易定量化的社会效益，如良好水质的河水给附近居民提供良好的休息场所带来的收益等。在这种情况下，政府制定污水排放标准的主要依据不再是边际收益等于边际成本，而应该主要考虑各项环境标准的要求所引起的一切成本，是否能被各有关方面所承受。

最初，环境控制成本以两种可能方式存在于生产者身上，他或者遵守某种他必须遵守的标准，对超标准排放进行治理；或者支付通过某种方式与他们造成的危害相关联的费用，如支付超标排放罚金。但环境控制成本最终必然要有人来承担，这个承担者可能是生产者、股东、受雇者或消费者，因为生产者将会设法把环境控制成本转移到其他人身上。能够在何种程度上实现转移，首先取决于供应和需求弹性。当需求弹性很低时，即价格的任何变化只会给所需产品的数量带来很小的变化或者不带来变化时，消费者倾向于承担表现为更高价格的负担；如果供应的弹性很低，也即价格的任何变化只会给供应的产品的数量带来很小的变化，或不带来变化，由于成本上升，负担将倾向于主要由公司来承担，表现为利润的降低。图 4-4 中当环境控制成本有了一定增长后，通过供应曲线的变动，表明了各生产者和消费者所承担的成本。

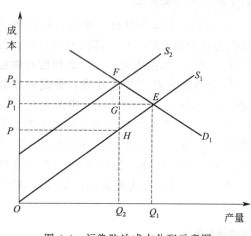

图 4-4　污染防治成本分配示意图

图 4-4 中曲线 D_1 及 S_1 分别表示产品的需求与供应曲线（假设其均为直线）。如果工厂不对其排污进行治理，而是按单位交纳等额的环境污染罚款，那么当考虑环境防治成本后，供应曲线将从 S_1 移至 S_2，它反映上涨了的产品制造成本。这意味着价格将从 P_1 上升到 P_2，而产量将从 Q_1 下降到 Q_2。

首先对那些能够或者准备支付额外成本的消费者来说，价格从 P_1 增加到 P_2，因此消费者损失的合计，可用图 4-4 中的 P_1P_2FG 表示；其次，还有一类消费者，如果按老价格 P_1，他们是愿意购买的，但现在不能和不准备购买，图中的 FGE 表示这类消费者的损失；第三，对生产者来说也存在着损失，其盈余即价格超过边际成本的部分将从老价格 P_1 和供应曲线 S_2 之间的面积变为新价格 P_2 和供应曲线 S_2 之间的面积。我们还可以从另一个角度来看待这一问题，由于单位产品生产成本的增加而造成生产者的损失 P_1GHP，这部分损失无法转嫁给消费者，另外由于产量的缩减而使他的盈余损失了 GHE。

由此可见，不同的环境控制水平对价格、消费都有很大的影响，通过这些影响将进而影响一国的财政状况、一个行业的生产规模以及国际收支和就业。各级政府及其管理机构必须在正确分析环境防治成本影响程度的基础上，才能制订出符合本地情况的环境控制手段。

四、污染防治成本的分摊

众所周知，环境问题是一个社会问题，从微观经济理论出发，个体的企业，其经营目标是追求经济效益。事实证明，环境保护在很多情况下都和企业的经济效益目标冲突，因此国家作为社会的代表，必须要承担起保护环境的重任。国家可以通过环境立法、环境税收、环境罚款等法律和经济手段来达到保护环境、改善环境品质的目的。环境立法要解决的关键问题是制定合理的环保标准，然后以法律的形式固定下来。经济手段要解决的问题是当环境品质达不到法定标准时，如何通过治理使其达到法定标准，一种途径是谁污染谁治理；另一种途径是谁污染谁付费，由国家筹集资金统一治理。下面将几种经济手段简述如下。

1. 排污收费

排污收费或称为排污罚款是解决社会防治污染资金不足的重要途径之一。随着现代化工业的高速发展和人民生活水平的不断提高，大量废水、废气、废渣的任意排放，已经超过了自然界的净化能力。为了净化已被污染的大气和水，国家将不得不花费很大的资金。据某市统计，仅"三废"治理设施欠账就达 1.4 亿元。如此巨大的投资缺口如何解决呢？其中一个方法，就是实行排污收费。前一个时期，有人担心实行排污收费会引起企业生产成本增加，成本的增加又会引起商品价格的提高，从而把排污费转嫁到消费者身上。其实这种担心是不必要的，如果企业因为交纳排污费而引起成本升高，并以此提高产品的价格，在一定的需求弹性下，社会对该产品的需求将下降，从而引起企业的生产水平下降，生产水平下降后企业排污量也会随之下降，这从侧面促进了环境保护。

排污收费一般适用于直接污染的防治，即限制或治理由企业在生产过程中直接产生的污染，对间接污染应采取另外的途径。

2. 对污染产品的征税

有些污染不是在产品的生产过程中，而是在消费或使用过程中产生的，这样的污染称为间接污染。间接污染的例子很多，比如在汽油的生产过程中，会产生废气和废渣，这种污染属于直接污染，生产者要交纳排污费。但在汽油的消费过程中，如车用汽油，还会产生二氧化碳气体等污染物，这种环境污染属于间接污染，对它的治理要采用征税的方法。征税可以使国家积累用于治理环境的资金，另外征税还可以提高消费价格，抑制消费，从而抑制此类产品的生产，一定程度上起到防治污染的作用。需要指出的是，对有些产生间接污染的产品还没有实行征税的方法，比较突出的例子是洗衣粉。

洗衣粉这种洗涤剂较之肥皂具有不可比拟的优点，目前，在市场上洗衣粉实际上已经排挤了家用肥皂的销售。但是如从环境角度综合考虑，洗衣粉的危害是相当大的。正如美国著名生态学家柯莫耐尔所指出的那样，洗衣粉取代肥皂是磷酸盐对环境的影响增长 20 倍。用洗衣粉取代肥皂是我们比以前更清洁，但它却污染了环境。要解决这样的间接污染问题，也可以考虑对危害环境的消费实行征税，这样能有效地限制此类商品的使用。总而言之，征税后的新价格可能会减少环境的有害负荷，并同时引导生产者不去扩大"有害"产品的生产，而把精力放在开发"无害"产品的生产工艺上。目前，在德国市场上已经出现所谓"对环境友好的洗衣粉"。若我国也尽快实行对产生间接污染的产品征收环境税，对我国环境保护必将大有裨益。

第六节　隐性（外部）环境成本

一、基础概念

与显性（内部）环境成本相对应的，就是那些由本企业经济活动所导致但尚不能精确计量，并由于各种原因而未由本企业承担的不良环境后果。这种环境成本的例子很多，如一个工厂烟囱排烟造成环境污染，给第三者形成外在成本，它表现为使附近居民的环境舒适度下降。其隐性来源于企业本身不必承担这种成本，对其进行考察就是为了尽可能地寻找出度量这种隐性环境成本的方法，而将其体现到企业的内部成本中去。

二、环境外部成本与内部成本的比较说明

划分环境成本为内部和外部有助于清晰概括企业生产经营活动产生的所有环境成本。例如一家物流公司，先要弄清楚其主要业务，其中包括对商品进行保管、包装和加工回收等。这样，就可以按照其各项业务总结出该公司的环境成本。如在商品保管中，企业付出的内部环境成本是为了防止对环境造成影响而采取科学养护所支付的成本，而造成的外部环境成本

就是发生泄漏时造成的环境负面影响；在商品包装过程中，企业为了治理包装物造成的污染，付出了内部环境成本，但与此同时，包装物仍然产生了一定量的污染，引起外部环境成本；在商品的加工回收过程中，企业要付出的是回收、翻新、修复、再生产等所需的费用，而引起的外部环境成本则是加工时所耗用的能量等；最后，企业的设备在运行中产生的"三废"也会对其自身的资产造成折旧，从而引起企业的内部环境成本，当然，所造成的能量消耗、废气污染、噪声污染则是外部环境成本了。

三、环境外部成本的度量

1. 度量方法

外部环境成本的度量并不容易，一般来说，有以下三种方法。

① 直接度量环境质量下降引起危害所造成的损失。

② 度量由于环境质量下降所引起的其他行业收益的减少，即采用环境质量的影子价格。

③ 度量清除污染所需的费用。

2. 不用时间范围和功能的环境成本

（1）不同时间范围的环境成本　将环境成本作三种类别划分，过去环境成本、当期环境成本及未来环境成本。即在会计期间内，作为环境成本而确认处理的有关费用支出项目，其补偿的可能是以前的环境损失，也可能是当期环境损失，还可能是预见到的未来环境损失。

（2）不同功能的环境成本　按照企业所发生的环境性支出的功能不同，或者说按照环境支出的动因不同，可以将环境成本划分为三种，弥补已发生的环境损失的支出、维护环境现状的支出、预防将来可能出现的不利环境影响的支出。

① 弥补已发生的环境损失所引起的环境性支出，是一种被动性支出。无论其所弥补的是以前时期的环境破坏损失，还是当期的环境破坏损失，其共同的特点是环境损失已发生。这种环境性费用只能够用于弥补已经发生的损失（现实中常常不足以弥补），而不可能形成任何资产增量或收入增量。此时，针对实物的支出往往是对因污染而导致的物质耗损的弥补，针对人的支出则是对因污染而导致的健康耗损的补偿。

② 用于维护环境现状的环境性支出与不良环境影响是同步发生的。这类环境支出仍然是被动性支出，但已经具有了一定程度的主动性。从会计处理角度应当认识到两点，一是这类环境支出虽不会形成企业的生产能力增量，但会形成其他增量资产或增量收入，如用于环境保护设施或环境治理设备的支出增加了资产存量，用于环境保护人员的工薪支出则增加了人员收入；二是当支出是针对环境保护或治理设备时，本会计期间承担的应当只是其中一部分，即会计处理中的费用化与资本化之区分问题。

③ 用于预防将来可能出现的不良环境后果的环境性支出，发生在环境损失出现之前，属于主动性支出。从会计处理的角度，这类环境支出不但会形成资产增量或收入增量，当购置了有助于改进产品环境属性的设施或设备时，还可能会增加或改善生产能力。此时对形成的物质资产增量的会计处理，可按环境法规及会计法规有关规定分期摊销或折旧计提。因此，这类环境性支出更像是一种投资行为，不同之处是其目标比较特殊，既不属于生产能力投资，也不属于非生产性设施投资。

【专栏】生命周期成本（Life Cycle Cost，LCC）计算[●]

生命周期成本计算的基本思想立足于产品的生命周期全过程，对产品设计材料加工、

---

❶ 本表引自 Measuring Corporate Environmental Performance. 1996（8）.

仓储、销售、使用、废弃等各个阶段所有内部和外部环境费用进行会计处理。LCC所要计量的环境成本，其一般归类见表4-3。

表4-3 生命周期成本分类

常规成本	负债性成本	环境成本
资本、设备		全球变暖
人工、文件		臭氧层破坏
能源、监测	法律咨询	光化学烟雾
维护	罚款	酸性沉淀物
法规遵从	人身伤害	资源破坏
保险、特别税	复原作业	水污染
排气/水控制	经济损失	慢性健康影响
原材料供应	财产损害	急性健康影响
废物处理/处置成本	未来市场化	居住地变更
放射性/危险性废弃物管理	公共形象伤害	社会福利影响

第七节 稀土企业环境成本估算

环境成本包括众多项目，有些项目已经计入企业当期成本，有些则没有。本节以我国稀土产业发展为研究对象，结合实际案例，依据稀土企业实际排放的污染物数量和国家制定的收费标准来核定其环境成本。

一、稀土概述

稀土（Rare Earth）是不可再生的重要自然资源，享有"工业维生素"的美誉。因其独特的物理化学性质，广泛应用于新能源、新材料、节能环保、航空航天、电子信息等领域。

在军事方面，稀土因其优良的光电磁等物理特性，能与其他材料组成性能各异、品种繁多的新型材料，而享有工业"黄金"的美誉；石油化工方面，用稀土制成的分子筛催化剂，具有活性高、选择性好、抗重金属中毒能力强的优点，因而取代了硅酸铝催化剂用于石油催化裂化过程；在新材料方面，稀土钴及钕铁硼永磁材料，具有高剩磁、高矫顽力和高磁能积，被广泛用于电子及航天工业；农业方面，研究结果表明，稀土元素可以提高植物的叶绿素含量，增强光合作用，促进根系发育，增强根系对养分的吸收能力。

目前，我国已成为世界上最大的稀土生产、应用和出口国。我国稀土储量约占世界总储量的23%，呈现出资源类型较多、资源赋存分布"北轻南重"、轻稀土矿伴生放射性元素的环境影响大、离子型中重稀土矿赋存条件差四个特点。

二、稀土产业发展

2012年，国务院发布《中国的稀土状况与政策》白皮书，全面介绍了我国稀土的现状、保护和利用情况、发展原则和目标以及相关政策，以增进国际社会对我国稀土的了解[1]。白皮书指出，目前我国已形成内蒙古包头、四川凉山彝族自治州和以江西赣州为代表的重稀土三大生产基地，具有完整的采选、冶炼、分离技术以及装备制造、材料加工和应用工业体系。在《国家中长期科学和技术发展规划纲要（2006～2020年）》中，稀土技术被列为重点支持对象。我国支持稀土基础研究、前沿技术研究、产业关键技术研发与推广应用。

近年来，我国不断推进稀土行业改革，推动形成投资主体多元、企业自主决策、价格供

---

[1] 来源：http://www.cnr.cn/gundong/201206/t20120620_509970147.shtml。

求决定的稀土市场体系。

我国已建立起较为完整的研发体系，在稀土采选、冶炼、分离等领域开发了多项具有国际先进水平的技术，独有的采选工艺和先进的分离技术为稀土资源的开发利用奠定了坚实基础。

2012年8月8日上午，我国第一家稀土产品交易平台在包头挂牌。包钢稀土、厦门钨业等12家稀土生产和流通骨干企业，每家出资1000万，在北方的稀土重镇包头成立国内首个稀土交易平台。虽然这是全国性的稀土交易平台第一次建立，一定程度上解决了卖的问题，但是产的问题还是存在的。因为国内深加工水平比较低，单靠一个稀土交易平台并没有解决技术升级的问题，平台的建立和稀土深加工行业的发展会起到相互促进作用。

与此同时，我国的稀土行业存在资源过度开发、生态环境破坏严重、产业结构不合理、价格严重背离价值等问题。稀土行业呈现低端产品过剩，高端产品匮乏的特点。此外，稀土产品的出口走私现象仍然存在。

针对上述问题，我国将对稀土资源实施更为严格的生态环境保护标准和保护性开采政策，在短期内建立起规范有序的资源开发、冶炼分离和市场流通秩序，并在此基础上进一步完善稀土政策和法律法规，形成合理开发、有序生产、高效利用、技术先进、集约发展的稀土行业持续健康发展格局。

三、稀土企业环境成本估算

1. 稀土产业污染来源

稀土企业主要是在冶炼分离、企业再生产过程中造成环境污染，污染物主要是废气、废水和废渣。

（1）废气　稀土企业产生的废气，一是含尘气体，在稀土矿采矿、破碎、选矿过程和稀土精矿球团化过程、稀土精矿的碱焙烧过程、稀土火法冶金过程以及稀土中间产品或成品的干燥、粉碎、研磨和包装过程中产生；二是放射性气体，主要是空气中含铀、钍的粉尘以及氡及其子体在空气中形成的放射性气溶胶；三是含毒气体，稀土生产中还会产生含有液体颗粒（雾）和杂质气体的有毒气体。

（2）废水　稀土生产过程中的废水，主要来源于选矿废水、设备和地面冲洗水、废气净化洗涤水、湿法冶炼中的各种废液、冷却水、化验室下水及生活污水等。例如，浓硫酸焙烧分解混合型稀土精矿冶炼系统中产生的酸性含氟废水、碱分解独居石冶炼系统中产生的碱性低放射废水等。

（3）废渣　稀土冶炼厂每处理1吨稀土精矿产生各种残渣约0.5吨，有的甚至高达2～4吨。这些废渣主要包括选矿后的尾矿、火法冶炼中的熔炼渣、酸碱分解后的不熔渣、湿法冶炼中的各种沉淀渣、除尘系统的积尘、废水处理后的沉渣等。很多渣带有一定的放射性，一般须用专用渣库堆放。

2. 排污收费标准

2003年国家发展与改革委员会、国家环保总局等四部委发布《排污费征收管理办法》。办法中规定污水排污费按排污者排放污染物的种类、数量以污染当量计征，每一污染当量计征0.7元；废气排污费按排污者排放污染物的种类、数量以污染当量计征，每一污染当量计征0.6元；固体废物及危险物排放费按吨一次性征收，每吨冶炼渣25元，危险固废每次每吨1000元。为促使排污者减少排污并承担起环境责任，应该按照目标值征收排污费，但国家考虑到排污者的实际承受能力和过去收费标准长期偏低的状况，保证新、旧标准的平稳过渡，污水和废气的污染当量收费单价确定为目标值的一半，即每一污染当量计征0.7元和0.6元。如果按照目标值征收则是现在收费额的一倍。

3. 案例

由于稀土冶炼所采用的方法不同，造成的污染情况也不一样，酸法生产污染较大，碱法生产污染小一些，但碱法生产要求稀土精矿的品位要高。我们选择了一家稀土酸法生产企业（以下称C企业），对其2004年和2008年两年的污染排放量及应收排污费进行了核定，见表4-4和表4-5；另外选择了一家稀土碱法生产企业（以下称D企业），对其2002年污染排放量及应收排污费进行了核定，见表4-6。

表4-4　2004年度C企业稀土酸法冶炼排污量及排污费

产品及规模：氧化稀土20000吨（使用稀土精矿40000吨）

污 染 物		污染物排放量/(吨/年)	污染物当量(10³)	排污费/万元
水污染物	SS	3830.6	957.65	
	氨氮	26601	33251.25	
	氟化物	2050.6	4101.2	
	合计		38310.1	5363.41
大气污染物	SO_2	933.08	982.19	
	粉尘	12.14	3.04	
	氟化物	2.85	3.28	
	H_2SO_4雾	3300	5500	
	合计		6488.51	778.62
固废	普通固废	28061.8		
	危险固废	24000		
	合计	52061.8		670.15
合计				6812.2万元 (3406元/吨)

资料来源：依据环保部门提供的相关资料计算。

从表4-4中看出，C稀土企业2004年生产2万吨稀土氧化物，消耗了4万吨稀土精矿，按污染物当量计算出C企业2004年应交排污费6812.2万元，平均每吨氧化物排污费3406元，平均每吨精矿排污费1703元。

表4-5　2008年度C企业稀土酸法冶炼排污量及排污费

产品及规模：氧化稀土40000吨（使用稀土精矿80000吨）

污 染 物		污染物排放量/(吨/年)	污染物当量(10³)	排污费/万元
水污染物	SS	5980.36	1495	
	氨氮	42617.48	53339.35	
	氟化物	3780	7560	
	合计		62394.35	8735.21
大气污染物	SO_2	1506.7	1586	
	粉尘	22.14	5.54	
	氟化物	4.8	5.52	
	H_2SO_4雾	2400	4000	
	合计		5597.06	671.65
固废	普通固废	34692		
	危险固废	48000		
	合计	82694		1286.73
合计				10693.6 (2673元/吨)

资料来源：依据环保部门提供的相关资料计算。

从表 4-5 中看出，C 稀土企业 2008 年生产了 4 万吨稀土氧化物，消耗了 8 万吨稀土精矿，按污染物当量计算出 C 企业 2008 年应交排污费 10693.6 万元，平均每吨氧化物排污费 2673 元，平均每吨精矿排污费 1337 元。说明 C 企业 2008 年环保措施加强，单位排污量比 2004 年减少了。

表 4-6 2002 年度 D 企业稀土碱法冶炼排污量及排污费

产品及规模：氧化稀土 3340 吨（使用稀土精矿 6700 吨）

污　染　物		污染物排放量/(吨/年)	污染物当量(10^3)	排污费/万元
水污染物		98.68(<1)	1644.67	
	PH	18(>12)	144	
		25.20(9.7)	25.2	
	SS	2593.8	648.45	
	氨氮	6080.79	7600.79	
	氟化物	746.30	1492.60	
	合计		11555.91	1617.83
大气污染物	SO_2	1120.20	1178.95	
	粉尘	30.10	7.53	
	氟化物	8.21	9.44	
	H_2SO_4 雾	930.85	1551.42	
	合计		2747.31	329.69
固废	普通固废	10947.86	27.37	
	危险固废	7150		
	合计	18097.86		300.65
合计				2248.2 (673 元/吨)

资料来源：依据环保部门提供的相关资料计算。

从表 4-6 中看出，D 稀土企业采用碱法生产稀土氧化物，2002 年生产了 3340 吨稀土氧化物，消耗了 6700 吨稀土精矿，按污染物当量计算出 D 企业 2002 年应交排污费 2248.2 万元，平均每吨氧化物排污费 673 元，平均每吨精矿排污费 336 元。

上述结果是按照稀土企业实际污染物排放量计算出的应缴排污费，企业实际缴纳的排污费要比应缴排污费少得多。如果企业全部缴纳了应缴排污费，也只是新标准目标值的一半，成本计算时还得把另一半计入。即环境总成本应该是上述应缴排污费的 2 倍，环境总成本减去企业已交的排污费就是企业应计而未计的环境成本。

思　考　题

1. 简述环境成本的基本概念及其主要类型。
2. 试述隐性（外部）环境成本的概念及其度量方法。
3. 假设一个木浆厂位于淮河岸边。生产每吨木浆的私人边际成本（MC）满足

$$MC = 10 + 0.5Y$$

这里 Y 表示生产的木浆吨数。除上述私人边际成本外，还发生了外部成本。生产每吨木浆所产生的污染物流入河中，造成的价值损失为 10 元。这就是一种外部成本，因为它由社会承担，而不是由污染厂商自身承担。社会从生产每吨木浆中所得到的边际收益（MB）满足

$$MB = 30 - 0.5Y$$

利润最大化要求产出水平满足边际收益等于边际成本。此外社会纯收益的最大化意味着边际社会收益等于边际社会成本。请用图表或通过计算回答下列问题。

（1）画图表示边际成本（MC）、边际收益（MB）、边际外部成本（MEC）和边际社会成本（SMC）。

（2）假设厂商获得的边际收益等于社会从木浆上获得的边际收益，请推导出取得利润最大化的木浆产出。

（3）推导出使社会纯收益最大化的木浆产出。在这里，社会纯收益＝（总）社会收益－（总）社会成本。

（4）解释为什么木浆的社会有效产出低于私人利润最大化时的产出。

（5）当不生产木浆时，使社会满意的边际外部成本应是多大？

第五章　资源开发与环境恶化

相对于环境恶化的现象，经济学家更关心环境恶化的原因。经济学家认为环境恶化是基于某些社会经济原因，是由于人们的行为和制度安排出了错误所致。恶化的社会经济原因直观上表现为市场调节和政府干预两种机制的失灵。

第一节　市　场　失　灵

一、市场调节机制

经济学中一个最基本的假设是，在市场经济中，经营者经营的目的是利润最大化。经营者的利润量可以用下式表示。

$$\Pi = Q_r(KP_e - P_r) - C_t \tag{5-1}$$

式中，Π 为利润量；Q_r 为资源消耗数量；K 为产品数量和资源数量的比值；P_e 为产品的市场价格；P_r 为资源的市场价格；C_t 为交易成本。

当 Q_r、K 一定时，Π 与 P_e、P_r 和 C_t 分别相关。

现代西方经济学中的市场均衡理论指出，在完全竞争的市场上，每一个经营者所面对的价格都是均衡价格，而均衡价格的实现是通过竞争者的资源投入方向转换来实现的，这种过程实现了社会对资源的合理配置。

然而，市场的正常运行须具备：①资源的产权必须清晰；②所有稀缺资源必须进入市场，并由供求状况决定其价格；③完全竞争；④人类行为没有明显的外部效应和公共产品数量不多；⑤短期行为、不确定性和不可逆决策的不存在；⑥作为经济主体的生产者和消费者都是理性人。如果不能满足这些条件，市场就不能有效地配置资源。

【专栏】泰国虾类养殖的外部性[❶]

在泰国苏拉塔尼省海岸的沙颇村，1100公顷的红树林湿地中的一多半是由于村民开展商品虾类养殖场而消失的。随着当地红树林的毁坏，沙颇村的村民经历了捕获量下降以及暴风雨和水污染的损害。对剩余的红树林，我们能够信任市场的力量去实现保护和发展间的效率平衡吗？

经济学家沙田泰和巴比（Sathirathai and Barbier，2001年）计算证明，进一步破坏红树林湿地导致的生态服务价值损失超出了取而代之的虾类养殖场的价值。保护剩余的红树林湿地是有效率的选择。

一个潜在的虾类养殖企业家会做出有效的选择吗？不幸的是，答案是否定的。这个研究依据当地森林资源的利用、近海处的渔业关联和海岸保护，估算红树林的经济价值约为每公顷27264～35921美元。对虾类养殖的经济回报，一旦取消投入品补贴和计入水污染环境成本，每公顷仅为194～209美元。然而，因虾农得到大额补贴，并且不必考虑

---

❶ SUTHAWAN SATHIRATHAI, EDWARD B. BARBIER. "VALUING MANGROVE CONSERVATION IN SOUTHERN THAILAND.". CONTEMPORARY ECONOMIC POLICY, 2001, 19 (2): 109～122.

污染的外部成本，他们的经济回报一般是每公顷7706.95～8336.47美元。因此，当缺乏集体行动施加的外部控制时，人们通常会选择发展，尽管发展是低效率的。与红树林的生态服务功能有关的外部性导致行为选择方面的偏差，结果是社会净效益更低，但私人获得了巨大的净效益。

二、市场失灵的概念及内容

市场失灵是指由于垄断、外部性、公共物品、信息不对称等原因，导致资源配置不能到达最优，即资源配置处于低效率或无效率状态。其实质是价格机制对某些问题无能为力，表现出一定的局限性。就资源使用和管理来说，市场失灵可归纳为以下六个方面。

1. 资源产权不安全或不存在

市场机制正常作用的基本条件为，产权是明确定义的、专一的、安全的、可转移的和可实施的，涵盖所有资源、产品、服务的产权。

（1）产权必须是明确定义、专一或排他的　即如果某人拥有某种资源的产权，他人对该资源就不得具有同样的产权。例如，如果两个理性的人共同拥有一块土地，可能出现的情况是谁也不愿投资，因为如果甲方投资，则乙方会分享甲方的投资成果，那么甲方有什么动力来投资呢？乙方想法也一样。共同投资的前提是全体所有者对投资的形式、投资量等达成协议，合伙者的数量越多，交易费用越大，合伙者达成协议的可能性越小。

（2）产权的安全性也很重要　如果存在政治经济上的不稳定，产权随时可能被剥夺，在这种情况下是不可能进行长期投资的。

（3）产权还必须是可以有效实行的　"有效实行"包括有效监督违章活动并进行有效处罚。目前某些地区对污染的罚款偏低，导致企业可接受被罚而不愿添置设备治理污染。

（4）产权在法律上还必须是可转移的　如果产权不能转移，所有者就可能不愿进行长期投资，就会打击他们保护资源的积极性。产权的自由转移是稀缺资源通过市场机制自由地投向最有效用途的保证。

2. 无市场、薄市场和市场竞争不足

（1）无市场

① 很多资源的市场尚未发育起来或根本不存在。这些资源的价格为零，因而被过度使用，日益稀缺，如森林、海洋等自然资源。

② 有些资源（例如渔业资源）的市场虽然存在，但价格偏低，只反映了劳动和资本成本，没有反映生产中资源耗费的机会成本，如木柴的真实成本。

（2）薄市场　由于某些原因，一些资源市场上，卖者和买者的数量很少，使得他们之间的竞争很弱，把这种市场叫做薄市场。薄市场也是一种市场失灵。

（3）市场竞争不足　即使存在市场，市场失灵还可以表现为竞争不足。有效市场应具有卖者和买者众多、产品比较单一、进入市场障碍较少的特点。如果竞争者太少，市场竞争就是不完全的。

【专栏】能源产业——发电厂中存在的垄断现象❶

我国的发电厂分为电网直属电厂、电网非直属电厂和部分企业自备电厂。直属电厂拥有较高的上网电价，从而形成一种不平等竞争。此外，大区域电网公司和省电力公司的区域垄断地位，也保护了这种低效率和高成本的运行机制。

较高的上网电价也使直属电厂采取了多消耗、多发电而不是降低成本和提高效率的有效

---

❶　严泽民，栾福茂．中国电力行业垄断的评析．辽宁工业大学学报：社会科学版，2012，12（2）：10～12.

方法来增加企业利润。为了保护网内电厂的利益，区域分割的电网公司也不愿意让出市场空间给网外的优质低价电能，从而导致缺煤缺水地区被迫高污染、高价火力发电，造成能量的大量损失和环境污染以及国家进行二次污染治理的财政损失。

资源产业（例如水产业和能源产业）中形成垄断的主要原因是规模经济，还包括法律和政治方面的进入障碍、高信息成本、市场规模狭小等原因。垄断市场上企业的行为是减少产量提高价格，因而会损害消费者的利益。

3. 外部效应

有效市场的一个基本假设是经济活动主体通过他们对价格的影响相互发生联系，技术关系被排除在外，此时外部效应可以内部化。例如，如果只有一个农民和一个渔民，一种情况是，一方可以买下另一方，形成一个联合企业，使总利润超过两人分开时的利润；另一种情况是，渔民可以"贿赂"农民减少农药的用量；还有一种情况，农民可以"贿赂"渔民让渔民接受一定量的污染。无论采取哪种措施都改善了社会福利。

然而，当参加交易的个体数量增多时，市场就会难以将外部效应内化。此时损失由很多人分担，对每一个人就不那么重要，也不容易分清责任。达成协议的交易费用也会大大增加，如果交易费用超过通过市场解决问题的收益，市场机制就会失效，需要政府干预。

4. 公共物品

市场定价没有考虑外部效应是低估资源价格的主要原因之一。导致市场处理外部效应失败的两个原因是高的交易费用和公共物品。

与外部效应相联系的是公共物品，一般而言公共物品具备两个重要特征。

（1）开放性 对于任何使用和开发者来说，这种资源的空间分布，以及自身的地理、地质特征，使他们无法做到独专式的使用与开发（例如地下水）。例如国防，不可能把其中任何一个国民从国防的保护下排除，这违反了帕累托最优，因而是不应该的，因此，自由市场不能提供公共物品，或者说是提供过少的公共物品和过多的私人物品。

（2）枯竭性 每一个公共物品的使用者在谋取自己的利益时，也在消耗公共物品，并由此损害了其他使用者的利益，常见的公共物品包括空气、草场、灌溉用水、森林等；与私人物品不同，个人对公共物品的消费不影响其他消费者对同一公共物品的消费，例如一个人对灌溉用水的消费并不能阻止其他人对灌溉用水的消费，因此，对公共物品的过度消耗会导致其最终耗竭。

环境所提供的服务就包含很多公共物品，例如干净的水、清洁的空气、优美的景色、物种多样性等，使外部效应内化的服务也是公共物品。因为不能把任何人排除在外，公共物品最好由政府提供。某些情况下，也可由非政府组织通过捐赠来提供公共物品。环境污染则可以被看作坏的公共物品。

【案例】 降低湖泊污染的解决措施 [1]

一个清澈小湖的岸边有三座用于居住的房子，房子的住户把湖水用于娱乐，但不幸的是，湖水被湖边一家后来被关闭的老工厂污染了。污染物以毫克每升来计量。现在湖水的污染物含量为 5 毫克/升，有一种非常昂贵的水处理工艺能够净化湖水，每个业主也愿意为改善水质付一定量的钱。表 5-1 给出了对应于水质的每一个整数值，个人的边际支付意愿和总边际支付意愿，后者为前者之和。

---

[1] ［美］菲尔德（Field, B. C.），（美）菲尔德（Field, M. K.）著. 环境经济学. 第 5 版. 原毅军，陈艳莹译. 大连：东北财经大学出版社. 2010：68～70.

表 5-1 降低湖泊污染的个人需求与总需求

污染物水平 /(毫克/升)	边际支付意愿/(美元/年)			总计	清污的边际成本
	家庭 A	家庭 B	家庭 C		
4	110	60	30	200	50
3	85	35	20	140	65
2	70	10	15	95	95
1	55	0	10	65	150
0	45	0	5	50	240

图 5-2(a)、(b)、(c) 显示了每个房主的支付意愿，不同于一般商品总需求量就是把每一价格下的个人需求数量相加，对公共物品而言，因大家实际消费的是同一个单位的物品，因此，为了得到总需求函数，我们必须将每一需求量下的个人边际支付意愿加总，如图 5-2(d) 所示。

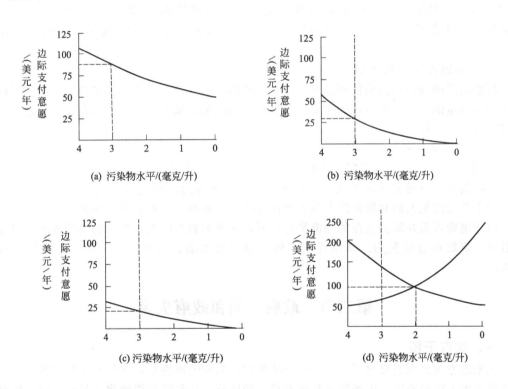

图 5-2 对公共品的总支付意愿

例如，在 3 毫克/升的水质水平上，A、B、C 的边际支付意愿分别是 85 美元、35 美元、20 美元。则该水质水平的总边际支付意愿为 140 美元。

在现实中，假设一家私人治污企业欲向三个家庭出售它的服务，企业找到 A，按照他的真实边际支付意愿向其收费。但 A 马上就会意识到，一旦湖水变清洁了，无论每个业主实际支付了多少钱，大家都能获得同样的好处。于是，A 就会有动机支付少于自己真实支付意愿的钱，而寄希望于其他业主支付足够的钱来补足净化湖水所需的费用。对于公共物品，每个人都存在搭便车现象。搭便车者是实际支付的费用低于其真实支付意愿的人，即支付少于收益的人。

因为有搭便车的动机，以营利为目的的私人企业如果做公共物品的生意，将很难收回成本。正因为收入少，私人企业通常不会足量提供此类商品和服务。环境质量作为公共物品，其改善不能依靠自发的市场实现有效率供给，必须借助于一些包含集体行动的非市场机制。就湖水的例子而言，业主们也许会通过业主联合会的形式联合起来，像一个人那样行动，以确保每户支付足够的钱来改善水质。但当涉及的人太多时（大城市的人口成千上万乃至上百万），只能通过更直接的政府干预有效解决搭便车问题。

5. 交易费用

交易费用是市场交易中获取信息、互相合作、讨价还价和执行合同的费用。当市场交易费用超过交易收益或买者和卖者太少时，就难以建立市场；如果产权没有明确界定，市场也不能建立；此外，即使产权明确界定，但若交易费用过高，也不能保证市场一定能够建立。

同样，产权的界定和执行也有成本。倘若界定和执行产权的成本高于产权带来的收益，就不能建立产权和与之相联系的市场。例如，针对渔业资源的保护，一种可能的解决方案是通过建立产权把茫茫大海分给渔民，但这样做显然是不可行的。有时，政府运用权力干预使外部效应内化的成本低于市场交易费用，此时就可采取政府干预的手段。

6. 不确定性和短视计划

环境资源的保护与污染治理涉及对未来的作用，而这就意味着不确定性和风险。不确定性是指不知道的可能结果出现的概率。一个行为的结果如果不止一个，就存在不确定性。不确定性有以下两种。

① 决策者无法控制的因素，例如天气引起的不确定性。

② 市场失灵导致其不能提供价格信息，从而引起不确定性。

时间越长，不确定性就越大。不确定性影响很多部门，环境资源受到的影响更大。不过，当不确定性使人们对资源的开发更加保守时，反而有利于对资源的保护。

由于消费者偏好实实在在的当前消费，所以未来利益被贴现，特别高的贴现率则可能意味着某一资源被过度利用。高贴现率和低资源增长率结合起来，完全有可能使某一资源枯竭。

第二节 政府干预和政府失灵

一、政府干预

先来思考为什么需要政府干预，一个简单的、初步的回答是，在某些环境问题上需要政府干预是因为市场失灵。市场失灵意味着对一些环境产品和服务很难建立起市场或者使市场正常工作。现代西方经济学将政府看成是理性人，认为政府通过税收、管制、建立激励机制和制度来干预经济，纠正市场失灵，追求决策的最优化。因此，在市场失灵的情况下，政府干预就成为一个可能的解决途径。

但必须注意，市场失灵是政府干预的必要条件而非充分条件。政府干预需具备两个前提条件，第一，政府干预的效果要好于市场机制的效果；第二，政府干预所得到的收益必须大于政府干预所付出的成本，这些成本包括政府计划和执行成本，以及所有由于政府干预而施加于其他经济部门的成本。

二、政府失灵

现实活动中，在某些情况下，政府的活动或干预措施缺乏效率，或者政府做出了降低经济效率的决策或不能实施改善经济效率的决策，称为政府失灵。政府失灵的原因包括：①政府干预的主要目标很少是改正市场失灵，政府常常将国家安全、社会平等、宏观调控等作为主要目标；②政府干预常常会产生预料不到的副作用；③不同的政府干预政策相互影响，使作用机制发生扭曲；④政策作用的对象是有理性的人，政策的效果取决于人们对政策做出的反应，一些政策（例如补贴和旨在限制进口与竞争的保护）会影响人们的预期和财产价值，由此产生利益集团，利益集团对政策产生影响，使政策改变趋于困难；⑤与环境无关的政府政策有时对环境的影响更大，例如，对资本投资的补贴和最低工资刺激了森林资源的过度开发。

政府失灵的具体表现如下。

① 将原来可以正常工作的市场机制扭曲。

② 虽然政府干预在某些方面是成功的，但会对环境产生外部效应，例如，政府对于特定化肥种类的补贴，短期内虽有助于提升作物产量，但对土壤和水资源可能产生长期不良影响。

③ 市场失灵并不说明政府干预一定更好，政府干预有时比市场失灵产生的后果更严重。

④ 需要政府干预（收益大于成本）时，政府却没有干预，例如，泰国政府向农民发放地契以保护土地安全的成本远少于收益，在这种情况下，发放地契就会将市场失灵变为政府成功干预，而泰国政府却没有这样做。

总之，政府失灵既包括需要干预时没有干预，也包括不需干预时干预。根据决策层次的不同，政府失灵还可以分为项目政策失灵、部门政策失灵和宏观政策失灵。

1. 项目政策失灵

政府干预的项目政策失灵主要是指公共项目的政策失灵❶。项目政策失灵的主要原因是有些项目虽注意了环境成本预算，但因没有进行科学的衡量而低估了损失的实际环境成本❷；或者是操作者自身对环境成本的认识不足或某些利益集团操纵，在计量时故意忽略或压低工程的环境成本。只有当公共项目的社会净效益超过私人项目的社会净效益时，用公共项目代替私人项目才是正确的。

【专栏】公共项目失灵造成的负面环境影响

基础公共工程例如公路、铁路的建设，对环境的长远影响往往远超对环境的近期影响。例如，穿越一片原始森林修建一条公路的环境影响远远超出修路直接砍伐对树木的价值造成的影响。几十年前，泰国政府穿过北部低地的原始森林修建了一条主要公路。随后发生的是，大量无地农民从别处迁入，变土地为耕地，新移民在 9 年间建立了 310 个村庄，致使该地区森林在 1973～1977 年间遭到大量破坏。时至今日，这一地区严重的水土流失使林业和农业无法持续发展。

---

2. 部门政策失灵

部门政策涉及不同的经济部门，特别是与环境有关的以下各部门的有关政策。

（1）森林政策 森林政策是一个特殊的资源政策。目前，木材作为在世界范围交易的产品，定价过低，这是由公开的或隐蔽的补贴和政府失灵造成。不收资源租金而且对伐木进行补贴会助长破坏性砍伐势头。

（2）土地政策 不安全的土地产权是发展中国家最严重的政策失灵。不安全的土地产权存在多种形式，如无产权、不清晰的产权、仅仅给农民短期使用权、使用权不能转让、地价管制以及强迫集体化等。它导致土地的非最优利用和水资源与森林状况的恶化。

❶ 张帆. 环境与自然资源经济学. 上海：上海人民出版社，2007，199：13～27.
❷ 朱洪光，钦佩，万树文. 自然环境恶化的社会经济原因. 农村生态环境，2000，16（2）：49～52.

(3) 水资源政策 水资源政策是重建资源稀缺和价格联系的又一项资源政策。几乎所有的国家都对灌溉用水实行补贴政策。灌溉用水如果免费，则无法反映水的稀缺性和机会成本，就会造成水的浪费。

(4) 城市化和工业化政策 在许多发展中国家，工业化和城市化过程是并行的。一方面，工业化过程中大量农民涌进城市；另一方面，工业建立在城市中心，工厂排出大量的污染物。最终出现了人口高度集中、环境空前恶劣的巨型城市，这是工业化和城市化政策结出的苦果。目前，我国的京津冀、长江三角洲和珠江三角洲城市群正在朝此趋势发展。城市环境质量问题既是市场失灵的结果，也是政府政策失灵的结果。

【专栏】探索雾霾围城下的突围之路❶❷

迄今为止，我国在防治大气污染方面已出台了大量的法律、行政法规及部门规章，形成了以《中华人民共和国大气污染防治法》为主体的大气污染防治法律体系。但我国的大气质量与要实现的目标仍有很大差距。例如，我国城市空气污染状况目前依然严重，城市空气质量达到国家空气质量二级标准（居住区标准）的城市不到一半，特别是百万人口规模以上的特大型城市，空气污染尤为严重。

近些年，我国一些地区频繁发生细颗粒物（PM2.5）污染问题，这与机动车尾气排放密切相关。与工业排放和扬尘相比，机动车尾气中的 PM2.5 毒性最大，它具有颗粒小（0.04～0.1 微米）、化学组成毒性大（含 16 种高致癌物质和多种致病物质）、数量极大、基本不沉降、排放部位低（在人体呼吸带内）等特点，造成城市灰霾、光化学烟雾污染，机动车尾气已成为城市污染防治的重中之重。

我国机动车尾气净化催化剂超期使用以及催化剂失效，导致发动机燃烧劣化，是我国在用车污染物排放超标严重的主要原因。在加拿大，超期一日罚款 100 加元，在美国，汽油车使用催化剂不合格的罚款 2.5 万美元，我国应借鉴发达国家经验，加强对在用机动车排污有效数据的收集，尽快制定并实施在用车尾气污染检测/维护（I/M）制度，规定催化剂寿命到期后强制更换，积极探索雾霾围城下的突围之路。

(5) 产业政策和贸易政策 产业政策和贸易政策影响不同产业部门的盈利率，从而影响资源在不同产业部门间的配置。如，工农业政策的差异所导致的工农业产品交易的剪刀差，可能导致对土地的投资减少，使农业日渐衰落。此外，剩余劳动力可能向破坏森林和矿产资源的林业和采掘业转移。

【专栏】我国焦炭行业出口现状❸❹

焦炭由烟煤经高温炼焦过程制得，主要用于高炉炼铁和用于铜、铅、锌、钛、锑、汞等有色金属的鼓风炉冶炼，起还原剂、发热剂和料柱骨架作用。焦炭需求量与经济形势密切相关。经济增长时，焦炭需求增加从而带动焦炭价格上升，经济萧条时，焦炭需求萎缩从而促使焦炭价格下跌。

由于全球金融危机，煤炭价格大幅度下滑，造成中国煤炭市场供求格局进一步发生变

❶ 夏顺利. 我国环境保护中的政策失灵及其矫治对策. 沈阳：东北大学，2006：24-25.

❷ 我国约四成国土面积成为酸雨污染区. 河南化工，2011，28（03）：28.

❸ 化工网. 我国焦炭行业运行现状及发展方向 [EB/OL]. http：//news. chemnet. com/item/2011-06-15/1542015. html. 2010-05-12.

❹ 阿里巴巴钢材. 焦炭出口退税取消将带动国内焦炭需求回升. [EB/OL]. http：//www. taxrefund. com. cn/html/2012/12/20121226092123. htm. 2012-12-26.

化。据统计，中国 2009 年煤炭出口量自 6 月份起连续下降，1～8 月全国出口煤炭 3364 万吨，同比增长 0.3％。8 月出口煤炭 337 万吨，比 7 月份减少 141 万吨。

同时，由于中国对焦炭加征 40％的高额出口关税，严格控制焦炭出口的措施，以及当时国内炼焦煤价格均高于国际市场价格等，2009 年，中国焦炭出口已大幅度下降或者基本停滞。上半年累计出口焦炭仅 23 万吨，同比减少 721 万吨（约占全国焦炭减产量的 90％），下降 96.9％，其中 4、5 月份的月出口焦炭量仅 2 万吨左右。

但是，国务院税则委员会发布的《2013 年关税实施方案》中取消了焦炭 40％的出口关税。这将有利于我国焦炭行业重新占领海外市场。

3. 宏观政策失灵

利率对资源的微观配置有重要影响，而货币政策和财政政策的变化都会影响利率的变化。利率升高，对未来的折扣增加，资源消耗速度加快，对资源保护的投资则会减少。如果资本密集型技术比劳动密集型技术产生更多污染，利率相对于工资越低，那么，越采取资本密集型技术，污染就越多。在劳动力充裕的地方，还会引发更多的人口失业以及大量破坏自然资源的活动。因此，任何宏观政策的制定和实施都应考虑其环境影响。

【专栏】我国环境政策失灵在水资源保护方面的表现—以淮河水污染治理为例[1][2][3]

2001 年，全国七大江河水系一半以上的监测断面属于 V 类和劣 V 类水质，城市及其附近河段污染严重；滇池、太湖和巢湖富营养化问题依然突出；东海和渤海近岸海域污染较重。我们以淮河水污染为例来说明我国环境政策在水资源保护方面失灵的具体表现。

1994 年 6 月，国务院召开的淮河水污染治理会议使淮河成为我国第一条依法进行水污染综合治理的大河。随后，国务院环委会颁布我国江河流域污染治理的第一部法规-《淮河流域水污染防治暂行条例》，对污染源企业进行污染防治改造。同年，国务院制定了我国第一个流域污染治理规划-《淮河流域水污染防治"九五"规划》，要求 256 座城市建立污水处理体系。

1997 年 12 月 31 日零点开始，沿淮 4 省 3100 多名执法人员在淮河流域 27 万平方千米的土地上开展了轰动全国的以所有工业企业限时"达标排放"为内容的淮河治污"零点行动"。

2000 年，开展的"淮河水体变清"行动，以根治淮河污染为最终目的。其中安徽、山东、江苏各地关闭 5000 家左右的乡村污染企业，沙颍河污染大户"莲花味精"投资 1.5 亿元兴建了污水处理设施。

由此可见，我国在治理淮河污染方面的投入是非常可观的。但淮河水质的现实情况是什么样的呢？

2004 年 7 月中旬，一场突如其来的暴雨，使沿途各地藏污闸门被迫打开，5 亿多吨高指标污水形成的 150 多千米长的污水带"扫荡"淮河中下游，创下淮河污染"历史之最"。整个淮河流域，污水所到之处，鱼虾绝迹，蚌埠等沿淮城市自来水厂被迫停止供水。据报道，仅沙颍河下泄形成的污水中，主要污染物已接近安徽省 2003 年全年排放量，污染物总量达 3.8 亿吨，COD（化学需氧量）12 万吨，氨氮 2 万多吨。河水主要污染指标超过平时的 7

---

❶ 夏顺利. 我国环境保护中的政策失灵及其矫治对策 [D]. 沈阳：东北大学，2006：24-25.

❷ 数据来源：http://news.xinhuanet.com/newscenter/2009-02/14/content_10818277.htm. 2009-02-14.

❸ 数据来源：http://www.zhb.gov.cn/gkml/hbb/bwj/201206/W020120601534091604205.pdf.

倍，水功能丧失殆尽。

2007年7月2日下午3时，江苏省沭阳县地面水厂监测发现，短时间、大流量的污水已经侵入到位于淮沭河的自来水厂取水口。经水质检测，取水口的水氨氮含量为每升28毫克左右，远超出国家规定的取水口水质标准。由于水质经处理后仍无法达到饮用水标准，沭阳县城被迫关闭城区供水系统，直至7月4日上午，县城才全面恢复正常供水。

2008年10月以来，持续干旱少雨使淮河流域水污染不断加重。监测数据显示，按照水功能区划省界缓冲区水质目标评价，2008年12月和2009年1月，省界断面水质达标率分别为30%和36%，而V类和劣V类水质所占比例分别为48%和40%。

2010年水质达到或优于Ⅲ类的断面比例比全国低11.3个百分点，劣V类断面比例比全国高5.6个百分点，水环境形势依然严峻。

可见，为了保护水资源而制定的水资源保护政策的实施，并没有如愿以偿地实现预期目标。

三、政府失效的治理对策[1]

1. 确立政府干预原则

政府对于市场"友善"的干预应遵循三个原则：①除非干预能产生更明显的良好效果，否则不主动干预，让市场自行运转；②将干预持续地置于国际和国内市场的制约条件下，确保干预不会造成相关价格的过度扭曲；若市场显示干预有误，则应取消干预；③公开干预，把干预置于制度的规范约束下，而不是由某些个人和官员的好恶或判断来左右。

2. 在公共机构中引入竞争机制

在政府各个官僚部门之间引入竞争，这样既可以提高政府提供物品和服务的效率和质量，又可以控制政府机构和预算规模的扩大。例如，可以设置两个或两个以上提供相同公共物品或服务的机构，通过合理竞争增进效率（例如城市供水系统、公交系统）。又如，可在不同地区设立相同的机构展开竞争，也就是说，加强地方政府之间的竞争。此外，可把某些公共物品的生产（如高速公路的修建）承包给私人生产者。

3. 使政府行为法治化

布坎南指出："要改进政治，有必要改进或改革规则，改进或改革做政治游戏的构架。一场游戏由它的规则限定，而一场较佳的游戏只产生于改变规则[2]"。过去我们过于注重道德高尚的领导者的培养和选择，而忽略了当事人接受的规则是否有效。现在，我们应注重规则，制定和完善各种法律规范。为此，须在大力加强社会主义法制建设的同时，注意把行政决策行为、执行行为、监督行为纳入到法制化轨道中，制定各种科学严密的行政规则、市场规则、社会规则以保证政府行为的合法化和高效率。

综上，市场和政府干预是资源配置的两大手段。认识市场和政府是如何配置资源的，对于理解环境恶化的原因十分必要。党的十八届三中全会指出，经济体制改革的核心问题是处理好政府和市场的关系，使市场在资源配置中起决定性作用和更好的发挥政府作用。以市场和政府在资源配置上的成败为两条主要线索来思考，有助于认识和理解环境恶化的原因。

---

[1] http://www.zwbk.org/MyLemmaShow.aspx? lid=116561.
[2] 詹姆斯·布坎南（James Buchanan，1791—1868年），美国第15任总统。其出任总统时，正值美国处于历史上的一个重大关头。当时，南北双方在奴隶制问题上的斗争愈演愈烈，最终内战爆发。而他的继任者正是带领北方赢得战争，废除奴隶制的林肯总统。

思 考 题

1. 试述市场失灵的原因及其解决办法。
2. 试述政策失效的原因及其解决办法。
3. 结合实际谈谈如何对环境政策的公平与效率进行权衡？
4. "清洁环境是公共物品，其效益无法为私人占有。因此以私人获利为目标的私人企业总是清洁环境的敌人"。试讨论之。

第六章 环境费用-效益分析

第一节 与环境费用-效益分析有关的几个概念

一、影子价格

1. 影子价格的概念

严格来说影子价格不是现实的价格，是指某种资源投入量每增加一个单位带来的追加收益。影子价格实际是资源投入的潜在边际收益。通常也把能够更为精确反映社会资源供给和配置关系的现实价格称为影子价格。

项目经济评价的难点在于价格"失真"的调整和外部效果及无形效果的处理，如果对价格进行了合理的调整，大量外部效果和无形效果会自然消失。因此，如何建立一个合理的价格体系，是经济评价首先要解决的难题。"影子价格"就是许多学者在经济研究中提出的合理价格体系。

影子价格的概念最早来源于数学规划，求解资源的影子价格，可以通过原规划的对偶规划的最优解间接求得。但这样简单求解的结果，往往不能准确地反映社会处于哪种最优计划下，以及体现社会劳动消耗、资源稀缺程度和对最终产品需求的产品和资源的价格。其原因在于模型是大大简化了的东西，它没有考虑动态，没有考虑扩大再生产等问题。因此，目前还没有办法通过数学规划模型来求影子价格。

2. 确定影子价格的方法

（1）传统的费用-效益分析方法　以市场价格为基础，衡量项目的费用和效益，并考虑到市场价格常常是"被扭曲的"或"偏离常轨"的，因而与其"真正的"社会价值相背离。根据西方古典经济学理论，调整市场价格，使其近似于相应的社会价值，这种调整后的价格即为影子价格。传统方法认为，完全竞争市场上均衡价格就是理想的影子价格，调价就是为了消除不完全竞争条件（如关税、补贴、政府对价格的控制、垄断等）造成的市场价格扭曲。传统方法采用的汇率是官方汇率或市场外汇需求与供给平衡决定的影子汇率。

完全竞争的市场模式在现实社会里是不存在的，因而传统方法的影子价格有一定局限性，但仍然用以作为项目评价的基本起点。

（2）L-M法的影子价格　L-M法以世界市场价格为基础确定影子价格，严格区分外贸货物与非外贸货物。

外贸货物是指其生产或使用将直接或间接影响国家进口或出口的货物。外贸货物可分为直接外贸货物、间接外贸货物和可外贸货物。

外贸货物中的进口品应满足的条件是，国内生产成本大于到岸价格（CIF 或 cif，是指进口货物到达本国口岸的价格，包括国外购货成本及货物运到本国口岸并卸下货物所需花费的运费和保险费），否则就不应进口。外贸货物中的出口品应满足的条件是，国内生产成本小于离岸价格［FOB 或 fob，是指出口货物离境（口岸）的交货价格，如为海港交货，则指"船上交货价格"］，否则就不应出口。

到岸价格和离岸价格统称为口岸价格，亦称边境价格或国际市场价格。在各种评价方法中，口岸价格有的用本国货币计算，有的用外币计算。

L-M法建议以口岸价格为基础来确定外贸货物的影子价格，用国外货币单位（如美元）表示；或者用官方汇率（OER）折算成本国货币。进口货物和出口货物的影子价格 P_s 分别为

$$P_{s进} = OER \cdot cif$$
$$P_{s出} = FOB \cdot cif \qquad\qquad (6\text{-}1)$$

影子价格一般不计关税和补贴，而要计算国内运费和贸易费用。

非外贸货物是指其生产或使用不影响国家进口或出口的货物，它可以分为不可外贸货物和没有外贸货物。

不可外贸货物除了所谓"天然"的非外贸货物，如国内施工、国内运输和商业等基础设施的产品和服务外，还包括其国内生产成本加上到口岸的运输费和贸易费用后的总费用，高于离岸价格，致使出口得不偿失而不能出口，以及国外商品的到岸价格又高于国内同类商品的经济成本，致使不能进口商品。在忽略国内运输费用和贸易费用情况下，不可外贸货物满足的条件是，离岸价格小于国内生产成本，国内生产成本小于到岸价格。

没有外贸货物是指由于本国和外国贸易政策和法令限制不能外贸的货物。

对部分出口、部分内销的产品，应分为外贸货物和非外贸货物两部分。

对非外贸货物的影子价格 P_s，用下式计算。

$$P_s = P \cdot SCF \qquad\qquad (6\text{-}2)$$

式中，P 为国内市场价格；SCF 为标准转换系数，它表示利用口岸价格计算的所有进出口货物的价值与用国内价格计算的这些商品的价值之比，是把本国货币表示的国内价格水平转换成本国货币表示的边境（国际）价格水平的转换系数。

原则上讲，应该对不同的非外贸品估算其各自的转换系数，例如经合组织（OECD）曾作过肯尼亚等发展中国家的分类物品转换系数的研究，在实践中，因工作量太大而难于行得通。一种简化的处理方法是估算出一组物品的转换系数，求其概率分布的中值，作为标准转换系数通用于全国。对次要投入物中的非外贸品和经过一两次成本分解后剩下的非外贸品，采用标准转换系数，引起的效益指标计算误差是很小的。求标准转换系数的另一种实用方法是"外贸数据法"。

$$SCF = \frac{\sum_i M_i + \sum_i X_i}{\sum_i M_i(1+t_i) + \sum_i X_i(1+S_i)} \qquad\qquad (6\text{-}3)$$

式中，M_i 为第 i 种进口货物的到岸价格总额（\$）；X_i 为第 i 种出口货物的离岸价格总额（\$）；t_i 为第 i 种进口货物的关税率；S_i 为第 i 种出口货物的补贴率（若为出口关税，则为负值）。

上述求 SCF 的方法仅考虑到外贸政策（关税和补贴）的影响，所以是一种估算方法。

（3）UNIDO法的影子价格

① 调价方法。联合国工业和发展组织主张以本国货币单位表示的国内价格为基准，因而非外贸货物不需调价，外贸货物本来是以外币为单位表示口岸价格，用下式调整为影子价格（P_s）。

$$P_s = P_b \cdot SER \qquad\qquad (6\text{-}4)$$

式中，P_b 为口岸价格；SER 为影子汇率。

② 影子汇率。影子汇率反映外汇与国内货币的真实比价，是用本国货币表示的国内价格与外币为单位表示的国际价格之比。发展中国家的官方汇率，常常高估本国货币的价值，

影子汇率正是对这种本国货币值高估的修正。影子汇率的估算方法之一是汉森提出的公式，即

$$SER = OER \cdot \frac{\sum_i M_i(1+t_i) + \sum_i X_i(1+S_i)}{\sum_i M_i + \sum_i X_i}$$

(6-5)

式中，OER 为官方汇率，其余代号同式(6-3)。式(6-5)与式(6-3)类似，仅考虑外贸政策的影响，可用于估算一个国家统一的影子汇率。另一种估算影子汇率的方法是项目中每一种进出口品的国内价格与世界价格之比的加权平均值。所用的权数是每一种外贸物品价值在项目的所有外贸品价值中所占的百分比。关于影子价格，国外的研究成果很多，在此不再作详细的介绍。

二、边际机会成本

英国环境经济学家 D. Pearce 提出了边际机会成本（MOC）的概念，认为边际机会成本反映了自然资源的真实价值，在进行项目和政策的费用-效益分析时，可以作为资源的影子价格。很小量的自然资源被用掉时，其真实价格就可以用边际机会成本来衡量。

边际分析是西方经济学中的一个重要概念，它是一种决策方式，着眼于增量的比较。例如，工厂的固定费用不因产量的多少而发生变动。如果现在的问题是考虑要不要增加一单位产品的生产，那么就不应考虑已经支出的固定费用，而是根据增加这最后一单位产量的边际成本和边际收益来考虑，如果该单位产品的边际成本小于边际收益，那么增加这一边际产量就是有利可图的。

机会成本是指放弃了的可供选择的其他行动的价值。在经济分析中，成本都是指机会成本。自然资源的边际机会成本包括以下三个部分。

首先是直接生产成本，开发自然资源需要劳力投入或物质投入。比如说，伐倒 1 棵树需要 1 人/日的劳动，假如说本可以把这 1 人/日的劳动投入别的行动，并生产出价值 X 元的商品或提供价值 X 元的服务，那么这 1 人/日的劳动的机会成本就是 X 元，这也就是这棵树的直接生产成本。机会成本与实际付给工人的工资间的关系十分复杂，一般要根据税收和市场不完整的情况，调整对投入和商品的实际支付，以取得真实的机会成本。

边际机会成本的第二个组成部分是外部成本。外部成本的产生是由于人们在开发某一种自然资源的过程中会引起自然资源库中其他组成要素的退化，并对别的经济行为造成不利影响。例如，森林砍伐会导致土壤流失、河流湖泊或水库中泥沙淤积，进一步地影响到农业生产、电力生产及饮用水源，所造成的损失大小可以用消费者对农产品、电力、水源的支付意愿来衡量。

边际机会成本的最后一部分是使用成本。假设某种资源是不可再生的，那么人们不断地开采终将导致该资源的耗竭。这就给该资源加上了一个稀有因子，至于其大小，则取决于开采量与贮量之比、未来需求与目前需求之比、未来该种资源的替代物及其成本以及折现因子的情况。假设有一种资源，目前的价格是每单位 1 元，它将在 10 年内被耗竭，耗竭时，将有一种价格为每单位 2 元的替代资源取而代之。那么，在前者将被耗竭的瞬间，可以预料，它的价格也将是每单位 2 元。2 元在 10 年后的现值要依折现率的大小而定，如果折现率为每年 5%，则其现值为 1.2 元即 $2/(1.05)^{10}$。即是说一单位现在不用而 10 年再用的资源价值为 1.23 元。于是今天消耗一单位的该种资源的边际成本为 1.23 元。由于我们事先已将边际直接生产成本和边际外部成本合计为每单位 1 元，那么这多出来的 0.23 元就被称为边际使用成本（MUC）。边际使用成本的大小取决于诸多因素，折现率当然是一个关键的变量，

资源替代物未来的价格及实现替代所需的时间也同样重要。因此，未来的发展与价格所具有的不确定性在决定使用成本中会扮演重要角色。

边际使用成本（MUC）是针对可耗竭资源而言的。如果是可再生资源，且人们以小于或等于其再生速度的速度开发它，则此项成本可不予考虑。但目前普遍存在的情况是，人们滥用资源，许多过去是可再生的资源也面临着耗竭的危险，这时就必须考虑其使用成本了。

总而言之，边际机会成本（MOC）由以下三项组成。

$$MOC = MDC + MEC + MUC \tag{6-6}$$

式中，MDC为边际直接成本；MEC为边际外部成本；MUC为边际使用成本。

从社会角度看，由于外部性造成边际社会成本与私人成本发生偏离，因此，从边际社会成本（MSC）的角度，也可把MOC用另外一种方式表述。

$$MSC = MPC + MEC + MDC \tag{6-7}$$

式中，MPC为边际私人成本；MEC为边际外部成本；MDC为边际耗竭成本。

这三项分别与之前三项相对应，在确定MOC时需要掌握大量的信息，特别是关于MEC和MUC部分，要确定MEC，我们需要了解自然资源与经济活动在工程上和科学上的关系；对MUC，我们则要先了解未来的资源开发模式和未来资源的供需状况。

三、社会折现率（贴现率）

社会折现率相当于平均利润率或社会的机会成本率或社会平均的资金利润率，社会折现率既可用于国民经济评价中计算经济净现值等指标，同时又是项目经济评价和方案比较的判别依据。社会折现率是一项重要的通用参数，一般由政府统一制定发布。

稍加分析后，任何人都会认识到，今天1元钱的价值或效用比10年后要大，甚至大得多。由于投资只有随着时间的推移才产生效果，因此，项目经济评价不可避免地要涉及时间分布不同的各种方案之间的比较。例如，水力发电与火力发电之间的选择，就涉及初期投资与日常运行费用之间的比较。要对项目进行客观、历史地评价，绝对不能把不同时间点的费用或效益简单相加，以作为衡量该项目对各个目标做出贡献的尺度。这是因为，在不同时间点出现的费用或效益，其价值是不同的，是不可比的。要对不同时间点的费用或效益进行比较，就必须通过折算的办法，把各年的费用或效益折算到一个相同的时间点上，然后进行比较或代数运算。通常采用折现的方法即折算到"现在"的时间点。

要对以后各年的效益或费用进行折现，势必涉及如何确定正确合理的折现率，这是继影子价格之后的又一难题，尤其是国民经济评价费用-效益分析中所需的社会折现率更难确定。研究这一参数主要考虑社会上人们对时间的偏爱程度，即对现在比对将来更加偏爱及社会的机会成本率等因素。从理论上讲，社会折现率的大小直接影响对各类项目的取舍。比如，社会折现率选得太大就会使各类项目的净现值偏小，造成能通过的项目过少，尤其会限制注重长远效益的大、中型项目的上马；相反，社会折现率定得太小，会使各种项目的净现值偏大，造成投资规模过大。在财务评价中，折现率是根据贷款情况、风险程度、企业盈利水平和长远目标确定的一个最低吸引力收益率。这主要是在财务分析中，现金流量的投资利润等都表现为投资者的资金支出和收入。这些资金都有增值机会，财务分析中的折现率反映了资金占用的这种机会费用。然而，从社会角度上分析，进行国民经济评价，效益中除了能用于再投资的资金外，还有用于增加社会消费的部分，而且，增加消费是社会生产的最终目标。因此也应考虑消费过程中的时间价值。

四、外部效果与无形效果

1. 外部效果

外部效果是私人成本与社会成本的差额，反映为经济力量的一种非市场影响。财务分析不考虑外部效果，而费用-效益分析必须考虑。外部效果的存在，往往导致市场机制的失灵。

费用-效益分析考虑的外部效果包括三方面，一是项目上马带来的技术推广的培训费用；二是工业污染费用；三是项目与外部的联系产生的效果（包括与原料的后向联系、作为中间产品与其他产品的前向联系，与邻近地区的旁侧联系）。

2. 无形效果

无形效果指难以用货币形式计量的效果。例如城市的犯罪率、人的舒适感，以及环境污染造成的噪声、水质恶化等。

无形效果属于规范经济学❶的范畴，衡量其大小涉及公共产品，因为公共产品是政府提供给公众消费的产品，任何人对公共产品的消费不会影响其他人对它的消费，同时无法将公共产品的受益者仅限于公共产品费用的直接负担者。

无形效果没有市场价格，只能用支付意愿来计算。一种方法是使无形效果尽量有形化，采用各种各样的商品，用机会成本或者参考市场价格，或者用虚拟市场价格来进行比较；另一种方法是用产生无形效果的成本来计算，如无线电台的无形效果用其每年的折旧费、维护费用等来衡量。

第二节　环境费用-效益分析概述

一、费用-效益分析的起源

费用-效益分析产生于 19 世纪，是项目经济评价的主要形式。本杰明·富兰克林最早用项目费用-效益计算对项目进行分析和评价。1844 年法国工程师杜比（Jules Dupuit）发表了《公共工程项目效用的度量》，首先提出了消费者剩余的概念，并用几何图形表示了它的含义。这种概念发展成为社会净效益的思想，成为费用-效益分析的基础。20 世纪 30 年代，美国在控制洪水过程中采用的评价方法遵循的原理是，如果效益大于费用，则项目是可行的。1936 年美国国会通过了《控制洪水法案》，其中一条就是必须遵循上述的原理。以后的数年中，项目的评价方法主要是在洪水控制、河道治理、水土资源开发等方面得到广泛应用。第二次世界大战期间，美国将费用-效益分析方法用于指导对有限资源的利用及军事工程上；20 世纪 60 年代，美国在其"伟大社会"（Great Society）规划中，将费用-效益分析用于公共卫生、教育、劳力开发、社会福利等项目中；1965 年，一套基于费用-效益分析的预算体系——"计划、方案及预算体系"被美国政府采纳；1973 年，美国国会参议院发表的《水土资源规划原则和标准》中提出要把工作重点放到国民经济发展、环境质量、区域发展和社会福利 4 个方面的正负效果上；1982 年美国政府发布命令要求任何重大管理行动都要执行费用-效益分析，这标志着经济分析有可能进入国家政策的决策过程。

自此，费用-效益分析的应用已不仅局限于对开发项目的评价，在发展计划和重大政策的评价工作中也得到广泛应用。

现在对项目的经济评价又有了新的发展，传统的费用-效益分析方法更趋于系统化、合理化、完整化。目前，我国正在研究如何将费用-效益分析用于自然资源和环境质量管理，不仅对项目也对政策措施进行费用-效益分析，尽管已取得了一些进展，但仍有需要不断完善之处。

---

❶ 它以一定的价值判断为出发点或基础，提出某些标准作为分析处理经济问题的规范和确立经济理论的前提，并作为制定经济政策的依据。回答"应该是什么"的问题。

二、费用-效益分析的定义

费用-效益分析是对人类行为定量、综合分析的一种方法，它原则上要求考虑所分析行为的一切影响，并把这些影响转换为货币值来表现；在综合分析一切费用和效益的基础上，对该行为的价值做出判断；当该行为的总收益大于总损失时，该行为是可取的。

三、费用-效益分析的原理

费用-效益分析以新古典经济学理论为基础，有以下几个重要假设。

① 用支付意愿来计量人们对所消费商品和劳务的满足程度以及经济福利水平。

② 社会福利用个人货币值的累加值来表示。

③ 帕累托最优，即社会资源分配在一种理想状态下，状态的任何改变都不能再使任何一个成员的福利增加，同时又不会使其他人的福利减少；但事实上，上述状态很难实现，因为任何一种变革中，经常会出现部分人受益而另外一部分人受损的状况，希克斯-卡尔多补偿原则很好地解决了这一问题。这一原则指出，如果在补偿受损失者之后，受益者仍比过去好，对社会就是有益的，补偿可以是实际补偿，也可以是虚拟补偿。

④ 社会资源配置最有效的表现是社会净效益最大，即社会总效益与总费用之差最大。

四、费用-效益分析与财务分析的区别

财务分析即为企业的赢利分析或者企业的经济评价，它是从某个工厂、商店、农户等厂商的角度出发，分析某个具体项目对企业本身收入-支出的影响，即企业能否赢利。

费用-效益分析是从全社会的角度出发，分析某项目对国民经济各方面的影响和社会影响（包括环境影响）。从经济学观点来看，资源具有稀缺性，是有限的，所以，必须进行费用-效益分析，考虑怎么改善资源配置，使有限的资源满足人类的需要。财务分析与费用-效益分析的评价者所站的角度不同，所以在评价方法、内容和目的上也存在若干区别。

1. 不同的分析依据

财务分析使用的价格是预期的实际发生的价格，费用-效益分析使用的价格是整个社会资源供给与需求状况的均衡价格；假若市场机制发育完善，可采用预期的实际要发生的市场价格；若市场机制不完善，就只能用某种影子价格；实际的价格和影子价格往往不一致。

2. 分析内容的范围差异

财务分析只考虑厂商自身的直接收入和支出，不考虑由厂商行为引起的外部效果。费用-效益分析除了考虑厂商的直接收入和支出外，还要考虑项目引起的间接效益、间接费用，即考虑厂商行为的外部效果。

3. 对税收、补贴等项目的处理不同

由于费用-效益分析和财务分析出发点不一致，有些收支项目在费用-效益分析和财务分析中的定义是不一样的。例如，财务分析中，政府的津贴被看作是企业的收入，而税收则被看作是企业的支出；但从整个社会的角度来看，无论津贴还是税收都只是一种转移支付，并不反映某个项目对整个国民经济净贡献的大小。

可见，财务分析是从厂商个人的角度出发，所以往往不能反映项目对整个国民经济的影响。在分析一个方案时，不仅要考虑财务分析，而且要考虑费用-效益分析，争取做到财务分析要赢利，费用-效益分析也赢利。

五、费用-效益分析的基本步骤

费用-效益分析通过对比所评估项目的费用和效益，对项目可行与否进行决策。根据净效益的大小可以对不同的项目进行排序，从而实现对稀缺资源的有效配置。

用费用-效益进行分析，通常可以分为以下四个步骤。

1. 确定分析问题的类型和范围

确定分析的问题是工程建设项目还是污染控制方案，或是环境政策手段的设计。同时确定分析范围，分析范围越大，越能识别所有的影响和结果（外部影响）。但分析范围受到人力和财力的限制。

2. 预测后果

开发活动的费用包括直接成本、环境保护成本、外部成本等；效益包括直接效益、外部效益等。这时往往要建立污染损害的剂量-反应关系，即人类开发活动对环境质量的定量影响及环境质量变化对人类带来的定量影响。剂量-反应关系函数或损害函数应能够用货币度量。

3. 方案和各种费用-效益分析的价值

在环境质量影响的费用-效益分析中，如何对环境进行货币化是一个难点问题。另外，当效益和费用不发生在同一时间时，必须通过一定的折现率将不同时期的价值折算成现值。

4. 综合评价各种效益和费用的现值

通常采用净效益和效益费用比两种方式来评判。

净效益＝总效益－总费用

效益费用比＝总效益/总费用

如果净效益大于或等于 0，表明社会得到的效益大于项目或方案支出的费用，该项目或方案可取；如果净效益小于 0，表明该项目或方案支出的费用大于社会所得的效益，该项目或方案应该放弃。

六、费用-效益分析的评判指标

进行费用-效益分析的目的是为了以一种通用的标准来衡量项目的费用和效益。效益指的是项目对提高人民福利的作用，费用指的则是项目的机会成本，亦即因未能将资源用于最合理的方面而损失的效益。

项目的经济分析与财务分析不同，后者以市场或财务上的成本（费用）为基础，注重的是企业或公司资金收益的增长。而对项目的经济分析，则要衡量与整个经济有关的、对效率目标的作用效果。在经济分析中，不是用财务价格，而是采用反映机会成本的影子价格，其中包含了对外部性的评价。下面介绍一些费用-效益分析中常用的指标，强调的是经济评价而非财务评价。

1. 净现值

净现值（NPV）是最基本的费用-效益分析指标，它是指项目按基准折现率将计算期内各年的净现金流量折现到建设起点（第一年初）的现值之和。决定一个项目的取舍，就要看效益的净现值是否为正。

$$\text{NPV} = \sum_{t=0}^{T} \frac{B_t - C_t}{(1+r)^t} \tag{6-8}$$

式中，NPV 为净现值；B_t 和 C_t 是发生在第 t 年的效益和费用；r 为折现率；T 为计算期。

效益和费用都是指一个项目执行和不执行之间的差别。在经济分析中，B、C 和 r 都是以经济的术语界定并以有效的边境价格❶进行影子定价。而在财务分析中，B、C、r 则应用

---

❶ 边境价格指在对外贸易中外贸货物在一国边境或进口港的价格，即出口货物的离岸价格或进口货物的到岸价格。由官方汇率换算成当地货币单位表示。

财务上的概念加以定义。

如果要对待选项目进行比较和提出优先顺序，那么，具有最高净现值（且必须为正）的项目要优先考虑。比方说，有项目 1 和项目 2，且 $NPV_1 > NPV_2$（NPV_1、NPV_2 分别代表项目 1、项目 2 的净现值），如果这两个待选项目的投资规模大致相同的话，那么项目 1 优先于项目 2。

【专栏】社会折现率在费用-效益分析中的作用——以经济净现值的计算为例

经济净现值是反映项目对国民经济所作贡献的绝对指标，它是用社会折现率将项目计算期内各年的净效益折算到建设起点的现值之和。例如某钢铁厂占地 300 公顷❶，该地原种植小麦，小麦每公顷产 3.75 吨，每吨小麦的生产成本相当于其国内收购价格（459.5 元/吨）的 40%，以小麦进口价 530 元/吨计算，每吨净效益为 $530 - 459.5 \times 40\% = 346.2$（元/吨），假设厂区处小麦单产年递增 2%，社会折现率以 10% 计算，24 年内净现值为

$$300 \times \sum_{t=1}^{24} 346.1 \times 3.75 \times \left(\frac{1+2\%}{1+10\%}\right)^t = 300 \times 13845 = 415（万元）$$

所以，从社会的角度考虑，该小麦地的价值是 415 万元，需以此进行项目的费用-效益分析。

---

2. 内部收益率

内部收益率（IRR）也是一个项目评价指标，其表示式如下。

$$\sum_{t=0}^{T} \frac{B_t - C_t}{(1+IRR)^t} = 0 \tag{6-9}$$

可见，内部收益率（IRR）是使项目计算期内净现值为零的折现率。其经济含义是在计算期内不亏损情况下项目所能承担的最大利率。如果 $IRR > r$（这在绝大多数情况下意味着 $NPV > 0$），则项目是可以接受的。

3. 效益-费用率

另一个常用的指标是效益-费用率（BCR），它是效益现值与费用（成本）现值的比率。

$$BCR = \frac{\sum_{t=0}^{T} \frac{B_t}{(1+r)^t}}{\sum_{t=0}^{T} \frac{C_t}{(1+r)^t}} \tag{6-10}$$

如果 $BCR > 1$，那么 $NPV > 0$，则项目可以接受。

以上的几个指标都各有优缺，而净现值（NPV）则是最常用的一个。

净现值分析可以用于筛选最小费用方案。在某些情况下，两个待选项目可能会具有相同的效益（亦即它们满足了相同的需要），这时对两者的比较就简单了，因为

$$NPV_1 - NPV_2 = \sum_{t=0}^{T} \frac{C_{2,t} - C_{1,t}}{(1+r)^t} \tag{6-11}$$

我们不必再计算效益流量。如果

$$\sum_{t=0}^{T} \frac{C_{2,t}}{(1+r)^t} > \sum_{t=0}^{T} \frac{C_{1,t}}{(1+r)^t} \tag{6-12}$$

---

❶　1 公顷＝10000 平方米。

就意味着 $NPV_1 > NPV_2$，换句话说，就是具有较低费用现值的那个项目应当优先考虑。这就叫做最小费用（成本）选择。然而，即使做出了最小费用（成本）选择，也要保证项目能提供正的净现值。

4. 不确定性分析

项目评价中的费用-效益分析采用的数据大部分来自预测和估算，因而都带有一定程度的不确定性。为了分析不确定因素对经济分析的影响，需要进行不确定性分析，以判断项目可能承担的风险，确定项目在财务上、经济上的可靠性。不确定性分析技术有敏感性分析、盈亏平衡分析和概率分析。

（1）敏感性分析 用这种分析来考察与经济有关的项目的主要变化对项目净效益或内部收益率的影响程度。例如，研究某一项目受原材料成本的影响情况，如果原材料成本价格变动 10%，引起项目内部收益率变动 25%，则可以说项目对原材料价格变动很敏感。若是项目内部收益率只变动 5%，则可以说项目对原材料价格变动是不敏感的。

（2）盈亏平衡分析 这种分析主要是计算项目实施后的盈亏平衡点，以观察项目对风险的承受能力。

（3）概率分析 这是运用概率论方法研究预测不确定因素和风险因素对项目经济评价指标影响的一种定量分析方法。

七、费用与效益间的平衡

费用与效益间的平衡，就是要让环境政策在环境改善带来的效益（或污染造成的损失）和治理污染的费用之间达成平衡。理想地说，污染治理应该达到帕累托标准的程度，即整个社会从进一步削减污染中所获得的效益要比治理污染的费用小。因此，用经济学的术语来说，污染应控制到这样一个平衡点，即进一步削减污染的边际费用正好等于从削减污染中所获得的边际效益。以一家向某条河流排放污染物的工厂为例，若环境标准制定得越来越严格，那么该厂削减污染的边际费用将逐步上升，这样，费用最低的减排措施将首先得到应用。

第三节 案 例 研 究

本节以农村沼气项目的费用-效益分析为例，进一步说明费用-效益的分析过程。

我国广大农村地区户用沼气已得到推广使用。沼气池除提供炊事燃料和照明外，还有明显改善卫生条件，增加高效肥料、饲料等多种效益。但若不考虑沼气项目综合的社会、环境、经济效益，仅单纯地将沼气生产作为一个燃料供应系统，从农户的角度出发进行财务分析，则会得出沼气项目不可取的结论。

表 6-1 是一个从农户角度出发对沼气项目做的财务分析。最后的结论是，净现值为 -73 元，内部收益率 3%（10%），效益-费用率 0.82（<1）。如果综合考虑到沼气项目的各种效益，从全社会的角度来对沼气项目进行费用-效益分析（经济分析），则会得出不同的结论。在表 6-2 的费用-效益分析中，效益项里增加了每年 35 元的生态环境经济效益项，这是一个假设的数字，因为实际计算沼气的综合效益是较为困难的。其计算的结果表明，内部收益率13%，净现值 163.5 元，效益费用率 1.40，也就是说，从全社会的角度出发，沼气项目是可取的。既然从社会的角度出发，沼气项目可取，那么国家就应当采取措施鼓励发展。鼓励的手段就是对发展沼气予以适当补贴，使农户从自身角度出发也能接受沼气项目。表 6-3 是把补贴计入农户收益项中后的财务分析，结果表明内部收益率上升到 11%，净现值为 12元，效益-费用率为 1.04，这是农户可以接受的。

表 6-1　从农户利益出发的财务（未予补贴）　单位：元（1990 年不变价）

年	成　本　项							财务评价成本	
	建造材料费	建造劳力费	建造总成本	维修材料费	维修劳力费	维修总成本	项目系统外成本	未贴现总成本	贴现总成本 $r=10\%$
1	195	105	300		6	6.0	35	340.9	340.9
2				2.3	11	13.3		13.3	12.1
3				1.3	6	7.3		7.3	6.0
4				2.3	11	13.3		13.3	10.0
5				7.3	6	13.3		13.3	9.1
6				3.3	11	14.3		14.3	8.9
7				0.3	6	6.3		6.3	3.6
8				2.3	11	13.3		13.3	6.8
9				1.3	6	7.3		7.3	3.4
10				2.3	11	13.3		13.3	5.6
总计	195	105	300	23	85	108	35	443	406

年	效　益　项				财务评价净效益	
	沼气产量/立方米	沼气价值	未贴现总效益	贴现总效益 $r=10\%$	未贴现	贴现 $r=10\%$
1	275	49.4	49.4	49.4	−291.5	−291.5
2	275	49.4	49.4	44.9	36.1	32.8
3	275	49.4	49.4	40.8	42.1	34.8
4	275	49.4	49.4	37.1	36.1	27.1
5	275	49.4	49.4	33.7	36.1	24.6
6	275	49.4	49.4	30.7	35.1	21.8
7	275	49.4	49.4	27.9	43.1	24.3
8	275	49.4	49.4	25.3	36.1	18.5
9	275	49.4	49.4	23.0	42.1	19.6
10	275	49.4	49.4	20.9	36.1	15.3
总计	2 750	494	494	334	51	−73

财务评价：内部收益率 3%；净现值−73 元；效益成本率 0.82

表 6-2　费用-效益分析（考虑了环境效益）　单位：元（1990 年不变价）

年	成　本　项							经济评价总成本	
	建造材料费	建造劳力费	建造总成本	维修材料费	维修劳力费	维修总成本	项目系统外成本	未贴现总成本	贴现总成本 $r=10\%$
1	195	105	300		6	6.0	35	341	340.6
2				2.3	11	13.3		13.3	12.1
3				1.3	6	7.3		7.3	6.0
4				2.3	11	13.3		13.3	10.0
5				7.3	6	13.3		13.3	9.1
6				3.3	11	14.3		14.3	8.9
7				0.3	6	6.3		6.3	3.6
8				2.3	11	13.3		13.3	6.8
9				1.3	6	7.3		7.3	3.4
10				2.3	11	13.3		13.3	5.6
总计	195	105	300	23	85	108	35	443	406

年	沼气产量/立方米	沼气价值	生态环境经济效益	未贴现总效益	贴现总效益 $r=10\%$	经济评价净效益 未贴现	贴现 $r=10\%$
			效益项			经济评价净效益	
1	275	49.4	35	84.4	84.4	−256.2	−256.5
2	275	49.4	35	84.4	76.7	71.1	64.6
3	275	49.4	35	84.4	69.8	77.1	64.0
4	275	49.4	35	84.4	63.4	71.1	53.3
5	275	49.4	35	84.4	57.6	71.1	48.5
6	275	49.4	35	84.4	52.4	70.1	42.5
7	275	49.4	35	84.4	47.6	78.1	43.7
8	275	49.4	35	84.4	43.3	71.1	36.3
9	275	49.4	35	84.4	39.4	77.1	36.2
10	275	49.4	35	84.4	35.8	71.1	29.9
总计	2 750	494	350	844	570.4	401.4	163.5

经济评价：内部收益率13%；净现值163.5元；效益费用率1.40

表 6-3　从农户利益出发的财务（予以补贴）　单位：元（1990年不变价）

年	建造材料费	建造劳力费	建造总成本	维修材料费	维修劳力费	维修总成本	项目系统外成本	未贴现总成本	贴现总成本 $r=10\%$
			成本项					财务评价成本	
1	195	105	300		6	6.0	35	340.9	340.9
2				2.3	11	13.3		13.3	12.1
3				1.3	6	7.3		7.3	6.0
4				2.3	11	13.3		13.3	10.0
5				7.3	6	13.3		13.3	9.1
6				3.3	11	14.3		14.3	8.9
7				0.3	6	6.3		6.3	3.6
8				2.3	11	13.3		13.3	6.8
9				1.3	6	7.3		7.3	3.4
10				2.3	11	13.3		13.3	5.6
总计	195	105	300	23	85	108	35	443	406

年	沼气产量/立方米	沼气价值	政府补贴	未贴现总效益	贴现总效益	燃料贴现总效益 $r=10\%$	财务评价净效益 未贴现	贴现 $r=10\%$
			效益项				财务评价净效益	
1	275	49.4	85	134.3	134.3	275	−206	−206
2	275	49.4		49.4	44.9	250	36.1	32.8
3	275	49.4		49.4	40.8	227	42.1	34.8
4	275	49.4		49.4	37.1	207	36.1	27.1
5	275	49.4		49.4	33.7	188	36.1	24.6
6	275	49.4		49.4	30.7	171	35.1	21.8
7	275	49.4		49.4	27.9	155	43.1	24.3
8	275	49.4		49.4	25.3	141	36.1	18.5
9	275	49.4		49.4	23.0	128	42.1	19.6
10	275	49.4		49.4	20.9	117	36.1	15.3
总计	2 750	494	85	579	419	1 859	136	12

财务评价：内部收益率11%；净现值12元；效益成本率1.04

思 考 题

1. 什么是贴现率？在环境经济评价中，如何对贴现率进行选择？何谓社会贴现率？

2. 结合社会贴现率与自然资源可持续利用有着密切的关系，试述如何对自然资源进行环境经济评估。

3. 简述财务分析与费用效益分析的主要区别。

4. 简述费用-效益分析的基本步骤及其评价指标。

5. 简述经济净现值、经济内部收益率和经济净现值率的概念。

第七章 环境经济评价

第一节 环境经济评价的原则与方法

一、环境经济评价的原则与内容

1. 环境经济评价的基本原则

(1) 综合原则 资源评价必须面向整个自然综合体。自然资源各要素在自然界中都是相互联系的,它们对社会物质生活的影响不仅仅是个别要素的作用,而是各要素的综合作用。进行综合评价时,要从个别要素的评价入手,然后连接起来进行全面分析、综合评价。综合分析评价中,要紧紧抓住对整个地域起决定性作用的主导因素,加以重点评价。主导因素可以是单项资源,也可以是部分资源的组合。充分注意劣势资源,分析其不利因素,研究探讨克服或改善不利因素的方法与对策。

(2) 地域性与全局性相结合原则 把自然资源放在特定的地域内加以评价。自然资源的分布具有地域性和不平衡性,各地域内的自然资源及其组合是不同的;同种资源在不同地域及社会经济条件下发挥的作用也不尽相同;资源评价的深度和重点也因地域的大小、人口的多少不同而有所差异。因此,资源评价必须反映地域特征,从全局着眼;某一地区的资源优势,是相对于其他地区而言的。同时,自然资源是一个整体,一个地区的资源开发必然会影响到邻区乃至全国。因此,对资源的综合评价要着眼全局,并注意把近期与长远结合起来考虑。

(3) 自然科学与技术、经济科学相结合原则 对自然资源的综合评价,既要论证其开发利用的技术可能性,同时也要在自然和技术可能性的基础上,论证经济的合理性,只有在自然生态上适宜、技术上可行、经济上合理时,才能兼顾经济效益与生态效益,获得最佳生态经济效益。

(4) 定性与定量相结合原则 综合评价自然资源,不能只看重资源的数量,还应注意资源的质量,不仅要分析确定其性质,还要按照评价指标将其量化。

2. 环境经济评价的主要内容

(1) 自然资源的数量和质量 不同数量或质量的自然资源对生产部门的适合度和保证度是不一样的。矿物资源要达到一定的储量和品位才宜于开采。光照、热量、水分要有一定的数量方能满足某一种农作物的生长需求。以矿物资源为例,数量评价即包括探明储量、可采储量和远景储量等。质量评价即矿物的品位,如含矿率、所含有害杂质与有益伴生矿等。自然资源数量评价,还应包括自然资源绝对量与社会需求量对比的相对量。相对量可用平均每人的资源拥有量来表示。它可以说明一定地区范围内资源的富裕度。

(2) 自然资源的地理分布特点及其相互结合状况、季节分配率等情况 自然资源的经济价值不仅取决于数量和质量,还取决于地理分布特点、相互间结合状况和时间变化等情况。例如评价我国的季风气候,就要列出内容:①热量资源丰富,夏季普遍高温多雨,全国大部分地区都可以种植水稻;②水热资源结合好,夏季高温多雨,雨热同季,对农业生产非常有利;③降水绝大部分集中在东南地区,广大北方及西北地区缺水;④变率大,季风强弱变化大，使我国降水变化率也大，加之我国森林覆盖率低，故旱、涝、低温等灾害频繁。

（3）深入分析主导因素　　主导因素有多种情况和表现形式，不同的生产部门或范围大小不等的不同地区，其主导因素均不相同。经济技术条件的变化也使主导因素发生转变，在半干旱和干旱地区，水是发展农业的关键。一旦灌溉用水使用不当，土壤盐渍化问题常常会成为阻碍农业发展的关键。因而评价工作就要对主导因素、次要因素、具体影响和转变可能性等进行深入分析。

（4）深入分析自然资源主导因素并结合次要因素　　在分析主导因素的数量与质量等系列指标的基础上，将自然资源经济评价转化为开发利用方案。

（5）评价自然资源开发利用的经济效益、生态效益和社会效益　　评价自然资源可能开发利用方向的有利方面和不利方面，以及多种自然资源开发利用方案的预期经济效果。经济效果应包括最佳效果和最差效果。例如，筑坝建库开发水资源，就应评价库区处在正常水位、最高水位、最低水位时，发电、灌溉、航运等的最佳效果和最差效果。同时，还应估计开发利用自然资源可能会引起的生态变化，以及这些变化对生产发展的影响。

二、环境经济评价的方法和基本步骤

1. 环境经济评价方法

首先要实地调查、搜集原始资料。应用遥感技术则可大大提高调查工作效率。其次，要了解一定生产部门对自然资源的需要量和具体指标作为评价标准，使评价工作更切合经济发展的需要。再次，要综合各方面情况，建立比较方案，分析它们的经济效益，得出最佳方案。最后，要将评价成果应用于生产实践指导生产，并接受生产实践的检验，达到为生产发展和社会进步服务的目的。

2. 环境经济评价的基本步骤

① 确定评价的地域范围。

② 确定所需评价的资源种类。

③ 确定资源的评价衡量指标，选用适用的评价方法。

④ 个别评价。运用已确定的评价衡量指标，对各种资源逐项进行评价。

⑤ 综合评价。在个别评价的基础上，对全地域的自然资源予以综合评价，并在区际、省际或国际间进行横向比较，找出本区、本省的优势资源和劣势资源。揭示资源开发利用的有利和不利方面。在资源综合分析评价的基础上，遵循生产经济协调和持续发展原理，对今后资源开发利用与生产建设布局提出相应建议。

⑥ 环境、生态评价。分析资源开发利用产生的生态环境影响，提出加强整治国土、保护环境、维护生态平衡的有关对策。

三、自然资源定价

1. 自然资源价格理论

自然资源的价格问题是资源经济研究中的一个根本性的问题。自然资源对人类和人类社会具有使用价值、物质性效用，在其被开发、被利用的过程中，又呈现出其有限性或稀缺性，从而构成自然资源价格的充分必要条件和根据，亦即形成了可以对自然资源进行定价的原理和准则。一般有如下赋予自然资源价格的理论和方法。

（1）影子价格　　"影子价格"是由荷兰经济学家詹思·丁伯根提出的，当时主要用于自由经济中的分散决策。后来，萨缪尔森将其发展，使之成为主要反映资源是否得到合理配置和利用的"预测价格"的概念。"影子价格"是指某种资源投入量每增加一个单位带来的追加收益。"影子价格"是资源投入的潜在边际收益，实际上，这些价格仅仅表示资源稀缺时的使用价值。

（2）机会成本、替代价格和补偿价格　从社会的角度分析来看，机会成本是指做出某种决策或选择，将有限的资源用于某种用途而放弃用于其他作用产生的价值。例如某企业有一笔闲置资金，如果用来购买设备，当年可盈利 7 万元，也可入银行，每年得到利息 5 万元，5 万元即为购买设备的机会成本。同理，若将这笔资金存入银行，就会损失因购买设备可获得的利润 7 万元，7 万元即为存入银行的机会成本。

从社会经济和技术经济的观点来看，不可再生性或非补偿性自然资源的价格，应根据发现、开发和获取替代资源或劳务的费用（成本）来确定。这种方法可以部分地解决稀缺和有限性的矛盾。需要注意的是，自然资源的替代价格往往是当某种自然资源即将枯竭之时，人们根据研发其替代物的机会成本，并参照该替代物对社会经济发展的作用，以价格形态给出。但因研究、开发的技术途径、方案的不完全相同，使按照以上方法算得的自然资源替代价格缺乏确定性，故很难完全依据替代价格来确定自然资源价格，尤其是针对不可再生或非补偿性自然资源价格时。所以，自然资源的替代价格只能作为确定不可再生性或非补偿性自然资源价格的参照，或作为预测其价格的重要参数。

自然资源补偿价格主要表征自然资源的有限性特征。它的具体运用，又着重反映出可再生性自然资源的恢复和更新要求。而今，人类在开发利用自然资源时，其规模和强度常大大超过资源自身恢复的能力，要使其继续再生、恢复和更新，就必须予以人为的或人工的协助，为之投入的费用称为"补偿费用"。用某种补偿费用来替代自然资源的价格是合理的。所以，设计和确定自然资源（特别是可再生性自然资源）价格的前提是充分掌握自然资源耗费补偿的上限和下限：前者指可再生性自然资源被使用、消耗后，可以自然恢复和再生，这部分使用和消费是无偿的；如果自然资源的使用和消耗超出其自然恢复的临界值，而只能依靠人为、人工的协助来恢复和再生，则称为耗费补偿的下限，这种自然资源的使用和消费是有偿的。那么，自然资源的补偿价格即取其消费补偿价格的上、下限间的某个值或区间值。

【专栏】千岛湖引水工程生态补偿的价值评估[●]

位于浙江省淳安县境内的千岛湖内的集雨面积占千岛湖总集雨面积的 99.7%（其余 0.3% 位于其邻近的建德市内），它是新安江水库蓄水后形成的巨大人工湖。浙江省为了解决杭州市区等地日趋紧张的饮用水问题，曾设想启动浙北引水工程。如果从千岛湖引水，就涉及千岛湖生态补偿问题，即受益者（饮用水的使用者）应对保护者（淳安县为主）做出补偿，沈满洪的研究以从千岛湖引水为前提。

生态补偿的范围及其现实依据是，由于千岛湖主要位于淳安县境内，为了案例叙述的方便，在此限定淳安县为唯一的补偿对象，对淳安县做生态补偿的现实依据主要有以下三个方面。

① 新安江水库建成后，淳安县政府为了保护千岛湖，严格限制各类排放污染物的工农业项目，并在此基础上关、停、并、转原来的农药厂、造纸厂、化工厂等工矿企业 20 余家。

② 淳安县政府每年投入大量人力、物力和财力进行植树造林和封山育林，将千岛湖库区的森林覆盖率由建库初的 23% 提高到现在的 95%。

③ 淳安县拥有 5.3 公顷水面，但为了保护千岛湖，采取各种措施限制水产养殖，年产量限制在 400 万吨，甚至因湖中发现藻类，实施过 3 年的封库禁渔政策。

新安江水库建设以前，按经济发展水平比较，淳安县在杭州市的经济发展水平不亚于萧山区，显著高于相邻的包括临安在内的几个县。水库的建设导致 29 万淳安人举家搬迁，

● 沈满洪，蒋国俊，等．绿色制度创新论．北京：中国环境科学出版社，2005.

致使淳安县经济发展水平倒退 20 年，人均收入水平直到 1978 年才恢复到 1958 年的水平，至今仍是浙江省 25 个经济欠发达县之一，因此对淳安县做出生态补偿有坚实的现实依据。

沈满洪所运用的机会成本计算方法和研究结论如下。

年补偿额度＝（参照县市的城镇居民人均可支配收入－库区县市城镇居民人均可支配收入）×库区城镇居民人口＋（参照县市的农民人均纯收入－库区县市农民人均纯收入）×库区农业人口

以淳安县为补偿对象时，参照同类区位条件和发展基础的县市，分别以建德市、桐庐县、临安市、富阳市、萧山区作为参照县市区，那么测算出来的补偿额度分别为 3.5 亿元、7.5 亿元、9.5 亿元、13.0 亿元和 19.0 亿元。沈满洪进一步指出，若以每年 3.6 亿元为生态补偿额，每年饮水量若为 18 亿立方米，那么每立方米水的生态补偿额将为 0.20 元。

2. 自然资源价值评估方法

（1）市场法　以自然资源（土地、矿产、森林、水产）的交易和转让在市场中形成的自然资源价格来推定评估自然资源的价格。市场法包括市场对比法及市场价格长期趋势法。市场对比法是对比相同或相近情况下同类自然资源的价格来确定本地区资源价格的方法，这种方法特别适用于遍布同质且非原位性资源的价格评估，如用于煤炭、石油等能源资源的价格评估，但通常不适用于原位资源的价格评估。位置对原位资源而言是十分重要的，不可置换。市场价格长期趋势法是根据市场上资源价格的变化及其趋势，结合资源供求关系的预测、供给弹性和需求弹性的计算等，对某类资源进行价格评估。市场法特别适用于资源市场发育较好、运行比较规范的情况下对资源进行评估。

（2）收益法　包括收益还原法（收益归属法）和收益倍数法（购买年法）。收益法实际是将资源收益视为一种再投资，以获取利润为目的的评估方法。据此法，资源价格是若干年资源收益或若干年资源收益平均值的若干倍，这个倍数一般由资源交易双方商定，或由政府根据市场实际成效确定。采用此法的关键是如何确定纯资源收益[1]。收益还原法的基本公式如下。

$$V=\frac{a}{1+r}+\frac{a}{(1+r)^2}+\frac{a}{(1+r)^3}+\cdots\frac{a}{(1+r)^n}=\frac{a}{r}(设 n\to\infty) \tag{7-1}$$

式中，V 为自然资源（如土地）的价格；a 为土地年净收益估计值或平均期望年地租；r 为年净收益资本化过程中采用的还原利率，一般采用银行一年期存款利率加上风险调整，但要扣除通货膨胀因素。

对矿产，其价值在 x 年后减少为零，其市场价值计算公式为

$$V=\frac{a}{r}\left[1-\frac{1}{(1+r)^x}\right] \tag{7-2}$$

（3）生产成本法　尤其适用于评估自然资源产品的价格，是通过分析自然资源价格构成因素及其表现形式，进而推算其价格的方法。据此法，资源产品的价格是该资源产品生产成本与生产利润之和，而生产利润则由社会平均生产成本与平均利润率确定。生产成本法可分为直接计价法和间接计价法。以农地估价为例，直接计价法是指某块农用地价格由开发具有相同效能农用地的劳动耗费和物质费用所决定；间接计价法是指可以通过资金与农用地的替代关系对农用地估价，即农用地价格由为了取得同样数量的使用价值（如粮食、棉花和水果等）需要在其他农用地上增加的投资来决定。

---

[1] 纯资源收益的确定一般有两种方法，一是剩余法，即从总收益中逐一扣除资本和劳动的收益份额，所剩余的便是纯资源收益；二是运用线性系统规划的方法求取资源的影子价格，这个影子价格便是纯资源收益。

（4）净价格法（逆算法） 净价格法是用自然资源产品市场价格减去自然资源开发成本来求得自然资源价格。其估价模型可以由下式表示。

$$V_t = [(S_t - C_t - R_t)/Q_t] \times \sum Q_t \qquad (7\text{-}3)$$

式中，V_t 为 t 期某自然资源的全部存量价值；S_t 为 t 期某自然资源的销售额；C_t 为 t 期某自然资源的开采费用；R_t 为 t 期某自然资源投资资本的"正常回报"；Q_t 为 t 期某自然资源的开采量。

公式方括号中内容表示自然资源的单位价值（被称为资源的单位净价格）。用单位净价格乘以经营活动消耗的该种资源量，则得到经营活动对该种资源和环境的耗减成本。因此，净价格法不仅能用于资源存量估价，也能用于资源的流量估价。与收益还原法相比，净价格法较简单，它只需估算自然资源在寿命期中的开采总量，而不需要估算出各年的开采量，也不需要使用贴现率。净价格可用于矿产资源、土地资源、水资源、森林资源、海洋生物资源和野生生物资源估价。

3. 自然资源价值评估实例

（1）韩国山地土壤的价值评估（重置成本法） 金顺宏和迪克森（1986）在研究韩国水土保持技术的环境经济效益时运用重置成本法测算了水土保持工作的效益。他们把重置失去的土壤和养分的成本当作水土保持的收益。其暗含的假定是，土地具有价值，值得保存，即土地生产的价值高于重置费用。研究对象是 1974 年在原州和光州开发的山坡地。该地区地形是崎岖的山地，平均坡度为 15%，红黄沙壤土，每年播种 2 次，大豆收获后播种小麦。主要问题是地表水流失过快和雨水不能较深地渗入耕地。他们在研究中测算的是以下五项费用。

①维护耕地费用，每年每公顷约 35000 韩元；②补偿费用，由上游山地农民支付给下游低地农民以补偿后者的生产损失，平均每年每公顷支付 3 万韩元；③灌溉费用，进行补充灌溉以替代由于径流而失去的土壤水分，根据平均每公顷水分流失量和相应的每吨水灌溉费用而求得总灌溉费用为每年每公顷 9.2 万韩元；④土壤重置费用，需要将被侵蚀的土壤从下游挖出，垫回山地，这项开支每年每公顷约 8 万韩元；⑤养分重置费用，由于径流和侵蚀，养分损失了，假定用化肥和有机物才能重置流失的养分，将其养分量乘以市场价格后再加上重置时的物料和人工费用，算出养分重置费用为每年每公顷 3.12 万韩元。

将以上五项相加，得出每年每公顷的重置费用为 26.82 万韩元，对 15 年的价值进行贴现（贴现率为 10.5），求得现值为 204 万韩元。这一数字实际上相当于重新恢复到原来的土壤状况所需要的费用。反过来，它相当于保持原有土壤状况所具有的价值额。当然，如果有一项新的管理技术可以使土壤恢复到原来状况而所需费用小于上述金额，则这项新的管理技术就是值得采纳的。

（2）美国赫尔斯峡谷水坝研究（机会成本法） 在美国赫尔斯峡谷建设用于水力发电的水坝，在对其的研究中运用了机会成本法。该研究采用传统的成本效益分析方法对建议开工的水力工程项目和费用最小的替代项目（核电站）进行了比较分析。把水力发电项目供电费用与核电站供电费用之差作为水利工程净效益的同时考虑减少洪水危害的效益。这样，保护赫尔斯峡谷自然环境的机会成本就是水电站和核电站的费用之差。克鲁提拉等专家检验了不同假定，对核能平均技术进步率和不同贴现率进行了灵敏度分析之后的结果表明，在不同假定情况下，水坝项目的效益均不足以补偿自然保护区不可逆转的损失。基于上述观点认为，保护自然的机会成本（即从其他来源发电的追加成本）是值得支付的，所以决定不建坝。

第二节 环境资源的价值

一、环境价值

我们称环境资源的价值为总经济价值（TEV），并将其划分为使用价值（UV）和非使用价值（NUV）。使用价值是指当某一物品被使用或消费时，满足人们某种需要或偏好的能力。使用价值可进一步划分为直接使用价值（DUV）、间接使用价值（IUV）和选择价值（OV）。非使用价值又称内部价值，是环境物品的内在属性。计算方法如下：

$$TEV = UV + NUV = (DUV + IUV + OV) + NUV \tag{7-4}$$

直接使用价值取决于环境资源对目前的生产或消费的直接贡献，即环境资源直接满足人们生产和消费需要的价值。以森林为例（表7-1），木材、休闲娱乐、植物基因、药材、教育、人类居住区等都是森林的直接使用价值。

表7-1 热带森林的总经济价值

使用价值			非使用价值
直接使用价值	间接使用价值	选择价值	存在价值
木材	无	无	无
非木材产品	营养循环	未来使用（直接使用价值+间接使用价值）	森林作为内在价值的客体，具有遗赠、送给他人的礼物、责任等方面价值；也包括文化和继承价值
休闲娱乐	水域保护	无	无
药材	减少空气污染	无	无
植物基因	调节小气候	无	无
教育	无	无	无
人类居住区	无	无	无

间接使用价值包括环境提供的用来支持目前的生产和消费活动的各种功能产生的效益。仍以森林为例，吸收二氧化碳、减少空气污染、涵养水分、小气候调节、水域保护等都属于间接使用价值范畴，它们虽然不直接进入生产和消费过程，但却为人类生产和消费的正常进行提供了必要条件。上面的两种价值都是传统经济学所一致认定的经济价值。

选择价值又称期权价值，是指未来某个时候有可能产生使用价值的价值。任何一种环境资源都具有选择价值，选择价值由环境资源供给和需求的不确定性决定，并受到消费者对风险的态度的影响。

存在价值是非使用价值的一种最主要的表现形式，是指现在没有意图要使用的，将来可能利用的那部分环境资源的价值，其价值与人们是否使用它没有关系。随着公众环境意识的逐渐提高，存在价值已被认为是总经济价值的重要组成部分。若该环境资源是独特的，则存在价值的评价就更显得尤为重要。

【专栏】环境资源的生态服务价值

20世纪70年代，日本科学家通过对日本全国树木的生态价值进行综合调查和计算，得出一些数据，全国树木1年内的可贮存水量达2300多亿吨，防止水土流失57亿立方米，栖息鸟类8100万只，供给氧气5200万吨。按规定价格换算成资金，其总的生态价值达1208万亿日元，相当于日本1972年全国的经济预算。

印度加尔各答农业大学一位教授对一棵正常生长50年的树的作用进行折算，发现其总生态价值高达20万美元。其中包括生产氧气（3.1万美元），净化空气、防止空气污染

（6.2 万美元），防止土壤侵蚀、增加肥力（3.1 万美元），涵养水源、促进水分循环（3.7 万美元），为鸟类和其他动物提供栖息环境（3.1 万美元），生产蛋白质（0.25 万美元）。以上还未包括树木的果实和木材价值。

二、量化的困难性

（1）环境因素内在价值的多样性　以水体为例，其价值可能表现在农业、工业、生活、市政、发电、航运、景观、渔业、生物多样性等各方面；如果试图对某一条河流进行经济评价，就需要对以上所有这些方面逐一进行评价；显然，要全部量化评价的难度非常大。

（2）各种环境因素的非经济尺度　如文化尺度等，黄河、长江对中华民族历史文化的影响；庐山风光对诗词绘画艺术的影响等。

（3）环境数据信息获得成本高　尽管地理信息系统（GIS）的开发应用取得了长足进步，野生生物和生物多样性受到更多的关注和度量，但是世界上各个国家特别是发展中国家的环境历史性数据信息发展都处于起步阶段，可获取的数据有限，增加了分析的难度。此外，如果要针对某一具体项目或某一环境问题进行评价，一般需要进行实地调查研究，导致获得数据信息的成本非常高昂。

（4）评估模型科学性的影响　若评估模型不科学，会造成较大误差，其反映的信息可能会起误导作用。

环境经济学认为，人类对环境质量和自然资源保护的偏好会对资源配置产生重要影响。环境成本量化模型的基础是人们对环境改善的支付意愿或是忍受环境损失的接受赔偿意愿，即量化模型大多是从估算人们的支付意愿或接受赔偿意愿入手。

第三节　直接市场评价法

直接市场评价法将环境质量看作是一个生产要素。环境质量变化引起生产率和生产成本变化，从而导致产品价格和产量的变化，而价格和产量的变化是可以观察到并且是可测量的。

一、直接市场评价模型

对环境损害或效益进行价值评估的直接市场评估模型主要包括下面几种方法。

1. 生产率变动法

生产率变动法又称生产效应，是指环境条件的变化对生产者产量、成本和利润的影响，或是由此引起的消费供给与价格变动对消费者福利的影响。例如，水污染影响水产品产量或使其价格下降，给渔民带来经济损失；而兴建水库则可以带来新的捕鱼机会。

（1）步骤与方法　生产率变动法的基本步骤可以分为如下几步。

① 估计环境变化对受害者（财产、机器设备或者人等）造成影响的物理效果和范围。

② 估计该影响对成本或产量造成的影响。

③ 估计产量或者成本变化的市场价值。

假如环境质量变动对受影响的商品产量变化影响很小，就可以直接运用现有的市场价格进行测算；如果生产量变动可能引起价格变动，则应先预测新的价格水平。如果全国某种产品的供给主要来自受污染或受影响地区，或是相对封闭的区域市场，就需要分析产量水平变化对商品市场价格的影响。

为了确保价值评估结果的准确与合理，应该估计产量和价格变化的净效果。例如，土壤侵蚀减少了农作物产量，但也因为收获成本的降低会弥补部分损失；但当环境损害导致了某产品成本增加，同时也减少了其产量时，则是一种相反的情况。

假设环境变化所带来的经济影响（E）体现在受影响产品的净产值变化上，即产品的产量、价格和成本等方面的变化，我们用下面的公式表示。

$$E = (\sum_{i=1}^{k} p_i q_i - \sum_{j=1}^{k} c_j q_j)_x - (\sum_{i=1}^{k} p_i q_i - \sum_{j=1}^{k} c_j q_j)_y \qquad (7-5)$$

式中，p 为产品价格；c 为产品成本；q 为产品产量；下标 x、y 分别表示环境变化前后的情况。共有 $i=1$，$2\cdots k$ 种产品和 $j=1$，$2\cdots k$ 种投入。

表 7-2 为环境改变产生的生产效应。对社会而言，当产量增加而投入减少时，将产生双倍收益；当产品减少而投入增加时，则产生双倍损失。

表 7-2　环境改变的生产效应

环境变化	产出	投入
土壤质量提高	增加	降低
渔业污染减少	增加	不变
保护森林	增加	增加
工业用水质量提高	不变	降低
土壤侵蚀	降低	增加
渔业污染增加	降低	不变
森林损失	降低	降低
工业用水质量降低	不变	增加

如果考虑环境变化的影响，那么对市场反应的预测可能会变得十分复杂。面对环境变化的影响，生产者与消费者可能都会采取行动以保护自己。例如，生产者减少对污染敏感的谷物的种植面积，消费者不再购买被污染的粮食。如果在这种适应性变化出现之前做出评价，将会使环境影响的估计值过高；而如果在上述适应性变化之后进行评价，则会对给生产者剩余与消费者福利带来的真实影响估计不足。

（2）数据与信息需求　利用生产率变动法对环境损害或收益进行评估时需要的数据与信息有生产或消费活动对可交易商品产生环境影响的证据；与所分析物品相关的市场价格；预测价格可能受到影响时的生产与消费反应；如果该物品是非市场交易物品，则需要与其最相近的市场交易商品（替代品）的相关信息；生产者和消费者对环境损害可能做出的反应。

2. 疾病成本法和人力资本法

疾病成本法是指空气污染和水污染等将导致环境对生命的支持能力发生变化，对人体健康产生极大影响。这些影响除了表现在劳动者发病率与死亡率增加给生产造成直接经济损失（可用上面的生产力变动法估算）以外，还表现在因环境污染带来的疾病而导致的医疗费用的增加，以及劳动者因为疾病或过早死亡而造成的收入损失等。

人力资本法是用于估算环境变化造成的健康损失的主要方法。通常人力资本是指体现在劳动者身上的包括劳动者的文化知识、技术水平以及健康状况资本在内的资本。人力资本法将个体看作经济资本单位，个体的收入被视为人力投资的一种收益。计算人力资本时，主要注重环境质量变化对人体健康的影响（主要是医疗费的增加）以及这些影响导致的个人收入损失。前者相当于因环境质量变化而增加的病人人数与每个病人的平均医疗费用（应按不同病症加权计算）的乘积；后者则相当于环境质量变化对劳动者预期寿命和工作年限的影响与劳动者预期收入（不包括来自非人力资本的收入）现值的乘积。

（1）人力资本法的基本步骤与方法如下。

① 识别环境中可致病的特征因素。

② 确定致病动因与疾病发生率和过早死亡率之间的关系。识别致病原因及其与疾病发

生率和过早死亡率之间的关系是建立在病例分析、实验室实验和流行病数据资料分析的基础上，一般属于医学范畴。

③ 评价处于风险之中的人口规模，即定义致病动因的影响区域。特别是要界定总暴露人口中对风险特别敏感的人群（如孕妇、幼儿、老人、气喘病患者等）。

④ 估算因疾病导致缺勤所引起的收入损失和医疗费用支付，赋予疾病所消耗的时间与资源经济价值。实际中，如果医疗费用（例如，药品和医生的工资）存在严重的价格扭曲现象，则需要采用影子价格（或影子工资）替代该费用。计算公式如下。

$$I_c = \sum_{i=1}^{k} (L_i + M_i) \tag{7-6}$$

式中，I_c 为环境质量变化引起的疾病损失成本；L_i 为第 i 类人由于生病无法工作导致的平均工资损失；M_i 为第 i 类人的医疗费用（包括门诊费、医药费、治疗费等）。

⑤ 估算过早死亡造成的损失。年龄为 t 的人由于环境变化而过早死亡的经济损失等于他在余下的正常寿命期间的收入损失的现值。

$$Value = \sum_{i=1}^{T-t} \frac{\pi_{t+i} \cdot E_{t+i}}{(1+r)^i} \tag{7-7}$$

式中，π_{t+i} 为年龄为 t 的人活到 $t+i$ 的概率；E_{t+i} 为年龄为 $t+i$ 时的预期收入；r 为贴现率；T 为从劳动力市场上退休时的年龄。

（2）所需数据与信息　致病动因水平（F）；可致病的环境质量阈值（S）；超过阈值的强度（X）；与强度相对应的持续时间（Y）；与上述因素相对应的发病率（N，每百万人口 N 例）；暴露人群的评估，分布规律、敏感人群统计等，剂量-反应关系为 $N = N(F)$，$F = (S, X, Y\cdots)$；与上述发病率对应的工时损失数和医疗费用耗费；单位工时工资、医生工资、设备折旧、药品价格等。

（3）要注意的问题

① 很多可致病的环境因素难于辨认，难以建立剂量-反应关系。

② 对处于风险中的人群的评价受到个体差异的干扰。

③ 这两种方法没有考虑没有生产能力或不参加生产活动的人，诸如儿童、家庭妇女、退休和残疾人的损失问题。此外，由于人力资本法用劳动者收入来衡量生命的价值，隐含的推论是收入小于支出的人的死亡对社会有利，因而会引发伦理学上的争论。

④ 存在一个普遍现象价格扭曲，特别是医生工资、药品的价格等。

⑤ 没有考虑风险因素。政府的污染控制政策不是为了挽救特定的人的生命，而是减少人群因污染而死亡的风险，因此，一些学者提出了生命统计价值（Value of Statistical Life）的概念。若人们愿意支付 a 元来减少 1% 的致死风险，那么生命统计价值就是 $100a$ 元，以此作为人力资本法计算生命价值的替代方法。

3. 机会成本法

使用一种资源的机会成本是指把该资源投入某一特定用途后所放弃的在其他用途中能够获得的最大收益。该法适用于评估自然保护区或具有唯一性特征的自然资源开发项目。

一般情况下，我们首先估算资源保护的机会成本，然后让决策者或公众来决定自然资源是否具有这样的价值或是否值得为保护该资源而放弃这些收益。例如，我国著名的三江平原的发展规划曾有三种方案，第一种方案要求严格保护三江平原湿地资源而不进行任何开发。第二种方案计划把三江湿地完全用于农业开发项目，假设经计算，农业开发所获收益的净现值为 50 亿元人民币（假设是 50 年），则保护三江湿地不被开发的机会成本即为 50 亿元人民币，那么，政府和公众就需要决定，是否愿意为了获得这 50 亿元人民币的净现值而放弃保护三江湿地，这里需要特别注意的是，由于开发活动的影响是不可逆的，因此，50亿元应视作三江平原湿地的最低价值。第三种方案是开发三江湿地的生态旅游功能。也可通过这种方案测算三江平原湿地保护的机会成本。

二、直接市场评价法的适用范围及局限性

1. 适用范围

① 评估土壤侵蚀对农作物产量的影响以及泥沙沉积对流域下游地区使用者造成的影响。

② 评估酸雨对农作物和森林的影响，还有它对材料和设备造成的腐蚀等。

③ 评估大气中的颗粒物和其他有害物质对人体健康的影响。

④ 评估水污染对人体健康造成的影响。

⑤ 评估砍伐森林对气候和生态的影响。

使用直接市场评价法需具备下列条件。

① 环境质量变化直接减少或者增加了市场化的可交易商品（甚至是其替代物）或服务的产出。

② 环境影响的物理效果明显，可以观察出来或用实证方法获得。

③ 市场运行良好，价格是衡量产品或服务经济价值的良好指标。

2. 问题和局限性

① 一般来说，直接市场评价法很难估算出环境质量变化与受体变化（原因和后果）之间的物理关系。它们之间的因果关系并非看上去那么简单，常常需要依靠假设，或者从其他地区所建立的剂量-反应关系中获取信息，以及从大量的方法和资料中建立这种关系。因此，可能会因为处理方式的不同而导致误差的出现。

② 在确定对受害者的影响时，通常很难把环境因素从其他影响因素中分离出来。例如，由大量污染源造成的空气污染，很难分清某一具体污染源造成的后果；此外，土壤侵蚀和酸雨对作物和森林的损害也很难完全区分开。

③ 当环境变化对市场的影响较明显时，就需要深入观察市场结构、供给与需求反应和弹性。也需要分析生产者和消费者行为，同时也要联系生产者与消费者的适应性反应。

④ 当确定一项活动对产出的影响时，需要建立一个假如存在或假设不存在的后果序列进行预测。如果这种假设背离现实，就可能过大或者过小估计某个损害。例如，某种污染发生在已经存在严重污染的区域。

⑤ 价格问题。如果存在显著地消费者剩余时，即价格信息来自于有效和没有扭曲的市场，仍然可能导致过低估计环境的经济价值。通常情况下，市场价格中并没有包含外部性，不论是正外部性，还是负外部性。所以，在必要的情况下，必须对所采用的价格进行调整。

3. 直接市场评价法在我国的适用性

将直接市场评价法应用到我国时应注意以下问题。

① 在不同自然条件和经济水平下建立起来的剂量-反应关系具有特定意义，例如，在温带高收入经济中建立起来的剂量-反应关系或许并不适用于热带或贫困国家。

② 当产品市场不存在或发育不足时，须采取迂回的定价方法或对所比较的产品做出很强的假设，例如主要用于自身消费的牲畜、农产品或那些没有相近的商业等价物却又得到广泛使用的自然产品（例如，从自然中得到的药品等）。

第四节 揭示偏好价值评估法

通过考察人们与市场相关的行为，特别是在与环境联系紧密的市场中所支付的价格或他

们获得的收益，间接推断出人们对环境的偏好，并以此估算环境质量变化的经济价值的方法称为揭示偏好法。

一、揭示偏好法的价值评估模型

1. 防护支出法与重置成本法

防护支出法也称防务支出法或防护行为法，根据人们为防止环境退化准备支出费用的多少来推断人们对环境价值的估价，属于揭示偏好法；重置成本法用于估算环境遭到破坏后恢复原状所要支出的费用，属于直接市场评价法。由于两者之间的特定联系以及两者的相似性，将两个模型放在一起分析。

面对环境质量变化，人们会采取各种措施来保护自己不受其影响。例如，当环境质量降低时，人们会购买一些防护用品或服务等，这些防护用品或服务既可能是环境质量的替代品，也可能是防止环境退化的措施；反之，当环境质量提高时，人们对替代品的花费就会降低。人们可能会采取的应对环境质量变化的防护行为如下。

（1）采取防护措施　如针对空气污染和水污染，安装空气净化装置、水净化和过滤设施等，因为采取保护措施而发生的这些费用，称为防护费用。

（2）购买环境替代品　例如，为避免因水源地受到污染而使公共供水水质降低影响身体健康，人们可能会购买瓶装水。

（3）环境移民　当人们对环境变化感觉较强烈时，可能会迁出污染区域。发生的迁移费用可被视为一种重置成本。

（4）"影子/补偿"项目　是指某项活动带来的环境损害用重置受损环境服务的项目来进行补偿，例如，修路时被砍伐的树木可以通过种植新的树木而被重置。

2. 防护支出法与重置成本法的步骤

第一，识别环境危害　由于存在多个行为动机和多个环境目标，因此研究时需要我们把环境问题划分为首要的和次要的，并把针对主要环境问题的防护行为作为评估依据。

第二，界定环境危害的受害人群　对某个给定的环境危害，首先确定受到环境危害的人群范围，然后区分出受到重要影响的人群和受影响相对较小的人群。例如，空气污染对有气喘病或者支气管炎的人产生的危害会更大，这类人群通常会采取更加严格的措施以防受到危害（让病人待在室内、污染最严重时迁移等）。

3. 防护支出法与重置成本法的信息来源

① 直接观察，例如，为防止噪声而装双层窗，为防止土壤侵蚀而修梯田等。

② 在影响范围较小时，对所有受到危害的人进行广泛的调查。

③ 对感兴趣的人群进行抽样调查。

④ 采用征询专家意见的方式得到预防和保护措施的费用、减轻损害以及购买环境替代品所需的成本等信息。

4. 防护支出法与重置成本法适用范围

两者适用范围包括空气污染、水污染、噪声污染、土壤侵蚀、滑坡以及洪水风险、土壤肥力降低或土地退化、海洋和沿海海岸的污染和侵蚀等。

5. 局限性

（1）防护支出法是基于"防护支出"必然发生的假设　这意味着私人厂商与个人会一直（继续）进行预防性开支，直至防护开支及减轻环境损害程度的费用之和等于所观察到的损害费用的原有水平。

（2）防护支出与减轻损害的费用之和少于所观察到的损害费用　将有部分消费者享受某

种消费者剩余，但防护支出法忽视了这一消费者剩余。因此，防护支出法实际仅对环境质量的价值作出了一个最低估计值。

（3）环境替代品的购买并不完全等同于环境损害程度　因为对环境危害或者困境，一些人会选择忍受，直至他们认为有必要采取行动；也有一些人认为自己的投资对后代具有重要价值时，会加大投资力度。对前者，依据防护费用数据估算的环境损害结果会偏低，而对后者，估算的损害费用会夸大损害的价值。

（4）由于合理的环境价值应当是防护支出与重置成本的实际发生额减去次级收益，所以防护支出法的另一个假设"不存在与防护支出法或重置成本法有关的第二个收益"在很多情况下并不符合实际。例如，为了维护山坡的稳定而植树种草，除去纯粹的环境收益外，还可产出水果、饲料和薪柴等。所以，若不考虑防护行为的次级收益将会高估环境价值。

（5）不存在完善的环境质量替代品　一些物品能够部分地替代环境，还有一些却会产生额外的非环境属性。例如，安装双层玻璃虽不能完全消除飞机噪声，但会改善房间的保暖条件和安全状况。

（6）防护支出与重置成本所得结果只包括处在特定受威胁环境之中人群的反应　例如，没有考虑到那些因较早地预感到环境问题存在（但尚未面临）而已迁走的人们（包括对环境特别敏感和对环境质量估价极高的人们）。因此，对余下的暴露于环境变化中的人进行研究所得出的保护费用将偏低。

（7）防护费用法的有效性　防护费用法要求人们依据受到损害的程度计算出相应防护费用。但这些假设条件有时得不到保证，特别是对想象中的风险，或者那些随时间增长的风险，都可能导致人们过高或过低估计想要得到的补偿。

（8）即便处于风险中的人们了解应该采取保护措施并愿意支付防护费用，但因市场不完善，他们采取的措施也会受到限制，特别是支付能力会限制防护支出法与重置成本法的应用。

6. 总体评价

防护支出法具有直接、相对简单等特点。该方法利用观察到的行为，采取抽样调查和专家意见法从各种经验素材中获取数据资料；与此同时，防护行为又有不可靠和难于说明的缺点。防护支出法对评估环境资产的使用价值来说是很直接的方法，但不适用于评估存在价值或者公共物品的价值。

防护支出法可以有效地帮助揭示人们对空气污染、噪声、土壤侵蚀、洪水、滑坡、海岸侵蚀等方面的支付意愿。

用防护支出法估算环境价值并将其同其他数据进行比较，用于为决策提供依据。例如，是采取措施预防环境损害还是让环境损害存在，是补偿受害者还是尽力恢复以前的环境质量等问题的应对决策。

7. 适用范围

对贫困人群和不发达地区而言，低收入将会约束防护支出，有可能会低估环境资源的价值；当环境变化只是刚刚出现，而且以极快的速度蔓延时，受到影响的人们不能完全理解当前变化的全部后果，所观察到的防护支出就会有不充分之处。此外，在一些重要的部门或一些重要的问题中，防护支出与重置成本法的适应性也较差。诸如森林、海洋生态和湿地这类环境，其功能的损失难于得到恢复的情形下，应用防护支出法和重置成本法将难以准确估算这类重要资源的价值。

二、旅行费用法

旅行费用法通过消费环境商品或服务所获得的收益来评价那些没有市场价格的自然景观

或者环境资源的价值。该法评估的是旅游者对这些旅游场所的支付意愿（旅游者对这些环境商品或服务的价值认同）。

我们知道，支付意愿等于消费者对某一商品或服务的实际支付与其所获得的消费者剩余之和。假设我们可获得旅游者的实际花费数目，则旅游者支付意愿估算的关键就在于旅游者消费者剩余的估算。

1. 计算步骤

第一，以评价场所为圆心，定义和划分旅游者的出发地区。场所四周的地区按距离远近划分成若干个区域。距离的不断增大意味着旅行费用的不断增加。

第二，抽样调查评价地点的旅游者。

第三，计算每一区域内到达该旅游地点的人次（旅游率）。

第四，计算旅行费用对旅游率的影响。通过分析样本资料，对不同区域的旅游率和旅行费用及各种社会经济变量进行回归分析，求得第一阶段的需求曲线即旅行费用对旅游率的影响。

$$Q_i = f(C_{Ti}, X_1, X_2 \cdots X_n) \tag{7-8}$$

$$Q_i = a_0 + a_1 C_{Ti} + a_2 X_i \tag{7-9}$$

式中，Q_i 为旅游率；$Q_i = V_i / P_i$，V_i 为依据抽样调查结果推算出的 i 区域内到评价地点的总旅游人数，P_i 为 i 区域人口总数；C_{Ti} 为从 i 区域到评价地点的旅行费用；X_i 为包括 i 区域旅游者的收入、受教育水平和其他一系列社会经济变量。

通过回归方程确定的是一条"全经验"需求曲线，该曲线是基于旅游率而不是基于在该场所的实际旅游者数目得到的。

第五，确定对该场所的实际需求曲线。根据第一步的信息，对每一个出发地区第一阶段的需求函数进行校正，求得每个区域旅游率与旅行费用的关系。

$$C_{Ti} = \beta_{0i} + \beta_{1i} V_i \tag{7-10}$$

$$\beta_{0i} = \frac{a_0 + a_2 X_i}{a_1}, i = 1, 2 \cdots k, \tag{7-11}$$

$$\beta_{1i} = \frac{1}{a_1 p_i} \tag{7-12}$$

上式共有 k 个等式，每个等式中的 β（旅行费用）值不同，每个区域各有一个等式。

第六，计算每个区域的消费者剩余。首先，依据上述等式，计算出当门票费为 0 时，不同区域内总的旅游人数。当门票费为 0 时，旅游者对评价场所的需求数量最大，即图 7-1 中的 A 点。然后，通过逐步增加的门票价格（门票费的增加相当于边际旅行费用的变化）来确定边际旅行费用增加对不同区域内旅游人数（旅游率）的影响，叠加每个区域内的旅游人数，就可以确定每一个单位旅行费用的变化对年总旅游人数的影响。例如，门票费增加 1 元，得到图中的 B 点，再逐步提高门票费，就可以获得图中的需求曲线 AM。

第七，加总每个区域的旅游费用及

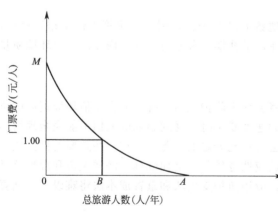

图 7-1　评价地点旅游的需求曲线

消费者剩余，得出总支付意愿，即被评价景点的价值。

2. 适用范围与条件

旅行费用法适用于评价以下场所。

① 娱乐休闲场地。

② 国家公园、自然保护区、娱乐用途的森林和湿地。

③ 大坝、水库等兼有休闲娱乐及其他用途的地方。

使用旅行费用法应具备以下条件。

① 在一定的时间范围内，这些地点至少是可以到达的。

② 涉及场所没有直接的门票和其他费用，或收费很低。

③ 人们要花费大量的时间或者其他开销才能到达这样的地点。

3. 需要注意的问题

（1）参观的多目的性问题　对某个地方的参观可能只是某次多景点旅游的一部分，也可能是出于其他目的的一次绕道旅行，如出差或者走亲访友时的旅行等。在这种情况下，将整个旅行费用都计算到评价中是不正确的。应该划分整个费用，并根据旅游可能的多目的性，估算出到评价地点的实际费用。

（2）效用或负效用问题　比如，步行或者骑车去公园或者海滩可以看成参观该地的部分乐趣。当人们不喜欢旅行或交通状况不好时，客观的旅行费用可能无法反应不喜欢旅游的人对该景点实际价值的判断。

（3）闲暇时间的价值评价问题　对旅行者来说，利用闲暇时间旅行是一种获得愉悦的方式，而不一定是时间的浪费，即并不意味着是一种成本。

（4）偏差问题　在通过询问获取数据时，样本大小以及调查时间的长短常常会受到经费的限制。所以仅对到达旅游地点的人进行调查，而不对评价区域的家庭进行访谈，可能会产生偏差。

（5）关于非使用者和非当地收益的问题　通过旅行费用法获得的是某个景点的直接使用者（即参观者）的收益，它不涉及非当地的使用价值（如生物多样性、分水岭的保护），或者给当地居民提供的商品和服务（如木材、食品、药材产品、娱乐等）价值。它也没有包括资源的存在价值和选择价值。因此，如果有可能，应该把旅行费用法与其他评价技术结合起来使用，避免低估总收益。

4. 总体评价

作为一个比较成熟的方法，旅行费用法主要用于估计对休闲设施的需求和休闲地的保护、改善所产生的效益。但要注意旅行费用法要求从询问调查中收集大量的数据，并且需要精心选择估算程序。

三、内涵资产定价法

内涵资产定价法基于一种理论，即人们赋予环境的价值可以从他们购买的具有环境属性的商品的价格中推断出来。在实际的应用中，享乐价格法往往借助于房地产市场进行。除房地产外，在不同职业和地点的工资差别中也可以发现类似的情形。劳动者工作场所环境条件的差异（例如，噪声的高低、是否接触污染物等）会影响到劳动者对职业的选择。其他条件相同时，劳动者会选择工作环境比较好的职业或工作地点。为了吸引劳动者从事工作环境比较差的职业并弥补环境污染给他们造成的损失，厂商就不得不在工资、工时、休假等方面给劳动者以补偿。这种用工资水平差异来衡量环境资源价值的方法，被称为工资差额比较法。在发展中国家，由于劳动力市场并不活跃，工人尤其是低收入和不熟练的工人，往往对环境风险了解甚少，贫困常常和恶劣的工作环境并存。因此，工资差额比较法在发展中国家的适用性，仍是令人怀疑的。

1. 步骤与方法

假设买主了解决定房价的各种信息、所有变量都是连续的、这些变量的变化都影响住房价格、房地产市场处于或接近于均衡状态。

建立房产价格与各种特征的函数关系如下。

$$P_h = f(h_1, h_2 \cdots h_k)$$

式中，P_h 为房产价格；h_1，h_2 … 为住房的各种内部特性和住房的周边环境特性（学校、商店、犯罪率等）；h_k 为住房附近的环境质量（空气质量、绿化条件）。

假设上述函数是线性的，其函数形式为

$$P_h = \alpha_0 + \alpha_1 h_1 + \alpha_2 h_2 + \cdots + \alpha_k h_k$$

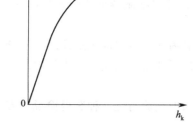

图 7-2 表示当其他特性不变时，房产价格与环境质量的关系。图中一系列房产价格与环境质量的组合中，消费者会选择边际支付意愿等于边际购买成本的点，此时，空气质量使买主的效用最大。

2. 计算边际隐含价格

把房产价格对环境质量求偏导，求得环境质量的边际隐含价格。

$$P_{hk} = \partial Ph / \partial h_k \tag{7-13}$$

图 7-2 房产价格和空气质量的关系

对线性函数 $P_{hk} = \alpha_k$，边际隐含价格是常数，而采用 log-linear（对数线性）形式时，$P_{hk} = \alpha_k \cdot Ph / h_k$，此时，边际隐含价格是变化的，如果房地产市场处于均衡状态，边际隐含价格便可以被解释为边际支付意愿。

3. 适用条件

① 房地产市场比较活跃。

② 人们认为环境质量是财产价值的相关因素。

③ 买主较了解当地的环境质量或环境随时间的变化情况。

④ 房地产市场交易是公平而透明的。

4. 使用障碍

① 因房地产市场并不十分活跃和顺利运转，因此难以得到可靠的数据。

② 需运用大量统计和计量经济学方法收集和处理大量数据。

③ 环境变量可能难以度量。

④ 价值评估的结果依赖于函数形式和估算技术，因此函数的界定很重要。

⑤ 财产的价格可能会反映人们对未来房地产市场的期望。

5. 总体评价

发达国家已经进行的很多有关内涵价格方面研究中的暗含价格是以实际行为为基础的，通常可以大致反映出消费者对这些价值的支付愿望。此外，由于全面的内涵价格研究以大量的数据作为基础前提，所以无法迅速完成。同时，当环境改变较大时，这些暗含的价格就有可能不代表消费者对这些价值的支付愿望。

第五节 意愿调查价值评估法

当缺乏真实的市场数据，甚至也无法通过间接地观察市场行为来赋予环境资源以价值时，试图直接向有关人群提问来发现人们是如何给一定的环境变化定价，并在此基础上建立一个假想的市场来解决问题的方法称为意愿调查评估法（CV 法）。属于典型的陈述偏好法。

CV 法分析的步骤如下。

① 识别和描述拟评价的环境质量特征或者待估的健康环境影响。

② 确定并选取调查对象。

③ 设计问卷，通过面谈、电话或者信函的方式进行问卷调查。

④ 分析结果，对每个调查对象的问卷填写结果进行汇总，估计调查群体看待环境改变所能带来的价值水平。

一、意愿调查价值评估法的类型

意愿调查价值评估法所采用的评估方法大致可分为以下三类。

① 直接询问调查对象的支付意愿或接受赔偿的意愿。

② 询问调查对象对表示上述意愿的商品或服务的需求量，并据此推断出调查对象的支付意愿或接受赔偿的意愿。

③ 采取对有关专家进行咨询的方式来评估环境资产的价值。

表 7-3 概括了常用的意愿调查价值评估法。

表 7-3　意愿调查价值评估法的分类

直接询问支付意愿	投标博弈法
	比较博弈法
询问选择的数量	无费用选择法
	优先评价法
征询专家意见	专家调查法［德尔菲（Delphi）法］

1. 投标博弈法

投标博弈法要求调查对象依据假设情况，告知其对不同水平的环境物品或服务的支付意愿或接受赔偿意愿。该法广泛应用于评估公共物品价值。投标博弈法又可分为单次投标博弈和收敛投标博弈。

单次投标博弈中，调查者首先要向被调查者解释清楚进行估价的环境物品或服务的特征及其变动带来的影响。例如，询问被调查者湖水污染带来的可能影响以及解决环境问题的具体办法。然后询问被调查者，为了保护水体不受污染，他的最大支付意愿或者反过来询问被调查者能接受的最小赔偿意愿（即最少需要多少钱才愿意接受该水体被污染）。

在收敛投标博弈中，被调查者会被问及是否愿意对某一物品或服务支付给定的金额，然后根据被调查者的回答，不断调整这一数值，直至得到最大支付意愿或最小的接受赔偿意愿。

2. 比较博弈法

又称权衡博弈法。该方法预先给定一组环境物品或服务以及相应价格的初始值，然后询问被调查者更倾向于哪一项。被调查者要对两者进行取舍，然后根据被调查者的反应，不断提高（或降低）价格水平，直至其认为两者是等价的为止。经过几轮询问、分析，就可以估算出被调查者对边际环境质量变化的支付意愿。

3. 无费用选择法

通过询问个人在不同的物品或服务之间的选择来估算环境物品或服务的价值。当被调查者需要在接受一笔赠款（或被调查者熟悉的商品）和一定数量的环境物品或服务之间做出选择时，如果选择环境物品，则该物品的价值至少应等于被放弃的那笔赠款（或商品）的数值，故可以将被放弃的赠款（或商品）作为该环境物品的最低估价；如果被调查者选择了接受赠款（或商品），则表明被评价的环境物品或服务的价值低于设定的接受赠款额。若改变上述赠款数（或商品），而保持环境质量不变，则这个方法就变成一种投标博弈法了。两者主要区别在无费用选择法中被调查者不必做任何支付。

【专栏】资源环境的生态服务价值

以太湖水污染为例来介绍两个无费用选择法方案。

首先向被调查者详细介绍太湖水污染的影响，然后提出两个方案供被调查者选择。

方案Ⅰ：每年赠给被调查者一笔款项；方案Ⅱ：清除 90% 的湖水污染。每人只有一次选择赠款的机会。如果说选择减少 90% 的污染，就意味着减少 90% 污染的价值至少等于被放弃的款项。进一步给出更高的赠款额，对另一组被调查者调查，直至被调查者选择赠款，这就意味着减少 90% 的污染的价值低于最后一个项。调查结果见表 7-4。

表 7-4　减少太湖水污染的无费用选择法调查结果

调查人数/人	选择本项方案的人数/人	
	减少 90% 湖水污染	接受赠款（括号为赠款数）
20	20	0(10 元)
20	14	6(20 元)
20	10	10(30 元)
20	4	16(40 元)
20	0	20(50 元)

表 7-4 表明，对每一套方案都随机选取 20 人进行调查。当赠款额为 10 元时，第一组的所有 20 个人都选择了减少 90% 湖水污染的方案，说明被调查者认为减少 90% 污染的最低价值为 10 元（或者说最低的支付意愿）。当赠款额提高到 50 元时，第 5 组的所有 20 个人全部选择了接受赠款，表明被调查者认为减少 90% 的湖水污染的最高价值（或者说最高的支付意愿）小于 50 元。该实验可以测定出被调查者对减少污染的最低和最高支付意愿，但是无法求出被调查者对减少污染的平均支付意愿。

二、意愿调查方案的设计

在设计意愿调查方案时，需特别注意以下三个问题。

① 样本数目。足够多的样本数量才能够反映出被调查区域人群的情况。实际样本数量由预期的反映多样性程度、期望的准确程度等级及估计不回答的比例来决定。通常在进行正式调查之前需进行预调查，以便确定最终样本数量和设计调查问卷。

② 处理偏差较大的答案（或答卷）。采用诸如 5%～10% 的中心剔除点等方法，从有效问卷中剔除可能不真实或错误的答案。或者用回归技术评估出一个出价曲线。

③ 解决与汇总有关的问题。用估计出的平均支付意愿（或接受赔偿意愿）乘以相应的人数，即可简单得出总支付意愿（或接受赔偿意愿）。但当样本人群无法代表总人群的情况时，就需建立支付意愿（或接受赔偿意愿）的出价与一系列独立变量（诸如收入、教育程度等）之间的关系式来估算总人口的支付意愿值。

三、对意愿调查价值评估法的评价

由于意愿调查价值评估法既没有对实际市场进行观察，也没有要求消费者以现金支付的方式来表征支付意愿或接受赔偿意愿以验证其有效需求，故在实际应用中该法也存在一些局限性，主要体现在以下几个方面。

1. 各种偏差的存在

（1）信息偏差　当被调查者的回答取决于所提供的环境信息，而调查者可能提供给被调查者的信息太少或错误时，便会产生信息偏差。

（2）支付方式偏差　指因不同的假设支付方式引起的偏差。例如，为保持环境质量，大多数人可能选择捐款到非营利的环境保护基金，而不是支付更高的门票费。

（3）起点偏差　指调查者在设计问卷和问题时，支付意愿和接受赔偿意愿的出价起点过高或过低引起的回答范围的偏离。

（4）假想偏差　指在意愿调查中，被调查者对假想市场问题的反应（回答）与对真实问题的反应并不一致。例如，在斯堪的纳维亚半岛，许多老人有资格享受医疗保健服务，但他们不情愿说出愿为健康服务支付多少钱，因为他们已习惯接受免费的服务，所以许多人在问卷上都写上"零"。

（5）部分-整体偏差　是在被调查者没有正确区别一个特殊环境（例如，一个鸟类保护区）和它只被作为更广泛群体环境（所有鸟类保护区）的其中一部分的价值时所产生的偏差。

（6）策略性偏差　当被调查者认为他们的答案（或在答案中适当包含一定的误差）可以影响实际的决策进程时，可能就会故意提供错误的答案，从而产生策略性偏差。

2. 支付意愿与接受赔偿意愿的不一致性

意愿调查评估法研究的结果一致表明，接受赔偿意愿通常是支付意愿数量的几倍（通常为3倍）。这可能是由于与尚未拥有的某物相比，人们对已有之物的损失会有更高估价。

3. 抽样结果的汇总问题

虽然定义适当的人群范围——包括现存的非使用者、未出生者或所有潜在的未来使用者，对总价值水平及其可信程度至关重要，但就这些人群的固有属性而言，这是一个很难解决的问题。当针对互不相关的问题调查样本人口的支付意愿时，需要把不同种类的支付意愿加总。虽然并未要求实际的现金支出，但是人们对特定环境的出价依旧可能会受其现金拥有量的约束。需通过合理的设计并结合预算约束的调查来解决这一问题。否则，意愿调查评估研究将失去可信性。

4. 适用范围与条件

意愿调查价值评估法适用于评估空气和水质量、无价格的自然资产（如森林和原始区域）保护、生物多样性的选择价值和存在价值、交通条件改善、卫生设施和污水处理等。

意愿调查价值评估法的适用条件如下。

① 环境变化对市场产出没有直接的影响。

② 难以通过市场直接获取人们对物品或服务的偏好信息。

③ 样本人群具有代表性。

④拥有充足的资金、人力和时间进行相关研究。

5. 意愿调查价值评估法的总体评价

意愿调查价值评估法是一个非常有效的方法，但它所需数据众多，投入人力、物力也多，并要对这些调查结果进行专门的理解和研究。

意愿调查价值评估法的缺陷在于它依赖于被调查者的看法。被调查者的回答中会存在大量很难避免的偏差。此外，意愿价值评估法的评估结果还有赖于被调查者如何理解环境所处的危机以及这些危机对他们可能产生的影响。所以，这种方法更适合于评估区域性的环境问题而不适用于评估超大范围的环境问题。

第六节　模型选择的技术

一、选择规律

环境经济学家把环境影响的作用对象一般分为生产力、健康、舒适性和环境的存在价值这四大类。对不同的影响，选择不同的价值评估方法。

当环境变化对生产力产生影响时，首选直接市场评价法。因为它能够对因环境变化而导致的对生产的影响（如酸雨造成的作物减产）赋予一个市场价值。如果这些影响会引起一些防护性措施的采用，则可以采用防护支出法、机会成本法以及重置成本法。

对健康影响（包括安全）而言，由于人力资本法和疾病成本法都是基于收入的减少及直接的医疗费用进行价值评估，故所得数值实际是环境质量价值变化的最低限值。防护行为和防护支出也可以用于评估健康影响。目前，在衡量人们对避免或者减小伤害（或者风险）、某种经济损失的支付意愿以及对生命价值的认同方面，意愿调查价值评估法得到广泛地使用。

针对舒适性，广泛使用的旅行费用法和内涵资产定价法分别基于到达某地的旅行费用以及因环境原因造成的财产价值的差别来进行评估。此外，意愿调查价值评估法也适用于评估人们对舒适性的偏好。

对环境存在价值，目前多采用意愿调查价值评估法进行价值评估。

对不同环境影响作用对象的评价技术选择见表 7-5 和表 7-6。

表 7-5　环境影响及其价值评估技术选择

环境影响	评价技术选择
生产力	直接市场评估法 防护支出法 重置成本法 机会成本法
健康影响	人力资本法 防护支出法 意愿调查价值评估法
舒适性	旅行费用法 意愿调查价值评估法
存在价值	意愿调查价值评估法

表 7-6　环境问题和估值方法

环境问题	生产率	健康	舒适度	存在价值
土壤侵蚀和肥力	△			
土地退化	△			
荒漠化	△		△	
盐碱化	△			△
森林砍伐	△			
生境丧失（例如湿地）	△		△	△
有限资源的耗竭	△		△	
空气污染	△	△	△	
水污染	△	△	△	
海洋环境污染	△			△
过度捕捞	△		△	△
生物多样性、物种减少	△		△	△

注：表中△表示生产力

二、选择依据

1. 影响的相对重要性

以森林砍伐为例，假设木材加工、农业开发、出口等活动引起人们砍伐热带原始森林，则结合实际情况，伐木造成的主要环境影响如下。

① 果实、药材、纤维等非木材类的森林价值的损失。

② 木材可持续产出的长期损失。

③ 土壤侵蚀、下游泥沙沉积、洪水风险等。

④ 野生动物绝迹、生物多样性丧失，影响环境的存在价值和生态旅游。

对前两种影响，可采用直接市场评价法进行评估；对第三种的影响，则可采用防护支出法和重置成本法；当影响到生态旅游和环境的存在价值时，可采用直接市场法和意愿调查价值评估法进行评估。

2. 信息的可得性

对可交易的商品和服务来说，数据获取相对容易，可以采用直接市场价值评估法；对缺乏市场或者市场发育不足的商品（如维持生存的粮食、非木材的森林产品等）和服务，虽然也可采用直接市场评价法，但需要进行必要的调查以获得评估所必需的数据。例如，所涉及的产品的种类和使用情况以及它们的替代品和替代品的市场价格等。

当环境影响的数据信息难以获得时，人们往往采用历史上记载的有关数据及有关专家的意见代替。此时，宜采用防护支出法和重置成本方法。

在直接信息非常缺乏的情况下，或者对那些不在市场上交换的物品或服务，适于采用意愿调查价值评估法。

第七节 选择模型的实证分析

一、关于北京大学未名湖的经济评价

由于环境成本分析受到资金和时间的双重约束，以及模型选择本身的其他约束，所以借用了其他项目和研究成果的数据来进行模型运用的简单实证分析（事实上，我国相关的评估数据并不多见）。鉴于在环境损失中数据的获得性困难，所以选择了意愿调查价值评估法中的投标博弈法。

以北京大学校园内的未名湖为例，虽然未名湖及其周围的建筑物均属于文物保护的对象，但其水质污染却日益严重。对这一类环境质量在设计方案时选择了意愿调查价值评估法中的单次投标博弈方法，并在问卷中假定学校将对未名湖水质污染进行治理。采取的筹款方式有两种，一是工程资金将部分由学生以年费的方式，在每学年注册时随学费一并上交，并设立专门基金保证专款专用；二是采用收取门票的方式筹集工程资金。该研究对这两种筹资方式的结果进行了比较和评价。

1996 年，调查者发放问卷 32 份，回收有效问卷 32 份。从问卷中获取被调查者对未名湖水质的评价、改进水质的支付意愿及其他相关信息，检验了问卷设计中提出的一些假说。

问卷调查结果表明，在评价未名湖周围环境质量时，选择"很好"或"好"的同学占被调查者人数的 87.5%，有 81.25% 的同学认为未名湖水质"一般"或"较差"，仅有 18.75% 的同学认为水质好。被调查者中，选择的意愿改进程度集中在 BP（可游泳）和 CP（可视度为水下 0.5 米内的景物）两个等级，分别有 10 人和 21 人选择，而对 AP（可饮用）这一等级只有 1 人选择。说明"可饮用"这一标准对非生活用水的湖水来说过于严格也没有必要。

针对不同的水质改进程度，同学们每年愿意支付的数额见表 7-7。等级 AP、BP 与 CP 的均值按所选择的人数加权平均，从而得到平均支付意愿，即

平均支付意愿＝19.40×(1/32)＋24.25×(10/32)＋25.45×(20/32)＝24.09(元/人·年)

表 7-7　不同水质等级的支付意愿　　　　　　　　　　　　单位：元

项目	平均	标准差	最大	最小
AP（可饮用）	19.40	25.36	100	0
BP（可游泳）	24.25	28.60	100	0
CP（可看清水下 0.5 米（景物）	25.45	44.11	150	1

注：由于调查样本在年龄、受教育程度等方面具有共性，故在影响个人支付意愿的各种因素中，首先考虑个人收入对支付意愿的影响。但由于学生收入在时间上具有较大的差异和不稳定性，因此着重考虑支付意愿与个人日均消费额的情况。

表 7-7 的调查结果表明，对 AP、BP、CP 的平均支付意愿均随消费额的增加而增加。按在校学生 14000 名计算，每年共支付 33.73 万元。若按贴现率 10% 计算，则年净现值 337.3 万元可以作为学生对未名湖的总估价。

从表 7-8 可见，贴现率越低，现值越高；反之，贴现率越高，估计的现值则越低。

表 7-8　不同贴现率下的未名湖估价

贴现率/%	总估值/万元	贴现率/%	总估值/万元
15%	224.9	8%	421.6
12%	281.1	5%	674.6
10%	337.3		

此处的贴现率指社会贴现率，它是人们对于一笔未来的收益（环境资源）愿意以怎样的贴现率使之转变为当前的消费。收入低的人群通常有较高的社会贴现率。换言之，收入低的人群在面对未来的一笔收益时，更倾向于以较大的折扣用于当前消费。政治动荡和社会缺乏安全保障、社会快速转型、高通胀率都会使社会贴现率上升。以林地为例来简单分析该问题。

首先，林地产权不明确。尽管有长期稳定的承包政策，但由于植树造林回报周期长以及基层组织管理中出现个别违约现象，都进一步加剧了农户的不安全感。

其次，即使林地产权明确，但依然存在林地经济效益的外部性，使造林者动力不足。

二、自然资源和生态环境的资产评价实例——中国生物多样性经济评价

1998 年由国家环境保护局主持出版了《中国生物多样性国情研究报告》，估计了我国生物多样性的经济价值。有关方法的运用可以从中借鉴。

【案例一】

1. 直接使用价值

产品及加工品的直接使用价值（用市场法估算），按 1990 年不变价和同年的生产估算，农林牧渔业产品实际增加值为 1019.37×10^9 元，消除中间消耗后为 927.91×10^9 元，对 GDP 贡献率为 25.8%。以农产品为原料的工业产品总值为 1397.54×10^9 元，净产值为 438.78×10^9 元，对 GDP 贡献率为 19.4%。

服务的价值（用市场法估算）：1993 年以自然景观为目的的旅游中，多日游国际游客 17.45×10^6 人次，人均消费 873 美元；一日游国际游客 0.45×10^6 人次，人均消费 208 美元。多日游国内游客 1.34×10^6 人次；一日游国内游客 55×10^6 人次。国内游客消费只有国外的一半。这样计算出我国生物多样性旅游服务收入为 85×10^9 美元（按当时汇率折算约合人民币 710×10^9 元）；科学文化服务价值用于近年有关科研费每年 2.68×10^9 元；出版有关生物多样性图书、杂志、电影等 198×10^9 元。

2. 间接使用价值

（1）有机物生产（用市场替代法）　每年生物生产力为 6.71×10^{12} 千克，参考市场产

品的价值估算为 23.3×10^{12} 元。

（2）维持大气二氧化碳和氧气的平衡（用市场替代法） 我国陆地生态系统每年固定二氧化碳的总量为 10.87×10^9 吨，按我国杉木、马尾松、泡桐等 3 个树种的平均造林成本 240.03 元/立方米，折合成每吨碳 260.9 元计算，陆地生态系统每年固定二氧化碳的经济价值为 2.84×10^{12} 元；按瑞典政府的碳税规定 40.94 美元/吨碳，我国陆地生态系统固定二氧化碳的价值为 3.69×10^{12} 元，两种方法的平均值为 3.27×10^{12} 元。陆地生态系统每年释放氧气量为 8.05×10^9 吨，按平均造林成本 240.03 元/立方米，折算成 352.93 元/吨氧气计算，陆地生态系统每年释放氧气的经济价值为 2.84×10^{12} 元；如果按工业氧气价格 0.4 元/千克，则我国陆地生态系统释放氧气的价值为 3.38×10^{12} 元，两种方法的平均值为 3.11×10^{12} 元。

（3）物质循环与储存（用市场替代法） 我国陆地生物每年吸收氮 76.78×10^6 吨、磷 1.69×10^6 吨、钾 46.68×10^6 吨，如按中国每吨化肥平均 2549 元算，合计 324×10^9 元。

（4）水土保持作用（机会成本法和替代成本法） 森林、草原等植被可以减少土壤流失最少 99.44×10^9 吨，相当于 15.30×10^6 公顷的 0.5 米厚的土地，若用作林业和牧业，平均每公顷收益 254.54 元，合计 3.89×10^9 元。流失土壤的 24% 会淤积于水库、江河、湖泊，减少库容 18.31×10^9 立方米，我国每立方米水库工程费 0.67 元，合计减少损失 12.27×10^9 元。植被还减少的氮磷钾养分流失 2.52×10^9 吨，按化肥每吨 2 549 元算，每年减少损失 6.42×10^{12} 元。

（5）涵养水源作用（用替代成本法） 我国森林每年涵养水源量为 404.9×10^9 吨，按每立方米水库工程费 0.67 元，相当于每年 271.28×10^9 元。

（6）净化环境作用（用防护开支法） 人类减少 1 吨二氧化硫排放要耗费装备折旧 5 万元以及运行费 1 万元，我国森林每年吸收约 16.16×10^6 吨的二氧化硫，每年节约二氧化硫减排费 9.70×10^{11} 元。我国森林每年还滞尘 2294×10^6 吨，消尘成本是 170 元/吨，产生的间接经济价值为 390×10^9 元。

3. 潜在选择价值

潜在选择价值的经济评估（用问卷调查法），向接受咨询的人分别就已知的各大类动植物的选择价值，提出自己愿意支付的保险费，累计值的中值为 89.3×10^9 元。

潜在保留价值的估计，据估计世界已知物种数量仅为所有种数的 5%～30%，保守的估计，我国未知物种为已知物种的 1.5 倍，即 $1.5 \times 89.3 \times 10^9$ 元＝134×10^9 元。

4. 存在价值评估

采用问卷调查方法，让接受调查的人提出为保护珍稀濒危物种愿意捐赠的金额。在听有关报告前，调查表填写的结果是国家应付 0.2×10^9 元，每个人应付 2 元。听完有关报告后，调查表填写的结果提高了，认为国家应付 0.4×10^9 元，每个人应付 4 元。

中国生物多样性经济价值的初步评估结果为 39.33×10^{12} 元。

【案例二】

云南哈巴雪山自然保护区具有完整的森林生态系统和丰富的生物多样性，对保障长江下游的生态安全具有重要作用。陶晶等 2012 年发表在《西部林业科学》（第 41 卷，第 4 期）的文章依据 2008 年"云南哈巴雪山自然保护区综合科学考察项目"的野外调查资料，应用市场价格法、替代市场法等对保护区生物多样性经济价值进行评估，并对非使用价值进行了估算。结果表明，保护区生物多样性每年的经济总价值约为 196351.1 万元，包括直接使用价值为 21224.7 万元，间接使用价值 169158.2 万元，非使用价值 5968.2 万元。评估结果显示，保护区生物多样性所产生的生态服务及物种保育等间接价值远远超出其产生的直接使用价值，体现了生物多样性经济价值的外部经济特征。

第八节 环境经济损失案例分析

本节以估算重庆市大气污染造成的经济损失为例来说明环境经济损失分析的一般方法。

一、大气污染危害及其识别

重庆是我国西南地区的老工业城市，煤烟型大气污染十分严重。城区大气中二氧化硫年日均浓度超过国家三级大气环境质量标准2～3倍，在全国主要污染城市中名列前茅。高浓度的二氧化硫污染，致使酸雨污染突出，酸雨出现频率一般在70%以上，酸雨平均pH值在4.2左右。研究发现，除了酸雨，重庆还受酸雾、酸性气溶胶的污染。城区总悬浮颗粒物（TSP）年日均值在400微克/立方米左右，超过国家推荐标准，城区降尘量一般也超过国家推荐标准的2倍。

在重庆，由于大气污染而产生的危害十分严重，明显表现为经常发生的大气污染事故。据统计分析，重庆市大气污染事故主要有四种类型，即氯气泄漏污染事故、硫化氢污染事故、煤气污染事故及二氧化硫污染农作物事故。它们主要因生产操作不当或管理不善而引起。如位于城区的某化工厂曾多次发生氯气泄漏，致使多名工人中毒，附近中小学生产生刺激性反应以及大量农作物、奶牛受害。据不完全统计，全市每年发生环境污染事故在50件左右，其中重大事故每年都有发生，给人民的生命财产造成损失，甚至成为社会不稳定的因素，严重影响全市经济社会活动的正常进行。

环境污染的后果，除了污染事故，更多的以慢性伤害的形式发生危害，主要表现为对人体健康、生态系统和非生态系统的破坏。

据分析，重庆空气中可吸入颗粒物（IP）浓度在150微克/立方米以上，特别是粒径小于23微米的颗粒物，集中了98%的多环芳烃，对人体健康危害很大。加之高浓度的二氧化硫的共同作用，对人们呼吸系统产生极大危害，致使呼吸系统疾病和肺癌死亡率上升。

大气及酸雨污染，还使城区及部分郊区农作物受到不同程度的危害。其中蔬菜受害尤为明显，许多瓜果蔬菜长势差，常出现死苗、黄叶、烂叶及落花落果等现象。严重的酸雨危害有时导致水稻大幅度减产。20世纪80年代以来，城郊南山风景区林木死亡，被国内外专家公认为大气污染危害森林的典型生态破坏事件。由于受到来自城区的高浓度二氧化硫及酸雨的危害，林区马尾松针叶叶尖枯黄和脱落，诱发病虫害而大面积死亡，85%的植株受害，死亡率达35%，死亡面积达800多公顷。

环境污染还对非生态系统产生危害，特别是对建筑材料产生破坏，也增加公用设施和家庭的防护及清洗的费用。酸性沉降物的侵蚀，使暴露的金属构架锈迹斑斑，暴露的油漆、涂料和橡胶等高分子材料寿命缩短。建筑物因大气污染的破坏，变得又黑又脏，严重影响城市景观和环境美学质量。

那么，在重庆由于大气污染所造成的经济损失费用究竟达到了多少，可采用环境经济学的方法进行损失费用的估算。

二、分析及计算过程

大气环境破坏的后果是多方面的，包括对农业、林业、畜牧业、渔业、建筑业、交通、通讯、服务业等第三产业以及其他行业生产力的影响；对人类在健康、城市景观以及舒适感等方面的影响。但由于缺乏数据资料，对某些影响的机理认识不清，目前尚不能对其准确衡量。根据掌握的资料，对重庆大气污染的影响从以下几方面进行计算。

$$D = DH + DA + DF + DB + DC + DT \tag{7-14}$$

式中，D 为大气污染引起的总损失；DH 为大气污染引起的人体健康损失；DA 为大气污染引起的农业损失；DF 为大气污染引起的林业损失；DB 为大气污染引起的建筑材料损失；DC 为大气污染增加的清洗费用；DT 为酸雾影响能见度造成的交通经济损失。其中，忽略了各种影响的交互作用以及间接影响。

1. 大气污染引起的人体健康损失的估算

大气污染导致呼吸系统疾患增加和肺癌死亡率增加，通过污染区与"清洁区"的对比，更能体现出污染的损失。据流行病学调查结果，城区人口呼吸道患病率为 34.3%，而相对清洁的北碚为 12.4%，前者高于后者 1.76 倍。1993 年市中区人口呼吸道疾病死亡率高达 0.178%，在死因构成中名列第一位。一般认为，肺癌与吸烟相关，但我国一些研究者指出，虽然我国各地吸烟水平差别不大，但肺癌死亡率的差别较大，大气重污染区肺癌的死亡率高于轻污染区。因此，在自然、社会经济条件及吸烟水平相差不大时，可将肺癌死亡增加的主要原因归于大气污染。按大气污染引起的健康损失的后果，估算公式为

$$DH = DHM + DHT + DHD \tag{7-15}$$

式中，DHM 为呼吸系统疾病的医疗费用损失；DHT 为呼吸系统疾病引起的误工损失；DHD 为肺癌患者提前死亡引起的生产损失。

(1) DHM 重庆市的二氧化硫浓度都超过了人体健康损害的阈值，TSP 浓度也很高，可以认为全市城镇人口（以非农业人口计）（387.5 万人）都已遭受大气污染的危害。流行病学调查结果显示，污染区呼吸系统疾病的平均医疗费用为 90.253 元/人·年，而清洁区呼吸系统疾病的平均医疗费用为 20.956 元/人·年，则城市大气污染导致的医疗费用损失（DHM）为

$$DHM = 387.5 \times 10000 \times (90.253 - 20.956) = 2.685 \times 10^8 (元)$$

(2) DHT 据调查结果，因呼吸系统疾病增加的病假天数，城区达 4.868 天/人·年，清洁区为 0.832 天/人·年，城市劳动人口为 212 万人，其影子工资率以非农业人口创造的国民生产总值 23.16 元/天代替，则因患呼吸道疾病引起的误工生产损失（DHT）为

$$DHT = 212 \times 10000 \times 23.16 \times (4.868 - 0.832) = 1.982 \times 10^8 (元)$$

(3) DHD 肺癌患者提前死亡的损失。因提前死亡而造成的经济损失由提前死亡造成的工作年损失表示。目前，城市肺癌死亡者平均损失工作 15 年，共计损失 6795 个工作年（表 7-9）。按 1993 年职工创造的国民生产总值 8453 元/人·年来计算，则肺癌患者提前死亡带来的生产损失（DHD）为

$$DHD = 8453 \times 6795 = 0.574 \times 10^8 (元)。$$

大气污染引起的人体健康损失（DH）为 5.23×10^8 元。

表 7-9 15～60 岁各年龄段肺癌死亡工作年损失[1]

年龄段/岁	平均年龄/岁	年龄段人口比例/%	肺癌死亡率/(1/10 万)	肺癌死亡人数/人	生存到 60 岁工作年损失/年
15～20	17	14.48	1.82	10.21	439.08
21～25	23	11.53	2.88	12.87	476.16
26～30	27	7.82	1.32	3.99	131.67
31～35	33	8.45	22.13	72.46	1956.42
36～40	38	7.37	24.35	69.54	1529.88
41～45	43	5.99	27.48	63.78	1084.26
46～50	48	5.26	28.02	57.11	685.32
51～55	53	4.17	20.94	33.84	236.88
56～60	58	4.11	80.16	127.66	255.32
总计				451.49	6794.77

---

[1] 根据重庆市卫生局、市统计局资料推算。

2. 大气污染引起的农业损失的估算

影响农作物的主要污染物是二氧化硫和氟化物。由于氟化物排放量少，危害是局部的，这里主要考虑二氧化硫及酸雨的危害。有关研究证实，二氧化硫对植物的伤害阈值浓度在 $1\times10^{-8}\sim5\times10^{-8}$，相当于我国大气环境质量二级标准 0.06 毫克/立方米。重庆市现有的城市和城镇监测结果均超过此值，但县城附近危害相对较小，这里主要考虑城市九区农业在二氧化硫及酸雨污染下的经济损失。大气污染造成的农业损失表现为农作物减产引起农业生产力的下降，主要体现为粮食和蔬菜减产的损失。计算公式为

$$DA=DAV+DAG \tag{7-16}$$

式中，DAV 为大气污染引起蔬菜减产的损失；DAG 为大气污染引起粮食减产的损失。

(1) 蔬菜减产损失（DAV）　据调查，蔬菜因污染减产 30%～50%。据对豇豆、南瓜、冬瓜、海椒、丝瓜、小白菜、萝卜、菠菜、茄子等蔬菜的种植面积加权，蔬菜减产率达 24.4%。1993 年，重庆市污染区蔬菜种植面积 9781 公顷，平均产量为 30786 千克/公顷，当年鲜菜的平均价格为 0.85 元/千克，则因污染造成蔬菜减产的损失为

$$DAV=9781\times30786\times24.4\%\times0.85=0.624\times10^{8}（元）$$

(2) 粮食减产损失（DAG）　据对污染区 5 种主要粮食作物——水稻、小麦、玉米、红苕、豌豆等的减产调查发现，粮食作物受污染减产率达 14.4%～27.6%，平均减产率达 25.09%。目前污染区粮食种植面积达 21270 公顷，单产 32520 千克/公顷。1993 年重庆商品粮食平均价格为 1.41 元/千克，按原粮转为净粮的转化率为 75% 计算，则大气污染造成粮食减产的损失为

$$DAG=21270\times32520\times25.09\%\times75\%\times1.41=1.835\times10^{8}（元）$$

大气污染引起的农业损失（DA）为 2.459×10^{8} 元。

3. 大气污染引起的林业损失（DF）的估算

大气污染对林业的危害损失，包括森林产量减少的经济损失及森林生态效益受害的经济损失。计算式为

$$DF=DFW+DFE \tag{7-17}$$

式中，DFW 为森林减产的木材经济损失；DFE 为森林生态效益受害（非林产品）的经济损失。

据市林业局提供的森林死亡和受害面积资料，木材价格按 1993 年重庆原木价值 800 元/立方米估算，木材减产的总损失为 0.169×10^{8} 元，见表 7-10。

表 7-10　大气污染造成的木材损失

危害类型	面积/公顷	正常林材积率/（立方米/公顷/年）	损失率/%	木材损失量/（立方米/年）	木材价格/（元/立方米）	损失价值/元
死亡	800	4.74	100	3 792	800	0.030×10^{8}
受害	16 585.3	4.74	22.15	17 413	800	0.139×10^{8}
合计						0.169×10^{8}

近十几年来，人们逐步认识到森林的生态效益往往超出其木材的经济价值。据国内外生态学家测算，日本森林生态效益的经济价值占森林总效益经济价值的 90% 左右；美国森林生态效益经济价值占森林总效益经济价值的 92%。在我国云南，森林生态效益的经济价值占森林总效益经济价值的 94%；在山西，森林的生态经济价值占森林总价值的 91%。所以，重庆大气污染引起的森林生态效益受害的经济损失可计算为

$$DFE=0.169\times10^{8}\times9=1.521\times10^{8}（元）$$

则林业总经济损失（DF）为 1.69 亿元。

4. 大气污染引起的建筑材料损失（DB）的估算

重庆二氧化硫浓度高，空气湿度大，降水 pH 值低，酸沉降对金属材料、油漆涂料和非金属建筑材料腐蚀严重。据研究，重庆的金属腐蚀率比国内其他城市高出几倍，室外油漆涂料使用寿命仅为正常状态的一半乃至三分之一，非金属建筑材料的抗折、抗压强度及其他力学性能也有所下降。据酸沉降对材料腐蚀危害的研究成果，建材中以钢材和室外油漆涂料受腐蚀最严重。碳钢容易遭腐蚀，一般采用镀锌和涂漆的方法进行保护，室外油漆涂料主要用于保护钢材，被腐蚀后需重新涂漆。这里我们只计算镀锌钢和油漆被破坏的经济损失。计算式为

$$DB = DBS + DBP \tag{7-18}$$

式中，DBS 为镀锌钢被破坏造成的经济损失；DBP 为油漆被破坏造成的经济损失。

镀锌钢由镀锌层和碳钢基体（裸钢）组成，镀锌层被破坏剥落后，裸钢继续使用，腐蚀速度加快。

$$DBS = M + DBSN \tag{7-19}$$

镀锌钢镀锌层的损失为

$$M = B \cdot C \cdot D \left(\frac{1}{D} - \frac{1}{E} \right) \tag{7-20}$$

式中，M 为镀锌层每年腐蚀经济损失；DBSN 为碳钢基体腐蚀的经济损失；B 为材料消费量；C 为材料加工单价，元/吨 D 为污染区材料使用寿命，年；E 为清洁区材料使用寿命，年。

城市镀锌钢消费量（B）：1993 年全市钢材消费量 107.6 万吨，其中城市为 71 万吨。据重庆电镀协会资料，镀锌钢占钢材的 18%，用于室内室外的镀锌钢约各占一半，由此推算，污染区域镀锌钢消费量为 12.8 万吨，用于室内和室外的各 6.4 万吨。

镀锌钢加工价格（C）：据重庆市建委 1993 年公布的镀锌钢平均价格约为 5500 元吨，而未加工的碳钢平均价格为 4100 元吨，由此推算镀锌钢的加工价格为 1400 元吨。

镀锌层平均寿命：据挂片试验结果推算，直接暴露（室外），在污染区为 4 年（D_1），在对照点为 12 年（E_1）；遮雨暴露（室内），污染区为 8 年（D_2），对照点为 26 年（E_2）。

镀锌层直接暴露引起的损失为

$$6.4 \times 10000 \times 1400 \times 4 \, (1/4 - 1/12) = 0.597 \times 10^8 \text{（元）}$$

镀锌层遮雨暴露引起的损失为

$$6.4 \times 10000 \times 1400 \times 8 (1/8 - 1/26) = 0.620 \times 10^8 \text{（元）}$$

以上两项碳钢基体腐蚀的经济损失（M）为 1.217×10^8。

据碳钢暴露试验结果，其平均寿命，在直接暴露时，在污染区为 3 年（D_3），对照点为 7 年（E_3）；在遮雨暴露时，在污染区为 7 年（D_4），对照点为 16 年（E_4）。

碳钢基体直接暴露引起的损失为

$$6.4 \times 10000 \times 4100 \times 3 \times (1/3 - 1/7) = 1.499 \times 10^8 \text{（元）}$$

碳钢基体遮雨暴露引起的损失为

$$6.4 \times 10000 \times 4100 \times 7 \times (1/7 - 1/16) = 1.476 \times 10^8 \text{（元）}$$

碳钢基体共计损失（DBS_n）为 2.975×10^8（元）

油漆涂料经济损失（DBP）估算：根据重庆油漆涂料挂片耐蚀实验结果，中档油漆在污染区平均使用寿命为 1 年左右，而在清洁对照区使用寿命为 2 年有余。1993 年，重庆油漆消费总量约 3.7 万吨，通常钢材用漆量占涂漆总量的 50% 左右，单位面积（1 平方米）用漆量以 0.6 千克计，则重庆每年涂漆钢总面积为 3.08×10^7 平方米。据调查，涂漆钢约有 15% 用于室外，假定涂漆钢在城市和农村的面积比与城乡钢材消费量比例相同，则污染区域室外

涂漆钢面积为 3.05×10^6 平方米/年。

根据 1993 年化工产品价格，醇酸树脂漆类、氨基树脂漆类等常用中档漆的平均价格为 14 元/千克，不同规格钢材表面处理难易程度不一样，通常涂漆钢材的操作工时费为油漆费用的 2 倍。即每平方米油漆钢的费用为 25.2 元。则油漆涂料经济损失为

$$DBP = 3.05 \times 10^6 \times 25.2 \times 2(1/1 - 1/2) = 0.7686 \times 10^8 (元)$$

以上建筑材料总损失（DB）为 4.9606×10^8 元。

5. 大气污染增加的清洗费用（DC）的估算

大气污染增加了家庭的清洗费用，也使城市建筑物外观又脏又黑，影响建筑物美学质量。同时也增加了家庭和市政设施的清洗费用。计算式为

$$DC = DCH + DCR \tag{7-21}$$

式中，DCH 为家庭清洗费用；DCR 为城市房屋外观清洗费用。

（1）家庭清洗费用　生活常识告诉我们，家庭清洁工作与降尘量密切相关。重庆降尘污染较小的郊县与城市降尘量一般相差 1.5 倍。据统计抽样调查，重庆城市职工平均每天家庭清洗时间为 25 分钟，我们有理由相信，清洗时间与降尘量成正比，即郊区县清洗时间为 10 分钟/人·天。据此推算每年每个劳动者家庭清洗时间（每天 8 小时计），城市为 19.2 天，远郊农村为 7.6 天。家庭清洗时间都安排在下班之后，在过去其机会成本很低，但随着市场经济的发展，人们用于经商、从事第二职业、学习技术等的人数比例增加，可以用平均的工资水平来代表其机会成本。职工平均工资水平为 8.62 元/天，城市劳动人口 212 万，则增加的家庭清洗费用为

$$DCH = 212 \times 10000 \times (19.2 - 7.6) \times 8.62 = 2.119 \times 10^8 (元)$$

（2）城市房屋外观清洗费用　大量降尘和酸雨使建筑物表面变脏变黑，已经引起政府和市民的注意，有的建筑已采用高级不附灰耐腐的建筑材料。但近几年，政府有关部门明确要求，对沿街大道两侧房屋因污染而影响城市景观的，必须定期进行清洗。目前城区房屋面积约 6000 万平方米，假定 5% 的房屋临街，因大气污染需要每年清洗 1 次，每年房屋的清洗面积约 900 万平方米，目前清洗费用为 3～5 元/平方米，以 4 元/平方米计，则每年增加的清洗费用为

$$DCR = 900 \times 1000 \times 4 = 0.36 \times 10^8 (元)$$

以上大气污染所增加的清洗费用（DC）为 2.479×10^8 元。

6. 能见度降低引起的交通运输损失的估算（DT）

重庆河流纵横，水汽蒸发显著，大气层结稳定，工业排放的凝结核丰富，有利于雾的生成。重庆因雾日多而"闻名"中外。1951～1980 年统计平均雾日为 69.3 天，居国内大中城市之首。研究表明，随着城市和工业的发展，雾日有增长趋势，能见度明显变坏。20 世纪 80 年代与 50 年代相比，能见度低于 50 米的零级雾占总雾日的比例由 25% 上升到 37%。颗粒物及二氧化硫等凝结而成的酸雾，较一般雾危害更甚。生成的雾引起能见度下降对人民生产和生活影响极大，特别是能见度下降对交通运输的影响。每年 10 月至次年 1 月的雾日占全年的一半，多为浓雾，持续时间长，给公路交通运输、内河水上运输及航空运输都带来很大影响。重庆原白市驿机场处于多雾地区，每年冬季大部分时间飞机不能正常起降，甚至连续多日闭港，造成转场、返航、延迟直至取消航班飞行，严重影响重庆对外开放和交往。1990 年建成的江北新机场，完善了服务设施，建立了双向仪表（盲降）系统，已经很少发生遇雾日不能正常飞行的情况，虽增加了投资，但也是飞行安全的需要。因此，雾造成飞行的损失暂时还不便计算。计算公式如下。

$$DT = DTH + DTW \tag{7-22}$$

式中，DTH 为雾对公路运输造成的经济损失；DTW 为雾对水上运输造成的经济损失。

雾对公路汽车运输造成的经济损失（DTH）：秋冬酸性浓雾一般在凌晨4～7时形成，持续至10时以后消散，若遇上能见度小于50米的零级雾，绝大部分机动车辆不能正常行驶。据统计早上8时能见度小于50米的雾日每年有10天左右（取10计算），早晨晚发车2小时，造成交通堵塞、交通事故增加，职工不能正常上班，旅客不能正点到达目的地。1993年重庆市拥有民用汽车84521辆，早晨有1/3的车辆出行，每台车因误车损失运输收入50元，则误时发车的经济损失为

$$DTHT=10\times84521\times1/3\times50=0.1409\times10^8（元）$$

冬季乘客因浓雾误时2小时，大雾期间平均只有一半职工乘车（106万人次），1993年人均每日创造国民生产总值23.16元（2.9元/小时），则全年因雾的影响而耽误乘车造成的生产损失为

$$DTHP=10\times106\times10^4\times2\times2.9=0.615\times10^8（元）$$

能见度对水上客运损失的估算（DTWT）：因大雾而造成不能及时开航的行船日，每年有50～60天。雾日因能见度差也易造成海损事故，雾日造成的海损事故每年在5次以上。据调查，每年有20日以上因大雾影响客轮按时启程，平均误时4小时，1993年拥有机动运输船1285艘，早上约1/4出行，因误时损失200元。则因误时的运输损失为

$$DTWT=20\times1285\times1/4\times200=0.0129\times10^8（元）$$

1993年每天早上有水上乘客2.6万人次，假定乘客中80%的人能创造劳动价值，则20天大雾引起的生产损失为

$$DTWP=20\times2.6\times10^4\times80\%\times4\times2.9=0.048\times10^8（元）$$

以上能见度下降引起的经济损失（DT）为0.817×10⁸元。

三、结论

通过以上计算和分析，得出如下结论。

（1）1993年，重庆市大气污染造成的经济损失为17.65亿元。在损失项目中，大气污染引起的人体健康损害的损失最大，占30%；其次为建筑材料损失，占28.1%，详见表7-11。

（2）1993年重庆市大气污染造成的经济损失占当年GNP的4.42%，大大高于美国大气污染损失占GNP的比例1.1%。大气污染造成的损失占当年全市财政收入的29%，每个城市居民分摊的大气污染损失达456元/年。

表7-11　重庆市1993年大气污染损失估算结果汇总表

损失项目		损失价值/亿元	损失比例/%
人体健康损失	医疗费用	2.685	15.33
	误工生产损失	1.982	11.23
	癌症提前死亡损失	0.574	3.25
农业损失	蔬菜受害损失	0.624	3.53
	粮食生态损失	1.835	10.40
林业损失	木材减产损失	0.169	0.96
	森林生态损失	1.521	8.62
建筑材料损失	镀锌钢损失	1.217	6.90
	碳钢损失	2.975	16.86
	油漆涂料损失	0.7686	4.36
清洗费用增加	家庭清洗用工损失	2.119	12.01
	建筑物清洗费用	0.36	2.04
能见度降低对交通损失	公路运输损失	0.7556	4.28
	水路航运损失	0.0612	0.35
合计		17.65	100

（3）随着全市经济的高速发展，如果不采取强有力的污染控制措施，大气污染造成的损失将达到惊人地步。根据价格随时间变化的经济规律，全社会的污染损失将按社会贴现率作复利增长。若按12％的损失增速率计算（等于1993年原国家计委、原建设部确定的建设项目的社会贴现率），至2000年，全市大气污染造成的经济损失达39亿元，较1993年增长121％。"九五"期间大气污染总损失为157.54亿元，达到十分惊人的地步，见表7-12。因此加强大气污染防治，不仅具有明显的环境效益，更有巨大的经济效益和社会效益。

表7-12　重庆市大气污染造成的经济损失及预测　　　　　　　单位：亿元

年份	经济损失	年份	经济损失
1993	17.65	1997	27.77
1994	19.77	1998	31.11
1995	22.14	1999	34.84
1996	24.8	2000	39.02

思　考　题

1. 试述环境资源的总经济价值的各组成部分及其各自特点。

2. 试述各种环境经济评价方法的适用范围、存在的问题和局限性。

3. 一般来说，CV法在计量非市场物品和服务方面比其他方法具有优势，因为它是唯一能够把非使用价值和使用价值结合起来的方法。请讨论CV法的优缺点。

4. 下面是关于同一场景的不同描述。

（1）一条河流翻滚着浪花穿过森林覆盖的山谷，流过满是岩石的峡谷，奔向大海。某省水电委员会视该瀑布为未加利用的能量。在这一峡谷上建一座水坝能为1000人提供3年的就业机会，且能为30个人提供长期就业机会。水坝能贮藏足够的水，确保该省能够非常经济地应付未来10年的能源需求。而且，这还有利于能源密集型产业的建立，由此对就业和经济增长会做出进一步的贡献。

（2）未开发的河谷地带不仅适于适度开发，而且它也是乡野漫步的好地方。河流本身吸引着更加大胆的浅滩漂流者。隐蔽着的山谷深处是长势茂盛的稀有的富兰克林氏泪柏，许多树已有1000多岁。山谷和峡谷是许多鸟类和兽类，包括山谷外鲜见的濒危袋鼠的家园。那里还可能有其他珍稀的动植物，但人们一无所知，因为科学家尚未对该地区进行充分的考察。

在现实中，我们必须在大相径庭的价值体系中间做出选择。请问你是如何选择的，你认为应当为了发电而在该峡谷上建一座水坝吗？

第八章　环境政策手段分析

第一节　环境政策手段概述

几乎所有的环境政策都包含两部分内容，一是整体目标（或者是一般性目标，或者是具体目标）的识别；二是实现这个目标的手段。具体而言，这里的手段就是指引导或促使政策管理对象采取期望行为的具体措施。环境政策手段通常是指政府为控制或消除社会造成的负面环境影响所采取的措施。实际上，由于目标的选择和实现目标的机制都有着重要的政治影响，因此，经常将这两个组成部分与政治进程联系起来。

一、环境政策手段的分类

遵循全面性和简单化的原则，依政府管制的程度对政策手段进行分类。按照政府直接管制程度的从高到低，将环境政策划分为命令控制、经济刺激和劝说激励三类。实际上，每项政策手段都可能会涉及全部三类手段，这种分类只是为了便于更深入地分析和讨论，而不是一种固定的模式，一般根据政策主要内容的偏向进行归类。我国现有环境政策手段分类见表 8-1。

表 8-1　政策手段分类

政策手段	内容
命令控制类手段	标准、禁令、行政许可证制度、区划、配额、使用限制等,如污染物排放标准、污染物排放总量控制、环境影响评价制度、"三同时"制度、限期治理制度、排污许可证制度、污染物集中控制制度、环境规划制度等
经济刺激类手段	可交易的许可证、补偿制度、排污收费(如排污费、使用费、资源环境补偿费)、税收制度(如二氧化硫、产品税、燃煤税、气候变化税)、削减市场壁垒、罚款、信贷政策、环境基金、赠款和补贴、降低政府补贴、加速折旧、环境责任保险、押金-返还、环境行为证券和股票等
劝说激励类手段	道德教育(采用教育、宣传、培训等方法)、信息公开、公众参与、激励、协商等

二、环境政策手段的评价标准

在设计环境政策手段的评价标准时，采取的指标一般是政策目标的实现程度。所有的评价，都围绕政策目标展开；所有的标准，也都用来衡量目标实现的各方面效果，包括实现目标的程度（确定性标准）、实现目标的效率、能否持续改进（包含了用时间尺度去衡量实现目标好坏的概念）以及公平性等；以此评价环境政策手段是否能真正为政策目标服务。

1. 确定性标准

（1）控制的程度　即对政策对象的反应、政策目标实现多少、实现与否的掌控程度。控制的程度越高，就代表其确定性越强。

命令控制手段运用标准或规定直接作用于控制对象，当惩罚和监管力度足够时，政策制定者对政策对象的行为及政策的结果能够有明确的预期，即具有确定性。

经济刺激手段通过改变市场信号来间接影响、调节政策对象的行为。经济刺激手段不是直接管制政策对象，其政府管制程度低于命令控制手段，其结果又受到很多其他因素（如市场的成熟度、完善程度）的影响，因此该政策手段的控制程度较小，确定性较低。

劝说激励手段运用宣传教育改变政策对象的思想观念，或者说是主观偏好，来影响政策对象的自主选择。该手段不具有强制性，并且缺少相应的经济刺激，其结果具有很大的不确定性，从短期来看，其控制程度最小，确定性最低。

（2）见效时间　政策见效所需要的时间各不相同。环境政策手段的评判标准，需要考虑到时间因素。比如命令控制手段，从政策付诸实施开始，政策对象的行为就必须做出相应的改变，因此，政策见效快。而对经济刺激手段，由于政策对象对市场信号做出适当反应需要一段时间，因此其见效相对较慢。对劝说激励手段，若是通过形成社会压力促使政策对象改变行为，则由于社会压力的形成需要较长时间，而政策对象对此做出反应也需要一定的时间，因此需要较长的时间才能见效；若是通过改变政策对象的价值观进而改变其行为，政策见效的时间则更长。因此，劝说激励手段的见效时间相对较长。

2. 经济效率标准

环境政策的最终目标是环境质量的改善以及受体的保护，中间目标是污染物达标排放、污染物排放总量控制、清洁生产等。如果一项环境政策手段虽然能改善一定的环境质量，但是需要花费较高的管理成本，那么它就不是有效的环境政策手段。

经济效率标准是建立在政策的费用-效益分析或费用-效果分析的基础之上的，用经济净现值或内部收益率等指标来衡量。经济效率是指环境政策手段实现目标的效率，即是否能以尽可能高的效率达到政策目标；是指政策在执行中能够取得的效果与其耗费的费用（包括直接成本、管理或执行成本、其他成本等所有资源的数量）的比较。政策效率的高低，既与政策本身的优劣相关，也与政策执行机构的综合能力和管理相关。制定政策效率标准的目的是衡量一项政策要达到某种产出、投入的资源量或制定的政策所能达到的最大作用，表示为政策效益和投入量之间的关系或比例。政策效率标准经常以单位成本所能产生的最大价值或单位价值所需要的最小成本为评估的基本形式。

3. 持续改进标准

持续改进标准衡量的主要是环境政策手段产生效果的深化程度，即能否对个人及组织产生持续的刺激，促使他们不断地降低环境损害，达到更高的环境质量标准。比如命令控制手段，在得到有效实施的前提下，政策对象会调整其行为以符合政策的要求，但他们的努力只会到此为止。也就是说，命令控制手段提供的是一次性的硬约束，不能为政策对象提供持续改进的动力。如果经济刺激手段设计较好的话，能够引导或促使政策对象不断改善自己的行为。由于政策对象行为越改善，带来的经济利益越大，所以政策对象会不断被激励，因此其持续改进的效果较好。若采用如信息公开这类的劝说激励手段，由于单个社会主体的形象在一定程度上取决于与其他社会主体的比较（比如在污染评级中，有某个企业被评为最重污染的等级），那么这种政策手段就会为社会主体改进其行为进而为改善自我形象提供持续动力；如果采用舆论宣传、知识教育等手段，就能够有效地影响社会主体的价值观念，这种价值观念的改变也会成为社会主体的一种自律力量，长久地影响其行为，持续改进性强。

4. 公平性标准

公平性标准考虑各项环境政策手段的实施在不同主体间产生的分配效果。这既涉及代内公平，又涉及代际公平。就某项政策而言，如果它符合效益、效率标准，却不符合公平性标准，那么它也不是一项成功的政策。环境政策手段的特殊性在于，既要注意代内公平，还要注意代际公平。

具体的公平性标准包括横向公平和纵向公平两方面。横向公平是指凡自政府得到相同利益者应负担相同的税费；纵向公平是指凡自政府所得利益不同者应当负担不同的税费。这两项公平性标准都用来衡量政策手段产生的影响在目标对象之间分布的均衡性。不公平的政策手段一方面会造成污染负荷的重新分布，另一方面也会产生新的市场扭曲。这两方面涉及同一手段在消费者和生产者之间的公平问题，同一手段在不同厂商之间的公平问题，不同地域之间的公平问题，国际之间的公平问题等。

三、环境政策手段分析的一般模式

首先是政策目标分析，需要分析具体的指标、指标的测量以及指标的政策含义，这样才能为环境政策手段提供"支点"，进而分析单项政策手段是否适用于政策对象等。其次是类别符合性分析，看其是否满足其所属政策手段类别的原理和标准，单项的政策手段只要满足其所属类别的原理和标准即可。再次是用政策手段的评判标准评判该政策手段。最后是通过政策手段的选择与组合更好地实现政策目标。具体过程如图 8-1 所示。

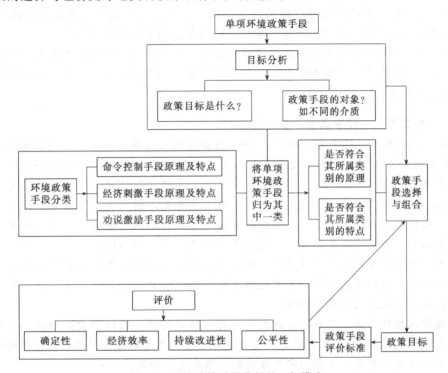

图 8-1　环境政策手段分析的一般模式

第二节　命令控制手段分析

一、定义

命令控制手段是指国家行政部门通过相关的法律、法规和标准等，对生产者的生产工艺或使用产品进行管制，禁止或限制某些污染物的排放，把某些活动限制在一定的时间或空间范围，最终影响排污者的行为。命令控制是最常见的解决环境问题的方法，在我国环境政策中的运用也最为广泛。

命令控制手段一般都是直接规定或命令来限制污染物排放，不管是直接规定污染物排放量还是间接规定生产投入或消费前端过程中可能产生的污染物数量，最终都是为了达到保护环境的目的。命令控制常与标准联系在一起，常见的标准包括污染物排放标准、环境质量标准等。标准是命令控制手段的基础。首先，标准看起来简单而直接，设定了明确具体的目标。其次，标准也迎合了人们的某种道德观，即环境污染是有害的，政府应视其为非法行为。另外，现有的司法系统可以界定并阻止非法行为，这极大地方便了标准的实施。可见，命令控制手段的作用机理是先确定一个政策目标，然后强行要求或禁止政策对象采取某种特定的行为，从而达到政策目标。

二、命令控制手段的特点

首先，理想的命令控制手段要有明确的法律依据，以保证其权威性和强制性。在制定法律依据的时候，需要考虑到法律设计的合理性，否则虽然能保证强制性，却难以保证命令控制手段的执行效果，甚者助长消极因素。比如，标准设定过于严格，超过社会当时可能达到的最高水平，目标不切实际，强制力又过大，其政策执行可能会导致地方政府、企业提供虚假统计数据来逃避责任，或者产生逆反心理，反而不利于环境政策目标的实现。

其次，命令控制手段需要有严格的处罚措施。如果命令控制手段的处罚不够明确和严格，那么违法成本过低，威慑力不足，难以保证命令控制手段目标的实现。

再次，命令控制手段需要较强的政策执行能力。例如，政府部门有无能力检查政策手段的执行情况，有无能力给予应有的处罚，如果没有良好的监督和制裁能力，则难以保证命令控制手段得到充分执行。

> **【专栏】抗击雾霾——辽宁首开"雾霾罚单"❶**
>
> 2013 年 10 月末，辽宁省依据 2012 年 5 月公布的《辽宁省环境空气质量考核暂行办法》，首次确立了对下级城市空气质量超标的处罚机制，辽宁省已经对 8 个城市开出罚单，罚缴总计 5420 万元，其中，沈阳 3460 万元，大连 160 万元，鞍山 780 万元，抚顺 160 万元，本溪 20 万元，营口 40 万元，辽阳 500 万元，葫芦岛 300 万元。辽宁省环保厅表示，罚缴资金将全部用于蓝天工程治理大气污染。本次考核依据旧的空气质量标准指标，考核对象暂定为二氧化硫、二氧化氮和可吸入颗粒物（PM10）。按照旧的空气质量标准的二级标准考核日平均浓度值。2014 年年初，全国 74 个城市首先开始实施新的空气质量标准，指标变成六项，其中包括了备受关注的 PM2.5，但辽宁省除沈阳和大连外，其他城市还未正式实施新标准。
>
> 根据考核暂行办法，三项污染物中每天有一项超标的，将给予黄色通报，如果二氧化硫或二氧化氮日超标 0.25 倍以上，或者 PM10 日均浓度超标 0.5 倍以上，将给予红色通报，并相应惩处有关城市需制定整改措施，限期进行整改。
>
> 在之前治理辽河重度污染时，采取断面补偿的办法，对每个城市，每个县河流的断面进行监测，超标则进行罚款，将罚款用于补偿下游受污染企业和居民。

三、我国已实施的命令控制政策分析

命令控制手段的存在方式有很多种，如标准、禁令、许可证制度、区划、配额、使用限制等。我国的命令控制手段在环境管理手段中占主导地位。我国现有的命令控制政策见表 8-2。

表 8-2　我国命令控制政策分类

命令控制手段	事前控制	环境规划、环境影响评价制度、"三同时"制度等
	事中控制	排污许可证制度、总量控制制度等
	事后控制	限期治理制度、关停并转手段、污染限期治理等

1. 环境影响评价和"三同时"政策分析

在《环境影响评价法》（2003 年）中规定，实施环境影响评价的目的，是为了实施可持

---

❶ 来源：新京报. 辽宁雾霾治理 8 市共计被罚 5420 万. http：//he. people. com. cn/n/2013/1211/c192235-20119850. html. 2007-09-29.

续发展战略，预防因规划和建设项目实施后对环境造成不良影响。在法律中虽然没有明确提及"三同时"的政策目标，但在其定义中提到"三同时"指新建、改建、扩建项目和技术改造项目以及区域性开发建设项目的污染治理设施必须与主体工程同时设计、同时施工、同时投产的制度。这就体现了其"预防环境污染"的政策目标。总的来说，这两项政策的目标比较明确。这两项政策都较好地体现了命令控制手段的原理和特点。首先，这两项政策手段都有法律依据；其次，都有处罚措施；再次，都有审批权限，政府执行此政策手段的能力强。在评判标准方面，环境影响评价和"三同时"都具有很强的确定性。由于是事先控制，其经济效率高于其他的命令控制手段，但与经济刺激手段和劝说激励手段相比，其经济效率还有提升的空间。在持续改进方面，不如其他两类手段。

2. 污染限期治理政策分析

污染限期治理政策的目标是通过政府强制的手段，对污染严重的企事业单位规定期限，令其完成应负的环境保护责任。限期治理制度希望能在较短的时间内集中治理企业污染。其政策对象是严重污染的企事业单位，政策目标较明确。污染限期治理制度是我国一项重要的命令控制政策，该制度与污染集中控制制度相辅相成，特别是在对重点污染源防治方面发挥着积极而重要的作用。

【专栏】山东省潍坊市环境保护局关于重点废弃污染源限期治理达标的通知

2013 年，山东省潍坊市环保局依据《山东省区域性大气污染物综合排放标准》以及火电、钢铁、建材、锅炉、工业炉窑等 6 项地方环境标准，肯定了昌乐县环保局在督促企业迅速行动，提前实施治理设施升级改造取得的成效的同时，对其下发了《潍坊市环境保护局关于重点废弃污染源限期治理达标的通知》（附有在线检测烟气超标应实施限期治理企业名单），要求昌乐县环保局对不达标企业立即依法报请当地政府实施限期治理；企业限期治理完成后 7 个工作日内将有关验收材料报市局备案。该措施对督促昌乐县环保局及时完成废弃污染源限期达标任务具有积极作用，同时也为昌乐县环保局的工作开展提供了政策依据。

总体而言，污染限期治理的确定性较好，但经济效率相对不高，公平性和持续改进性也不够好。

3. 污染总量控制分析

通常情况下，总量控制制度与许可证制度、限期治理制度配合使用。从总体看，我国的污染总量控制制度还处于起步阶段。2014 年，《北京市大气污染防治条例》已确定实施削减存量与控制增量相结合的"双控制度"，在治理大气污染的措施上实现了由单纯的浓度控制向浓度与总量控制并重转变，明确了对机动车数量和燃煤总量进行控制。福建省首个海洋环境保护规划《福建省福清市海洋环境保护规划》针对海洋环境污染整治提出，到 2015 年，企业生活污水接入率和城镇污水处理率均不低于 90%。沿海地区构建起较完善的污水垃圾处理系统，完成重点工业污染企业环保在线监控。

4. 排污许可证制度分析

排污许可证制度的政策目标是促进"达标排放"和污染源排放总量控制，提高排污削减的确定性。因此，其政策目标明确。

许可证是一个"打包"的制度体系，将排污申报、环境标准管理、环评、环境监测、排污口管理、环保设施监管、排污收费、限期治理等制度以及违法处罚等方面的规定集合在一起，体现在一份"许可证"上面，通过排污许可证将排污者应执行的有关国家环境保护的法律法规、标准和环保技术规范性管理文件等条件要求具体化，明确到每个排污者，根据许可证对各排污者的排污行为提出具体要求，是实现污染源稳定达标排放的比较有效的命令控制手段。

我国的排污许可证制度还处于初始阶段。首先，我国排污许可证制度的相关法律尚不完善，从法律规定来看，仅就污染物的排放规定了申报登记要求，具体执行细则尚需进一步明确规定。其次，惩罚力度相对较小，对没有使用排污许可证的企业，尚未形成足够的惩罚威慑。最后，适用范围有限，执行能力尚待加强。

【专栏】工业和信息化部针对淘汰落后产能所采取的多项措施

加快淘汰落后产能是转变经济发展方式、调整经济结构、提高经济增长质量和效益的重大举措，是加快节能减排、积极应对全球气候变化的迫切需要，是走中国特色新型工业化道路、实现工业由大变强的必然要求。

工业和信息化部以电力、煤炭、钢铁、水泥、有色金属、焦炭、造纸、制革、印染等行业为重点，按照《国务院关于发布实施〈促进产业结构调整暂行规定〉的决定》（国发〔2005〕40号）、《国务院关于印发节能减排综合性工作方案的通知》（国发〔2007〕15号）、《国务院批转发展改革委等部门关于抑制部分行业产能过剩和重复建设引导产业健康发展若干意见的通知》（国发〔2009〕38号）、《产业结构调整指导目录》以及国务院制定的钢铁、有色金属、轻工、纺织等产业调整和振兴规划等文件规定的淘汰落后产能的范围和要求，按期淘汰落后产能。

2012年6月16日，按照《国务院关于进一步加强淘汰落后产能工作的通知》（国发〔2010〕7号）和《关于下达2012年19个工业行业淘汰落后产能目标任务的通知》（工信部产业〔2012〕159号）要求，工业和信息化部公布了2012年炼铁、炼钢、焦炭、电石、铁合金、电解铝、铜冶炼、铅冶炼、锌冶炼、水泥、平板玻璃、造纸、酒精、味精、柠檬酸、制革、印染、化纤、铅蓄电池19个行业淘汰落后产能企业名单（第一批）。2012年9月6日，按照相关通知要求，工业和信息化部继续公布2012年工业行业淘汰落后产能企业名单（第二批）。

2013年9月16日，根据《国务院关于进一步加强淘汰落后产能工作的通知》（国发〔2010〕7号），依据《工业和信息化部关于下达2013年19个工业行业淘汰落后产能目标任务的通知》（工信部产业〔2013〕102号），工业和信息化部公布了2013年度工业行业淘汰落后产能企业名单（第三批）。

从上述分析可以看出，我国的命令控制型环境政策是以强化行政管理为特点的，重视自上而下的行政强制管理。我国的命令控制政策偏重行政，还需要进一步发挥市场和市场本身的自我规划、自我控制、自我完善机制。因此，要想使我国的命令控制政策取得更好的效果，就需要从控制目标出发，筛选和明确主要的制度，提高立法的质量和效率，更加注重制度间的衔接，建立健全监测监督和惩罚机制，保证政策的执行效果。在命令控制政策类型的选择方面，我国应进一步倾向于环境污染和资源浪费、破坏的源头控制，即事前控制型命令控制政策，如规划、环评、"三同时"等，引导排污者建立自我规划、自我控制、自我完善的管理模式，使命令控制的对象从最终污染物转移到原料、生产过程等，把末端治理前移、上移。

在实践中，大多数国家首先倾向使用命令控制政策，进而考虑使用经济手段。据经济合作与发展组织（OECD）1989年的第一次调查显示，已有14个成员国使用150多种经济手段管理环境；此后一直追踪其成员国不断增加的经济手段的应用，并于1992～1993年更新了调查。虽然经济刺激手段在不断发展，也受到越来越多的重视，但命令控制手段在环保领域的主要地位并没有动摇。

第三节　经济刺激手段分析

一、定义与分类

只要当某种手段的应用足以影响到经济当事人对可选择行动的成本进行评估时，该手段便可成为"经济刺激手段"(根据 OECD 的观点)。它与命令控制手段的不同在于,经济刺激手段是与成本-效益相联系的,对经济主体具有刺激性而非强制性,使经济主体以他们认为最有利的方式对某种刺激做出反应。因此,经济刺激手段可以定义为政府管理当局从影响成本-效益入手,影响经济当事人的选择意向,最终有利于环境改善的一种政策手段。经济刺激手段也需要法律法规的支持,具有间接强制性。

经济刺激手段可以分为创建市场和利用市场两种类型,即科斯手段和庇古手段。科斯手段包括产权/分散权力、可交易的许可证、国际补偿制度;庇古手段包括补贴/减少补贴、环境税、排污收费、押金-退还制度、专项补贴等。

1. 收费制度

包括污染收费、产品收费等类型。污染收费是按污染物排放总量进行收费的制度。实施收费制度的国家或地区较少,如日本、波兰和我国台湾地区,且日本的排污收费具有补偿性质,属责任补偿范畴。波兰对火电厂排放的二氧化硫实行总量收费,但分段进行,对达标和不达标的排放量区别对待。

2. 可交易的许可证制度或排污权交易

排污权交易是在一个有额外排污削减份额的公司和需要从其他公司获得排污削减份额以降低其污染控制成本的公司之间的自愿交易。该项政策着眼于那些以转让为基础的污染控制项目,因此,能够在降低总的(区域或公司)污染控制成本的同时使区域环境状况得到改善。排污权交易还伴有其他的好处,由于排污权交易利用了私有企业解决污染和生产的创造力,因此,经合适的设计和实施,排污权交易同传统的管理政策相比,能够更多、更快地实现污染物排放的削减。排污权交易计划的灵活性使得商人们能够评价他们的最佳控制方案,如选择内部控制或通过市场同其他人合作取得排污削减,同时,也向公众保证了他们履行排污削减的责任。

需注意的是,排污权是有限的权力。例如,在美国 1990 年《清洁空气法案修正案》(CAAA)中规定,"许可"指行政官❶根据该法案分配给受影响的装置的授权,该授权允许在规定年限内或者之后可以排 1 吨二氧化硫。还规定"根据本章分配的许可是一个排放二氧化硫的有限的许可,该许可不构成产权,本章中的任何条款或本法中的任何其他规定都将不能限制合众国终止或限制这种权力的权威。"

3. 生态补偿制度

在 1992 年联合国《里约环境与发展宣言》及《21 世纪议程》中表述为"在环境政策制定上,价格、市场和政府财政及经济政策应发挥补充性作用;环境费用应该体现在生产者和消费者的决策上;价格应反映出资源的稀缺性和全部价值,并有助于防止环境恶化。"毛显强等将生态补偿定义为:"通过对损害(或保护)资源环境的行为进行收费(或补偿),提高该行为的成本(或收益),从而激励损害(或保护)行为的主体减少(或增加)因其行为带来的外部不经济性(或外部经济性),达到保护资源的目的。❷"西方国家生态补偿范围很广,特别是在欧盟,几乎囊括了所有对环境友好的生产措施,但欧盟这种补偿政策是与其强大的经济实力密切相关的,从经济条件看,目前我国还不具备全面实施生态补偿的条件。

建立生态保护补偿政策的基本原则❸

①"谁保护、谁受益"原则。

②"谁受益、谁付费"原则。

---

❶ 梁睿. 美国清洁空气法研究. 青岛:中国海洋大学, 2000.

❷ 毛显强,钟瑜,张胜. 生态补偿的理论探讨. 中国人口. 资源与环境, 2002, 12 (04):38~41.

❸ 沈满洪. 资源与环境经济学. 北京:中国环境科学出版社, 2007:313, 316~317.

③"保证大局、兼顾小局"原则。

④"以点带面、发展优先"原则。

党的十八届三中全会提出:"建设生态文明,必须建立系统完整的生态文明制度体系,用制度保护生态环境。要健全自然资源资产产权制度和用途管制制度,划定生态保护红线,实行资源有偿使用制度和生态补偿制度,改革生态环境保护管理体制。"

目前,生态补偿资金的筹集方式主要有政府财政转移支付、生态受益者付费、生态使用者付费、社会捐赠、国际援助。此外,一些非官方国际环境组织经常以捐赠的方式,资助发展中国家开展"生物多样性""湿地环境保护"等项目,由于无须偿还,这类小额资金更适用于贫困地区的环境保护。

4. 补贴/减少补贴

补贴是税收的对立物,理论上它可以为环境问题的解决提供激励。如意大利补贴固体废弃物的回收,并且支持工业界致力于削减废物。荷兰补贴工业部门,鼓励对污染控制设备的研究及安装。德国用来自公众预算的税收资助其补贴计划,这些补贴计划可以有两个目的,一是促进环境保护目标的实现;二是帮助因污染控制系统突然的额外的资本需求而在现金上遇到问题的厂商。美国政府已经为市政水处理厂的建设提供补贴。

5. 环境税

环境税的实施,需要有足够大的税基。环境有一定的自净能力,通常可通过实行环境标准达到控制污染和环境资源优化配置的目的,只有当某一区域的环境资源十分稀缺,即使所有排污单位都达标排放,仍不能防止生态恶化时才需考虑实行环境资源有偿使用政策,在这种情况下税基才足够大,才适合征收环境税。征收环境税的目的,应当是使税收与环境保护更好地结合起来。如日本的化石能源税。通过征收此税,获得一定的收入,但是此收入不纳入一般财政预算,而是作为环境保护的专项资金来使用,政策目标很清晰。

历时两年,经过几轮博弈和波折,旨在调节矿产资源收益合理分配的澳大利亚资源税改革法案,于 2012 年 3 月 19 日获得议会通过。此法案主要针对煤炭、铁矿石和海上油气资源开采征收"矿产资源租金税",此项措施对在澳大利亚经营的大矿企业征税,这可以使更多(尤其是较为贫困的)澳大利亚人民享受澳大利亚的资源所得收益,进而打造更加公平的经济模式。目前,我国石油行业的资源税制和资源税水平与澳大利亚基本相同,然而除石油之外的矿产资源税制还不完善,征收水平相对偏低❶。

【专栏】国外采用的环境税种类❷

废气和大气污染税

较常见的有二氧化硫税、碳税。美国在 20 世纪 70 年代就已开征二氧化硫税,其《二氧化硫税法案》规定:二氧化硫的浓度达到一级标准的地区,每排放一磅硫征税 15 美分;达到二级标准的地区,按每磅硫 10 美分征税;二级以上地区则免征。德国、日本、挪威、荷兰、瑞典、法国等国也征收二氧化硫税。

废水和水污染税

包括工业废水、农业废水和生活废水,许多国家都征收水污染税。德国从 1981 年开征此税,以废水的"污染单位"(相当于一个居民一年的污染负荷)为基准,实行全国统一税率;荷兰按"人口当量"(相当于每人每年排入水域的污染物数量)征收水污染排放费。

---

❶ 时晓,吴杰. 澳大利亚矿产资源税制改革:经验与启示. 财会通讯. 2013,(5):125~128.

❷ 摘自《中国环境报》2013 年 12 月 3 日第 8 版.

固体废物税

按来源划分固体废物为工业废弃物、商业废弃物、生活废弃物。各国开征的固体废物税包括一次性餐具税、饮料容器税、旧轮胎税、润滑油税等。意大利 1984 年开征废物垃圾处置税，将其作为地方政府处置废物垃圾的资金来源。

噪声税

噪声税有两种，一是固定征收，如美国对洛杉矶等机场的每位旅客和每吨往来货物征收 1 美元的治理噪声税，税款用于支付机场周围居民区的隔离措施花费；二是根据噪声等级对产生噪声的单位征税，如日本、荷兰的机场噪声税就是按飞机着陆次数对航空公司征收。

6. 押金-返还制度

可以看作是收费制度的一种特殊形式，即消费者在购买可能会造成潜在污染的产品时预先支付的一笔额外费用，在将这些产品（或其包装物）送还到经核准的收集中心进入再循环或进行处置时，消费者将获得退款。

许多国家在很多方面采用了这种手段，如控制来自饮料包装的废弃物，减少在垃圾场填埋的废弃物，以及回收铅酸电池。印度、叙利亚、黎巴嫩、埃及和塞浦路斯都对玻璃、碳酸饮料包装实行押金-返还制度；澳大利亚、加拿大、法国、德国、瑞士及美国也都对特定种类的饮料包装实行押金-返还制度；挪威从 1978 年起对汽车使用押金-返还制度，目标在于促进废弃汽车材料的重复利用，挪威 90%～95% 的废弃汽车被回收。

7. 环境污染责任保险

美国环境责任保险涉及的物质主要是"危险物质"，在有关危险废物贮存、处理、处置的法规中做出了强制保险的规定，目前已经有 45 个州出台了相应的危险废物责任保险制度。1988 年，美国成立了"环境保护保险公司"，建立了环境责任保险的专门保险机构。德国自 1990 年 12 月《环境责任法》实施之后，要求国内所有工商企业者都要投环境责任险。该法以附件方式，列举了存在重大环境责任风险的设施名录。列入特定设施名录的经营者必须采取责任保证措施，包括与保险公司签订损害赔偿责任保险合同，或由州、联邦政府、金融机构提供财务保证或担保。如果经营者未能提供保险等财务保证，或者未向主管机关提供其已经做出保险等财务保证的证明材料，主管机关可以全部或部分禁止该设施的运行。

需要指出的是，经济刺激手段并不一定与收费关联。某些管制手段，如命令控制中的收费，就不是经济刺激手段。严格来说，我国的排污收费也不是经济刺激手段。究其原因，是它既没有很好地刺激企业在排污和治理之间进行选择，又不完全符合庇古税原则。但在本书中，我们仍将排污收费归为经济刺激手段，而某些非财政手段，如排污权交易就是经济手段。因为它旨在以最小的成本达到一定的环境质量标准，具有成本-效益有效性，并且企业拥有自主选择权，而非强制执行。

【专栏】欧盟控制固定点源大气污染的政策工具选择及其实施政策❶

（一）欧盟控制固定点源大气污染的政策工具选择

目前，欧盟国家普遍采用的控制大气污染排放的政策工具包括：①环境的直接规制政策，有公共产品的直接供应、技术规制和执行规制；②可交易许可证；③税收；④补贴、押金-退款方案及退还的资费；⑤产权、法律工具和信息政策。每一种政策工具均有

❶ 来源：http://www.cpaj.com.cn/news/2013912/n42673332.shtml.

其适用性和局限性，每个国家会根据各自的经济发展阶段、政治经济体制、生态和科技发展现状以及社会文化等因素，选择一种或多种政策。

（二）实施政策

1. 立法保障

欧盟针对固定污染排放源的立法主要有《欧盟关于限制大型火力发电厂排放特定空气污染物质的指令》（1994 年，2001 年）、《关于限制在特定活动和设施中使用有机溶剂导致的挥发性有机化合物排放的指令》（1999 年）、《关于降低在特定液体燃料中硫含量的指令》（1999 年）、《废物焚化指令》（2000 年）、《关于国家特定空气污染物质排放最高值的指令》（2001 年）、《综合污染预防和控制指令》（2008 年）等。

2. 规制政策

欧盟各国针对酸雨和固定点源（即工业）大气污染排放的规制措施各具特点，主要包括以下措施。

① 改变主要用能的能源类型，如瑞典和法国转向使用水电和核电。

② 对工业企业采取强制性规制措施。例如对燃料油中的硫含量进行性能标准规定、设计强制执行的减污技术等。如欧盟理事会在 1996 年将轻燃料油中的硫含量标准减少到 0.05%，将重燃料油的硫含量标准调整到 0.5%。

③ 能源或燃料油税。瑞典、挪威和丹麦对硫排放高税率征税，分别为 3000 美元、2100 美元和 1300 美元，法国、瑞士和西班牙对硫排放征税收的税率较低，均低于 50 美元。

④ 对二氧化硫、氮氧化合物以及可挥发有机物征税。1998 年，法国对氮氧化合物和可挥发有机物的税收增加到每吨 40 美元，税收被用于奖励减少污染的技术研究与开发，在一定程度上减少了大气污染物的排放量；意大利对大型电厂征收每吨 100 美元的税费用于大气污染物的减排工作。

⑤ 建立欧盟排放交易体系（EU-ETS）。欧盟排放交易体系（the EU Emissions Trading Scheme）是依据欧盟 2003/87/EC 号法令，利用"限额-交易"原理，建立在企业层次上的温室气体排放交易体系，于 2005 年 1 月 1 日正式生效运行。EU-ETS 包括了欧盟 27 个成员国，近 1.2 万个温室气体排放实体，主要涉及的行业有：电力、钢铁、水泥、玻璃、造纸、炼焦、炼油等。

二、经济刺激手段的原理

环境经济刺激手段的理论依据是"庇古理论"和"科斯定理"，都是以"外部不经济性和市场失灵"为前提的。但"庇古理论"侧重于通过"看得见的手"，即政府的干预来解决环境问题。对引起外部性的生产要素加以征税，对降低外部性的行为给予补贴，或者通过交付保证金的形式使外部不经济性内部化，从而起到纠正市场机制、降低社会费用的作用。而"科斯定理"侧重通过"看不见的手"，即通过市场机制本身来解决问题。通过界定产权或人为地制造交易市场，在污染当事人之间进行充分协商或讨价还价，最终达到削减污染的目的。排污权交易制度就是基于"科斯定理"设计的。"庇古理论"与"科斯定理"的特征比较见表 8-3。

表 8-3 庇古理论与科斯定理的特征比较

序号	比较项目	庇古理论	科斯定理
1	政府干预作用	较大	较小,产权界定后不需要
2	市场机制作用	较大	较小
3	政府管理成本	较大	较小

续表

序号	比较项目	庇古理论	科斯定理
4	市场交易成本	较大	参与经济主体少时不高；参与经济主体多时很高
5	面临危险	政府失灵	市场失灵
6	经济效率潜力	帕累托最优	帕累托最优
7	参与经济主体	污染者	污染者与受害者
8	适用时期	代内外部性	代内外部性
9	对技术水平的要求	较高	较低
10	偏好情况	政府更加偏好	公众更加偏好
11	收入效应	不受影响	受影响
12	产权	关系较小	产权界定是前提
13	环境质量确定性	不确定，因为缴纳的为统一税率，在经济扩张和通货膨胀时会超量	较为确定，因为协商约定的内容为污染量的损益
14	调节灵活性	调整税率，需要一个过程，易造成时滞	灵活，协商各方可随时商定
15	选择与决策	集体选择，集中决策	单个选择，分散决策

资料来源：沈满洪．资源与环境经济学．北京：中国环境科学出版社，2007：89.

三、经济刺激手段评判的特点

1. 足够的刺激

（1）经济刺激手段能够使相关经济主体拥有选择权，即经济主体基于经济利益的考虑，至少可以在两个不同的方案之间进行选择。因为选择的存在，经济刺激手段往往与费用-效益相联系，一方面，表现为政府要对生态环境管理的政策手段做费用-效益分析，选择环境效益相同时，成本最小的一种手段，或者在政策手段成本既定条件下选择环境效益最大的一种手段；另一方面，经济刺激手段与费用-效益相联系的特点使得经济主体能够对政府确定的经济手段进行权衡，选择能够使自己获益最大的经营方案。经济刺激手段以市场为基础，通过改变市场信号，影响政策对象的经济利益，引导其调整经营策略。

（2）通过市场中介，把有效的经济保护和改善环境的责任，从政府转交给环境责任者。不是用行政手段强制执行，而是把具有一定行为选择余地的决策权交给环境责任者，使环境管理更加灵活。

2. 政府和市场的规范

需要使政府与市场、企业、公民的关系符合市场经济体制的要求。在市场经济体制下，政府应扮演市场秩序的维护者、企业的监督者和服务者、公众利益的维护者和协调者。只有这样，才能保证市场公平。

需要市场主体发育成熟，从而能够对市场信号做出灵敏的反应。经济手段刺激作用的有效发挥有赖于市场主体能够对市场信号的改变及时做出适当的反应，这就要求市场主体成熟，包括能获得并准确理解市场价格信号变化的信息以及产权明晰等。如果市场主体对市场信号的变化毫无意识，或产权不明晰，经济刺激手段就不可能有效。

3. 良好的监测技术

良好的监测技术也就是市场的"秤"，要求其可靠、简单、成本低。

四、经济刺激手段的适用领域

经济刺激手段的适用领域很广，大体分为污染控制和生态环境保护，以前者为主。污染控制主要包括水污染控制和大气污染控制，生态环境保护主要包括资源使用费、生态环境补偿等。

收费手段主要是排污收费，该手段虽然被多国采用，但却不是最主要的环境政策手段。排污收费中，针对废水和固体废物的较多，在大气污染控制中应用较少。此外，有差异的税收作为产品收费的一种特殊形式，从管理角度看其实施比较容易，也被不少国家采用。

补贴手段在 OECD 国家中被除澳大利亚和英国外的国家广泛使用。在多数国家中，补贴主要来自于环境方面的税收、费用、许可证和收费，而不是普通税收。不同国家的补贴对象和补贴资金的来源也有所不同。

押金-返还手段已经被在饮料包装的控制处理上使用很多年了。一些北欧国家也在审查这种手段对高汞/镉含量的电池实行的可能性。

在建立市场型的经济手段中，自愿协商制度一般不需要政府做出太多努力，是纯粹的市场行为，但排污权交易则需要政府在初始阶段进行推动。排污权交易发源于美国，大多数应用也在美国。

五、我国已实施的经济刺激政策分析

1. 分析

我国现有经济刺激政策见表 8-4。

表 8-4　我国现有的经济刺激政策

经济刺激手段	排污收费（污水处理、二氧化硫排放费等）	综合利用税收优惠及其他环境友好型税收	排污设施有偿使用费	生态环境补偿
	绿色贷款	绿色贸易	绿色保险（生态保险）	"三同时"保证金
	治理设施运行保证金	矿产资源税和补偿费	废物回收押金	

（1）排污收费制度分析　排污收费政策的目标是通过对排污者的排污行为征收一定费用，促使其减少或消除污染物的排放，有时也将排污收费设计为筹集污染控制资金的手段。

从已经开展的收费实践来看，排污费中的污水处理费以及对一般固体废物的排污收费比较吻合经济刺激的一般原理。污水处理费征收成本很低，基本上在征收水费的同时完成征收，没有额外成本。污水处理费具有经济效率高的特点，对居民节约用水也有刺激作用，体现了经济刺激型手段的最主要特点，是一项比较成功的经济刺激手段。

（2）环境税政策分析　本部分把环境税收定义为有利于环境保护的税收，既涵盖了专门的环境税，如荷兰的燃料使用税、废物处理税和地表水污染税，德国的矿物油税和汽车税，奥地利的标油消费税；也涵盖了已有税收体系中与环境保护有关的内容，如为激励纳税人治理污染保护环境所采取的各种税收优惠措施和对污染、破坏环境的行为所采取的某些加重其税收负担的措施。因此，这里的环境税收是一个较大的概念，我国尚未设立专门的环境税。我国与环境相关的税收收入已经占总税收的 9% 左右，表面上占有率比较高，但这些税种大多不是以环境保护为直接目标，针对性相对较差。因此需要明确政策目标，将税收与环境保护更好地结合起来。比如指定用途的环境税收，不纳入一般财政预算，而专门用于治理环境污染和进行环境保护。

对我国环境税收制度的分析中，不能忽视一个普遍性的问题，即要通过公共财政制度的改革使收支分开，避免出现各部门采用经济刺激手段为本部门"创收"的情况。规范政府部门行为，以防止经济刺激手段被滥用。这不仅有利于取得良好的政策效果，树立公共部门的权威和形象，也有利于减轻人们对经济刺激手段的反感，从而促进经济刺激手段的应用和发展。

2. 与命令控制手段的比较

一般来说，经济刺激手段的经济效率高、持续改进性足，而命令控制手段的确定性较强，在公平性方面，两者并没有绝对的优劣，需要具体问题具体分析。在使用评判标准评判这两类政策手段时，侧重于评判其优势方面，比如在评判经济刺激手段时，侧重于经济效率和持续改进性，在评判命令控制手段时，侧重于确定性。

命令控制手段可以利用政府的行政权威强制执行某些措施，也可以利用政府的行政权威处理一些外部性问题导致的环境经济事件，特别是公害事件，还可以提供一些公共服务，以削弱环境外部性，特别是对环境容量为零的物品的管制。但是，标准的选择、"政府失灵"问题、无差别问题（即由于信息不充分的原因，管制手段往往对不同性质、不同规模、不同地区的企业完全采用同样的标准缺乏灵活性），也都是命令控制手段发挥有效作用的障碍。

经济刺激手段对技术革新和普及更具有动态激励作用。适当设计和实施的经济刺激手段可以用最低的社会成本将污染削减到理想的水平上，经济刺激手段可以激励企业最高效的削减污染。但是命令控制手段则不同，所有的企业都达到相同的目标可能是昂贵的，在一定情况下甚至会起到消极作用。采用新技术的企业获得的"回报"可能仅仅是满足了更高的绩效标准，而并没有从它的环保投资中获效益。这样，企业就没有或只有极小的财务动机来提高他们的控制目标，虽然在理论上也可以实现具有成本有效性的解决方案，但是要实现这种结果，就需要为每个污染源制定不同的标准，那么政策制定者就需要获得每个企业守法成本的详细信息。而经济刺激手段则无需政府掌握全部的信息，就可以实现对技术革新和普及的动态激励作用。

在政策手段的确定性方面，经济刺激手段略逊于命令控制手段。命令控制手段旨在通过管理生产过程或产品使用来限制特定污染物的排放，或在特定时间和区域内限制某些活动直接影响污染者的环境行为。由于命令控制手段对污染排放或削减进行了规定，污染者只能按规定行事，否则将面临处罚以及法律与行政诉讼。因此，命令控制手段实现目标的确定性更强。

在公平性方面，从表面上看，命令控制手段比较公平，因为"一视同仁"，对所有的企业、所有的地区采用同样的标准。实际上，公平取决于衡量公平的准则，例如，上述例子所谓的公平是基于采用政策的形式，但这并不是公平的本质。公平的本质应当是更广泛、更深层次的公平。所以两种政策手段的公平性孰好孰坏，有待于具体分析。

总的来看，命令控制手段和经济刺激手段在前三项判别标准上有优劣之分，确定性强是命令控制手段的特点，经济效率高和持续改进性好是经济刺激手段的特点（仍要注意这里都指理想的命令控制手段、经济刺激手段），而在公平性这项评判标准上没有绝对的优劣之分。环境政策分析的目标是使政策手段更好地发挥出其优势，在此基础上，实现更好的公平性（通过更好的政策设计，如政策手段的选择与组合来实现）。

第四节 劝说激励手段分析

一、定义

狭义的劝说激励手段是一种基于意识转变和道德规劝影响人们环境保护行为的环境政策手段。在运用此手段时，管理者首先依据一定的价值取向，倡导某种特定的行为准则或者规范，对被管理者提出某种希望，或者与其达成某种协议。广义的劝说激励手段是指除了命令控制和经济刺激以外的所有环境政策手段，如环境信息公开、环境宣传教育、考核与表彰等。

二、劝说激励手段的原理

管理者利用劝说激励手段的最终目的是强化被管理者的环境意识，并促使其自觉地以管理者所希望的方式保护环境。同时，该手段也代表了当事人在决策框架中的观念和优先性的改变，或者说"全部"内化到当事人的偏好结构中，在决策时主动选择劝说激励手段。这种参与更多的基于外在的引导，通过改变内在的价值观念，达到政策对象主动参与环境保护的目的。

三、劝说激励手段的特点

（1）劝说激励手段的基本特征是强制性弱。管理部门通过劝说与激励对被管理者进行激励，以期被管理者出于道德考虑改变自身的行为，因此政策效果的实现取决于被管理者是否自愿改变其自身行为。但是在与其他政策进行结合后，譬如将环保目标责任制与官员绩效考核联系在一起时，这些政策也具备了一定程度的强制性。劝说激励手段是强制性最弱的手段，但并不是政府不作为。

（2）劝说激励手段强调预防性。在环境问题尚未产生时，通过提高政府、企业、公众等干系人的环保意识，以此来影响干系人的行为。在从事有可能产生环境问题的活动时，根据自己所掌握的环境知识、内化的环境意识，采取环境友好的行动实施方式，从源头上避免环境问题的产生，充分体现了环境保护的预防为主原则。

（3）劝说激励手段的政策制定成本和执行成本都较低。由于劝说激励手段通常不需要大量的信息，政策制定者只需根据一定的试点效果制定政策，同时政策执行者只需根据自身情况，来决定是否接受这种劝说，通常政府部门不需要进行监督，而只是根据执行者所提交的结果进行评判。

（4）长期效果好。劝说激励手段是一种颇具弹性的环境政策手段，如环境教育、绿色学校等能以较为柔和的方式影响人们的环境观念，而公众参与、非政府组织（NGO）和自愿协议则能以相对缓和的方式化解不同利益相关方的直接冲突。一旦产生效果，将会长期发挥作用。如环境教育，若提高了公众的环境保护意识，将不仅仅是对其行为产生代内影响，也将产生代际影响。

四、劝说激励手段的适用领域

由于劝说激励手段具有预防性和成本低等优点，其使用范围非常广泛，对大量发生的、较为分散的各类环境问题基本都适用。劝说激励手段的经济效率和持续改进性非常好，只要对象范围够广泛，皆适宜施行。但由于其强制性弱，对紧急的环境问题，如突发公害事件的解决，不适于用劝说激励手段。需要注意的是，劝说手段也不能滥用，以防公众产生逆反心理。

五、我国已实施的劝说激励手段分析

1. 分析

根据相关主体（各级政府、企业和公众）认识环境问题的过程，即获取信息、教育学习、参与活动、监督管理等顺序，通常采用的劝说激励手段可分为环境信息公开、环境宣传教育、公众参与、考核表彰及自愿协议等。目前主要的劝说激励手段具体形式见表8-5。

表 8-5　劝说激励手段具体形式清单

类别	手段具体形式	实施机关	起始时间
信息公开	中国环境状况公报	国家环境保护局	1989 年
	中国环境统计年鉴	国家环境保护局	1989 年
	中国环境保护部大事记	国家环境保护局	1989 年
	中国环境统计公报	国家环境保护局	1995 年
	全国环境统计管理与综合整治年度报告	国家环境保护局	1997 年
	城市空气质量周报	各地环保局	1997 年
	环境信息公开办法（试行）	中华人民共和国环境保护部	2008 年
	"数据中心"向社会公开国家环境保护信息	中华人民共和国环境保护部	2010 年

续表

类别	手段具体形式	实施机关	起始时间
环境宣传教育	中华环保世纪行(新闻媒体)	全国人大环境与资源委员会	1993 年
	全国环境宣传教育行动纲要(1996～2010 年)	教育部、国家环境保护局	1996 年
	绿色学校	中共中央宣传部、教育部、国家环境保护局	1996 年
	中国中小学绿色教育行动	教育部	1997 年
	绿色社区	中共中央宣传部、教育部、国家环境保护总局	2001 年
	2010 年生物多样性年	中华人民共和国环境保护部	2010 年
	中华宝钢环境奖	中华人民共和国环境保护部	2013 年
	"向污染宣战"	中华人民共和国环境保护部	2014 年
公众参与	绿色 GDP 核算试点	国家环境保护总局、统计局	2004 年
	环境影响评价公众参与暂行办法	国家环境保护总局	2006 年
	公众意见听证会	各级政府	2006 年
	绿色信贷	中国人民银行	2007 年
	环保民间组织	中华环保联合会	2008 年
	绿色中国年度人物	中华人民共和国环境保护部	2012 年
自愿协议	节能自愿协议	山东省经贸委	2003 年
	自愿清洁生产审核	经济和信任工作委员会	2004 年
	"211 环境保护"	财政部	2006 年
	"中国城市环境管理自愿协议式方法试点"项目	欧盟"亚洲生态环境援助计划"	2009 年
考核表彰	城市环境综合整治定量考核制度	国家环境保护局	1989 年
	国家卫生城市申报考核制度	爱国卫生运动委员会	1989 年
	国家园林城市申报考核制度	建设部	1992 年
	全国生态示范区申报考核制度	国家环境保护局	1995 年
	ISO14000 认证制度/国家示范区	国家环境保护局	1996 年
	国家环境保护模范城市评选制度	国家环境保护局	1997 年
	中国人居奖	建设部	2000 年
	环境友好企业申报考核制度	国家环境保护局	2003 年
	生态园林城市申报考核制度	建设部	2004 年
	"全国文明城市"评选表彰活动	中央文明委	2005 年
	《全国文明城市测评体系(试行)》	中央文明委	2008 年
	全国自然保护区工作先进集体和先进个人	中华人民共和国环境保护部	2013 年

（1）环境信息公开　信息公开是指管理者依据一定的规则，经常或者不定期公布环境信息，如污染事故的通报、国家或地区环境状况报告，以及污染可能对人体健康造成的影响的报告。我国第一部有关环境信息公开的综合性部门规章《环境信息公开办法（试行）》中指出"环境信息包括政府环境信息和企业环境信息。政府环境信息，是指环保部门在履行环境保护职责中制作或者获取的，以一定形式记录、保存的信息；企业环境信息，是指企业以一定形式记录、保存的，与企业经营活动产生的环境影响和企业环境行为有关的信息。"

环境信息的公开可以引起公众对环境保护的关注，监督政府和企业的环境行为，营造较强的环保氛围，促使社会公众积极主动地去保护环境。另外，环境信息公开还可能得到公众对环境执法的理解和支持，甚至会引起大规模的环保活动，对污染企业的排污行为形成强大的压力。

（2）环境宣传教育　环境宣传教育的目的是促进人们关注环境问题并且提高环保意识，使公民个人或群体具有解决当前问题预防新问题的知识、技能、态度，积极推动和投入到这项工作中去。管理者通过各种途径对公民进行说明、讲解、教导、启发等，使人们了解和掌握环境资源方面的知识、技能，促使人们改变观念和行为，促进绿色文明的价值观、道德观、经济观和发展观在社会落地生根，在全社会形成良好的环境道德氛围。因此，需要从意识、知识、态度、技能和参与五个层次开展环境宣传教育工作。不断提高公众的环境意识是环境宣传的基本任务。

目前我国已初步建立起一支拥有相当人数的环境宣传队伍，基本形成了从中央到地方的宣传网络。但由于对环境宣传在环境保护和可持续发展中的地位和作用的认知水平参差不齐，各地环境宣传工作的发展很不平衡，不同地区之间公众的环境意识差异甚大。

（3）公众参与 公众参与是环境保护运动兴起的推动力量。"地球日"的诞生就源于公众对拯救地球的呼声。在环境保护的公众参与中，NGO发挥着重要作用。一些环境 NGO 通过直接与公众联系，能有效地传播环境现状及其受到的威胁和环境防治的进展等信息。

公众参与至少有两方面的作用，第一，公众和 NGO 是环境问题重要的利益相关者，他们可以通过各种形式与排污者进行协商、谈判和辩论，从而给排污者带来一定的压力；第二，公众和 NGO 的环保活动会通过示范和学习效应，促使更多的人参与到环境保护事业中。在一些发达国家，公众参与已经发展的比较完善，公众和 NGO 对环境事务的影响越来越大。

近年来我国公众参与环境保护的广度和深度不断提高，NGO 与政府携手合作推进环保，成为我国环境保护领域的一个重要特点和新趋势。

（4）考核与表彰 考核与表彰作为政府环境管理的方式之一，在环境政策手段的选择中可归入广义的劝说激励手段之中。目前，我国考核与表彰制度的具体形式主要有国家环境保护模范城市（指经济快速增长、环境质量良好、资源合理利用、生态良性循环、城市优美整洁的绿色城市）、全国生态示范区（以生态学和生态经济学原理为指导，以协调社会、经济发展和环境保护为主要目标，统一规划，综合建设，生态良性循环，社会经济全面、健康、持续发展的示范行政区域）、ISO14000 国家示范区（以经济技术开发区、高新技术产业开发区、风景名胜旅游区为对象，依据国家环境保护法律、法规和环境质量要求，建立了环境管理体系，并符合示范区条件的区域等）。

（5）自愿协议 自愿协议是政府与经济部门之间达成的协议，在政府的支持与激励下，按照预期的目标而进行的自愿行动。20 世纪 70 年代，欧洲一些国家为提高能源利用效率，减轻环境污染，率先采用了自愿协议的管理方式。随后，更多的发达国家和发展中国家在不同领域，相继采用了这一管理方式，如节能、温室气体减排、废弃物的回收与管理等方面，并且取得了一定的成效。自愿协议具有导向性、基础性、约束性、责任性及公开性等特点。

关于自愿协议的分类，目前主要有两种分类方法。第一种是经济合作与发展组织（OECD）根据参与者的参与程度和协商的内容分为两类，一是经磋商达成型，经磋商达成的自愿协议指的是工业界与政府部门就特定目标达成的协议；二是公众自愿参与型，在公众自愿参与型的自愿协议中，法规制订者规定了一系列需要企业完全满足的条件，企业自愿选择是否参与，而实际采用的协议并不是非此即彼，也有可能是这两种类型的某种组合。另一种是根据政府部门的参与程度不同分为三类，即单方承诺、政府开展的自愿项目、协商性协议。

2. 结论与建议

随着《环境信息公开办法（试行）》的公布，公众获取环境信息将变得相对容易，这大大提高了公众参与环境保护的广度和深度。《全国环境宣传教育行动纲要（1996~2010 年）》已经实施了 10 余年，针对基础环境教育，目前已经有一套较为完整的体系；但对于经济较不发达地区，环境教育还很难普及，这些地区的公众环境意识也普遍较弱。公众参与方面，虽然《环境影响评价公众参与暂行办法》主要针对的是环评中的公众参与形式，但对于其他环境保护活动，也具有很好的参考价值。只有结合环境信息公开，公众参与才能更加有理有据，才能找到合适的切入点。考核与表彰制度，虽然较之经济手段来说，是一种激励相对较弱的手段，但其在鼓励各地政府和企业改善环境中也发挥了较大的作用，是一个地区生态文明发展的体现。此外，自愿环境协议与经济刺激手段相结合，其作用将更加明显，应该充分发挥自愿协议的适用性，充分调动企业积极承担社会责任，对环境保护起到应有的作用。

第五节　环境政策手段的选择与组合

环境政策手段并没有绝对的优劣之分，其选择与组合的关键是要契合具体的政策目标。不同的政策目标以及不同的目标排序，都会影响到对政策手段种类的选择。因此，以实现政策目标为中心，来选择合适的环境政策手段是非常重要的。

各项政策手段不需要面面俱到，只需要符合其所属类别的原理和标准。其中，原理和标准之间又有一定的联系，比如，如果排污收费满足了庇古税的原理，那么它就有刺激作用；有些方面是政策手段本身的实施条件或前提，如果不满足，则无法使用这种政策手段。

一、选择和组合的原则

1. 历史的经验

人类的发展是一个连续的历程，环境问题的产生也是如此，由于地区发展存在差异性，在某一个地区（国家）新产生的环境问题可能在另一个地区（或国家）已经被解决，而先解决的地区（或国家）就为其他地区（或国家）解决相同或类似的环境问题提供了可借鉴的经验。因此，面对一个环境问题，当需要从众多环境政策手段中选择其一时，首先应当向历史"求助"，看该环境问题在哪些地区已经出现过并已经或正在被较好地解决，它们采取了哪些政策手段，通过与自身实际情况的对比，进而选择适当的借鉴对象。

对历史经验的借鉴主要是对其他地区（或国家）的经验的借鉴，因此，不能盲目照搬，要将其历史条件与当地现有条件进行对照后，对经验加以修正和调整，最后应用于本地。

如果面临的环境问题在人类历史中是第一次出现，根本无经验可借鉴，对政策手段的选择则需依照下文的原则和方法。

2. 政策的目标

环境政策力求在一定的时间、空间范围内，以尽量低的成本达到一定的污染控制或环境保护目标，使环境的外部不经济性内部化。尽管公平和效果难以兼顾，但双赢思想确实对我国环境政策产生了很大影响。此外，环境政策不能孤立存在，其目标的实现依赖于经济、社会等多方面的因素。

命令控制手段具有普遍性、基础性和强制性的特点，能迅速地减少污染排放，达成政策目标，从环境政策的发展及在各国的具体应用情况来看，无论是发达国家还是发展中国家，命令控制手段都是最传统的环境管理方法。但是，命令控制手段也存在某些局限。例如，政府为控制各类污染源，首先，必须全面而准确地把握各类污染源的信息，但是实践中普遍存在着信息不对称的客观现象；其次，政府很难发现和解决大量"小型而分散的污染源"；再次，随着生产技术水平和环保技术的发展，政府需要不断地修订相关法规和标准，制定或修订这些标准也是一项艰巨的工作。

经济刺激手段可以使严厉的命令控制手段变得"温和"而有助于实施；建立在"自愿"基础上的经济刺激手段，是对命令控制手段的有力配合和补充；经济刺激手段的实施有利于预防性政策的实现，有利于提高政策的灵活性和实施效率，能为进一步消除污染及促进技术进步提供持续不断的动力，有利于实现政策目标。

选择哪种手段，取决于政策追求的目标是什么。如果追求确定性，那么就优先选择命令控制手段。如果追求经济效率或持续改进，就优先选择经济刺激手段。如果追求公平性，那么就需要分析不同类型的政策的公平性，进而选择相对最公平的手段。在选择具体的环境政策手段种类时，也要根据实际情况做出选择。对于经济刺激手段的不同种类，如果在污染物排放量较大而且污染源易于管理、排污量能准确测量、污染源污染控制成本有较大差别的情况下，适合采用排污权交易手段；如果是对环境有潜在危害的产品，可采用押金-返还制度。

3. 实施的条件

命令控制手段必须有相关的环境保护法规为保障。而这些法规、标准的制定，依赖于充分的信息。比如，在制定污染控制政策时，要求有关机构在适用于产生污染的公司或产业的各种技术方法的基础上制定并论证其决策，这样就需要获得各产业部门详细的技术和经济方面的资料，以便设定相应的指标标准或其他政策。没有充分的信息，难以保证命令控制政策制定的科学合理性，命令控制政策还需要有严格的监督和制裁措施作为保障，否则很难保证政策目标的实现，即很难将政策目标的确定性优点发挥出来。命令控制手段的顺利施行，需要有对违章行为监督制裁的系统，没有监督和制裁，管制行为很难具备强制性和权威性。

对于经济刺激政策而言，其实施的条件首先是充分竞争的市场，同时也必须满足一些其他的条件，包括足够的知识基础、强大的法律结构、高超的管理能力以及较小的政治阻力。其中，充分竞争的市场保证有大量的买者和卖者存在，他们之间有竞争和淘汰，因而就拥有了对不同方案进行选择的动力，进而就保证了经济刺激的有效性；足够的知识基础保证了所需信息充分顺利地收集储存和传播；强大的法律结构保证了有效的财产制度的确立，因而能够明确相关的权利和责任；高超的管理能力保证了设计和实施经济刺激能得到所需的人力和财力支持；较小的政治阻力保证了经济政策能够得到政治上的接受。只有这些条件都具备，经济政策才能够取得很好的效果。

二、环境政策手段的组合方法

不同环境政策手段并没有绝对的优劣，相互之间也没有排斥性，不必局限于某一项环境政策手段，也不必期待通过发展或完善某一项环境政策手段即可解决所有的环境问题。而应当充分重视环境政策手段的多样性和独特性，通过环境政策手段的科学组合，更好地解决环境问题，促进环境保护。

1. 调查具体情况

针对不同的具体问题，需要搜集相关信息作为决策的基础。相关信息包括相应的行政体制、市场环境、群众环保意识、信息公开程度等。

2. 明晰政策目标

需要将政策目标的实现细化到多长时间，多大范围，解决什么样的环境问题或达到什么样的政策效果，通过调查具体情况和明晰政策目标，就基本上完成了环境政策手段组合的"识别阶段"。然后进行介质区分（或按其他分类标准），将政策目标排序。

3. 形成环境政策手段选择框

考虑到具体的情况和政策目标，挑选出与之相适应的环境政策手段。

（1）分析选择出组合矩阵　政策手段组合的中流砥柱——命令控制型政策手段。

参考各国的经验，命令控制型手段在政策手段组合中占据重要地位。如果组合中有某项政策手段符合命令控制性政策手段的标准，比如含有被立法机关通过的法律，那么这种命令控制手段就是政策手段组合的中流砥柱。简言之，如果有能够充分发挥命令控制手段特点的手段，那么应首先将其选择纳入矩阵中。

如果根据当地当时的具体情况，能够有具备实施条件的经济刺激型手段，则本着建立市场型手段优先于利用市场型手段的选择次序进行选择。其原因是，前者需要的条件更为苛刻，但是如果一旦建立，其运行成本更低。所以如果具备实施条件，则优先选择建立市场型手段。

理想条件下，劝说激励手段应作为前两类手段的补充。但是如果其条件非常适合，也不排除其发挥主要作用的可能。

最后，根据政策手段的评判标准评判出政策手段矩阵。

评判的过程中，考虑到可行性和评判过程的成本有效性，有侧重地对不同类型的政策手段进行评判。侧重点的选择，要结合政策目标和各种类型政策的特点。比如，评判命令控制型手段时，着重考虑其确定性。而评判经济刺激型手段时，着重考虑其效率。对劝说激励手段，着重考虑效率和持续改进性。对公平性，需要单独予以考虑。不同类型的手段，只要满足其相应的侧重点即可，当然在此基础上，能满足更多的标准则更好。最后通过组合，达到满足多项评判标准的目的。

这里追求的是政策手段组合的优化，不必过多注重单项政策手段的所有标准，而应各取所长，保证其发挥出自身优势。只要保证组合的整体能够满足所有标准即可。总之，环境政策手段的类型很多，应结合具体的情况，以及政策手段的特点，通过科学的政策手段组合，完全可以优势互补，达到双赢的效果。

（2）建设资源节约型社会的政策矩阵●

① 政策矩阵之一：针对资源节约的三个阶段。资源节约体现在资源开发、资源使用和资源废弃三个阶段，光靠某个阶段的节约是不够的。因此，必须构建起针对不同阶段的激励与约束机制（强制机制、选择机制和自愿机制）。三个阶段和三个机制排列组合可以形成一个政策矩阵，见表8-6。

表 8-6 政策矩阵之一：资源节约的三个阶段

阶段	强制机制	选择机制	自愿机制
资源开发阶段	制定自然资源开发与保护的法律法规；制定自然资源开发与保护的中长期规划；制定自然资源开发与保护的明确标准；严格资源开发与保护的执法监督；建立自然资源破坏的一票否决制；加大政府对资源领域的人才、经费和技术投入	建立明晰的自然资源产权制度；建立自然资源开采权交易制度；建立自然资源价格形成机制；建立有利于资源保护的财政与税收政策；对于废弃矿山的修复等行为给以政府补贴；建立绿色GDP的政绩考核机制	加强舆论宣传，提高资源危机意识；发挥公众舆论监督作用；发展民间绿色团体；建立资源节约技术推广中介组织；评比资源节约型政府、企业、社区和家庭；建立绿色产品标志制度减少一次性产品的使用；建立污染排放的群众举报制度；建立环境信息公开制度；建立环境保护的群众自治制度；鼓励消费废弃物资源化产品
资源使用阶段	调整产业结构，改变经济增长方式；制定禁止发展的产业目录；以法律手段打击资源领域的犯罪行为；以行政手段关停粗放型企业；增加技术研发的经费投入	建立自然资源有偿使用制度；建立自然资源产权的交易制度；对于资源高消耗产业设置进入壁垒；设置行业节能降耗的限期目标；对于资源节约性企业给予一定的税收优惠和补贴	
资源废弃阶段	严格实行总量控制政策；严格执行污染排放标准；以法律手段打击超标排污行为；建立环境保护责任追究制；建立企业环境保护的责任延伸制度	建立环境税收制度；建立排污收费制度；建立押金—退款制度；建立排污权交易制度；完善废弃物资源化市场建设；废弃物利用企业执行税收优惠政策	

② 政策矩阵之二：针对资源节约与环境保护的三个主体。资源节约型与环境友好型社

● 沈满洪 . 资源与环境经济学 . 北京：中国环境科学出版社，2007：327-328；329.

会的假设是由政府、企业和家庭共同来支撑的，光靠某个经济主体的节约是不够的。因此，必须构建起针对不同经济主体的激励与约束机制。三种机制与三个主体排列组合可以形成一个政策矩阵，见表 8-7。

表 8-7　政策矩阵之二：资源节约与环境保护的三个主体

针对主体	强制性政策	选择性政策	引导性政策
政府	制定各级政府的资源节约与环境保护的责任制；建立政府环境保护领导责任追究制；建立政府节能采购目标责任制	建立政府声誉激励机制（如"资源节约型城市"称号）；调整综合考核资源节约与环境保护的政府政绩考核机制	提高政府公务人员的资源节约与环境保护意识与素质；建立各级政府环境保护绩效的信息披露制度
企业	制定关于生产者义务的法律法规，严格执法；制定节约标准，建立淘汰制度和市场准入制度；按照创新型国家的要求加大科技投入和推广力度	建立资源与环境产权制度；建立资源与环境产权交易制度；建立合理的资源与环境的价格形成机制；建立资源与环境税（收费）政策；建立资源节约的激励政策（清洁生产支持、废弃物再生利用支持）	加强宣传，提高企业的资源节约意识；发挥商会等民间团体的自我激励与约束功能；建立声誉激励机制（节能绩效表彰、节能自愿协议、认证制度等）
居民	制定关于消费者义务的管理规范；制定有毒有害废弃物的强制回收政策；制定禁止性消费行为规范	制定合理资源的价格政策（水、电、气差别价格）；建立家用电器、玻璃器具等商品的押金-退款制度；通过各种认证和能效标识引导消费；表彰节约型家庭、社区	加强宣传，提高公众的资源环境素质；加强教育，强化资源节约与环境保护的道德力量；发挥社区和民间团体的自治功能；发挥公众对政府、企业和家庭的监督作用

三、我国环境政策手段选择的建议

环境政策手段的判别标准要根据具体情况，用追求的侧重点（即确定性、经济效率、公平性、持续改进性等）来选择与之相吻合的政策手段。值得指出的是，政策手段的选择并不强调唯一性，而更加倾向于使用政策手段的组合。

1. 命令控制手段仍将是主要手段

纵观世界环境保护政策的历史和现状，命令控制手段一直是主要的环境政策手段。在适合采用命令控制手段的条件下，命令控制手段的确定性是最高的。命令控制手段并不是摒弃经济效率，较高的经济效率也是命令控制手段追求的基本目标。

目前有很多观点认为我国应尽量多的使用经济刺激手段，以适应市场化条件下改革环境管理模式的需求，甚至提出要用经济刺激手段替代命令控制手段。值得指出的是，在任何时候、任何情况下，从根本上来说，命令控制手段的作用都是必要的。无论是发达国家还是发展中国家，也无论是实行计划经济还是市场经济，在需要强制推动的环境保护行动中，特别是在应对大规模的环境灾难和紧急的环境污染事件的行动中，命令控制手段最为有效。即使环境保护要从强制制度向以市场为导向的制度（需求诱导型、消费拉动型等）变迁，也并不意味着要排斥命令控制手段，而是意味着政府在利用命令控制手段时，应更多利用微观主体追求利润的动机，更多考虑信息公开和公众参与等，但这些变革还是在命令控制手段发展和完善的范围之内。

与此同时，命令控制手段方面的改革，亟须从有效实施的条件入手，一方面完善法规、标准，另一方面建立和规范监督惩罚机制，使命令控制手段切实发挥其威慑力。除以上两点外，命令控制手段还应该在某些方面放松管制，如对小污染源设定严格的浓度排放标准就不合适。这里所提的"放松管制"，主要限定在对环境资源的管制方式上。如果管制过于严格，超出合理范围，则可能遭到消极抵抗，不利于政策目标的实现。此外，可以积极借鉴其他国家的先进经验，拓展命令控制手段的政策形式。法国、英国、日本和德国等国家，广泛采用行政合同的形式，政府不以行政命令而以与相对人签订合同的方式来实现有关经济、文化教育、科研、环境资源等方面的预定计划，签约主体可以是行政主体（主要是行政机关）之间或行政主体与行政管理相对人之间，签约的目的是实现国家行政管理的某些目标，合约中明确了双方的权利和义务。这样虽然使政府强制力减弱，但仍然可以归属于命令控制手段。计划控制既保证了企业发展战略与国家计划目标的一致，又使企业在计划的框架内保持最大限度的经营自由，较好地使命令控制具有了经济有效性。我们还可以因地制宜地借鉴引进其他类型的命令控制手段。

2. 经济刺激手段将成为改革和运用的重点

经济刺激手段能够发挥市场的刺激作用，在效率和持续改进方面，具有命令控制手段无法比拟的优势。但如果在不具备条件的情况下盲目推崇经济刺激手段，不仅不能发挥出经济刺激手段的优势，还可能产生寻租等其他问题。

我国的经济刺激手段，应用历史较长的是排污收费；环境税收在节约化石能源、支持清洁能源和可再生能源发展方面有很好的积极作用，也具有环境经济双重效益；借鉴美国的排污权交易，建立国家排污权交易市场，虽然还需要谨慎地研究但也具有较大的可行性。

此外，污染治理市场化也有较好的前景。可以把城市环境基础设施建设与运营作为推进市场化的重点。对政府新建的及已有的污水处理厂和垃圾处理设施，以合同方式交给企业实行商业化运营；或以 TOT（转让—运营—转让）方式盘活资金；在有条件的地方采用 BOT 方式（建设—运营—转让）建设新的污水处理厂或垃圾场。一些地方的实践表明，这样做可以减轻政府财政压力，加快建设进度，有很好的社会和环境效益。

3. 劝说激励手段的前景广阔

劝说激励类手段是一类持续改进性最好的政策。劝说激励手段发挥作用，既不需要政府强力监督，也不需要有严格的实施条件。一般来说，作为辅助性手段，劝说激励手段的设计成本、实施成本、监控成本都较低，并且一旦收效，持续性会很长。

在公众参与环境保护程度方面，政府需要拓宽公众参与的渠道，媒体更要对之加强宣传，拓宽公众参与的途径，提高公众参与的程度。建议在公众满意度指标中，可以专门提取出一个"公众对参与环境保护途径满意程度"的指标，以评价政府创造公众参与"软环境"的表现。环境信息不仅仅需要通过环境有关部门的公告和宣传渠道进行传播，更需要政府和媒体创造条件，将环境信息在更广的范围进行传播，以增加环境信息的透明度，提升公众的满意度。这个过程中，公众对环境质量的监督力度也可得以增强。此外，政府需要为公众参与重大项目决策的环境监督和咨询提供必要的条件、机会和场所，引导公众积极参与环保活动。

4. 积极开展政策手段的组合研究

随着经济社会的不断发展，许多新的环境问题涉及社会经济、文化等各个层面，如气候变化和生物多样性问题，仅靠单一的命令强制方式解决环境问题还远远不够，需要采取综合社会、经济、技术、文化和环境诸多方面的战略和政策措施，甚至需要改变生产和消费方式，改变社会文化观念才能取得长期效果。因此，从环境管理的角度看，为了应对越来越复杂的环境问题，就必须建立更加综合、更加有预防性和更加富有社会参与性的新管理机制和模式。这种模式要求在强调政府发挥主导地位的同时，重视利用市场经济手段和重视发挥公众参与的作用，形成政府引导、市场推动、公众广泛参与的新机制、新模式，以期在解决个别环境问题中，在转变生产和消费模式中，在加快社会、环境、文化建设中，都产生积极影响。

新环境管理模式同传统环境管理模式最大的不同是，传统模式主要建立在政府命令控制这一支点上，新的模式则是建立在政府命令控制、市场调控和公众参与三个支点上，这是一种广义的环境管理，已远远超出了传统的政府控制范畴。

综上所述，我们要在顺应时代要求并充分考虑国情的前提下，一方面需要更好的政策工具，将命令控制型手段、经济刺激手段和劝说激励手段结合起来；另一方面要进一步使用更集中、更综合的措施提升现有环境管制的质量，简化管制程序，减少管制成本，使环境管理水平上升到一个更高的层次。

思 考 题

1. 何谓有效率的污染水平？如何才能实现有效率的污染水平？
2. 什么是环境经济政策？环境经济政策的基本功能有哪些？
3. 试述环境经济政策的一般形式及其核心思想。
4. 简述庇古手段和科斯手段两类政策手段的实施途径和效果的不同。
5. 我国现有环境政策主要包括几大类？
6. 环境经济政策实施的影响因素有哪些？
7. 实施环境经济政策应具备的外部条件？
8. 简述生态环境补偿政策的主要内容。

第九章　外部性内部化的环境经济刺激手段分析

随着市场经济在我国的建立和完善，市场已成为资源配置的决定性因素。因此，强化经济手段，使环境保护适应市场经济体制是当前环保工作的任务之一。排污权交易和排污收费制度就是其中两种重要的环境管理的经济手段。排污收费制度是运用经济手段要求污染者承担污染损害的一种手段；排污权交易依据市场确定价格从而优化资源配置，即优化污染治理的责任配置过程。

第一节　排污收费制度

一、基本概念

排污收费是国家对排放污染物的组织和个人（即污染者）实行征收排污费的一种制度。这是贯彻"污染者负担"原则的一种形式，是控制污染的一项重要经济手段。国外称为污染收费或征收污染税。

二、排污收费的理论基础

1. 环境资源的价值理论

根据环境经济学理论，环境资源是有价值的，因此对环境资源必须有偿使用。

根据环境科学理论，向环境排放污染物，实质上是利用了稀缺的环境容量资源。环境容量是指在人类生存和自然生态系统不致受害的前提下，某一环境所能容纳的污染物的最大负荷量。环境容量资源是一种环境资源，它也具有价值，对环境容量资源也应该有偿使用。因此，排污者向环境排放污染物，应该缴纳环境容量资源的有偿使用费。

2. 经济外部性理论

向环境排放污染物，会造成环境污染，环境污染又会造成社会损害，即产生了外部不经济性。根据环境经济学理论，应该使外部不经济性内部化。

3. 污染者负担原则

1972 年 5 月，经济合作与发展组织（OECD）环境委员会提出了污染者负担原则（又称PPP 原则），即排污者应当承担治理污染源、消除环境污染、赔偿受害人损失的费用。依据PPP 原则的要求，各国先后实施了排污收费制度。

依据污染者的负担比例，PPP 原则可以分为欠量负担（污染者负担一部分费用）、等量负担（污染者负担全部费用）、超量负担（污染者负担除全部费用外，再追加罚款）。

三、排污收费的类型

我们可以根据不同的分类标准对排污收费进行分类。

1. 按收费依据分类

按照收费依据，排污收费可以分为浓度收费和总量收费。

（1）浓度收费　浓度收费是指根据污染物的排放浓度计征排污费。我国在 2003 年 7 月以前实行的都是浓度收费。浓度收费比较简单，但不科学。

（2）总量收费　总量收费是指根据排污者排放污染物的总量计征排污费。由于污染物种类繁多，一般是通过污染当量（或人口当量、损害单位）来计量排污单位的排污总量，然后根据污染当量来计算排污费。

2. 按照排污收费与排放标准的关系分类

根据污染物排放标准，向环境排放污染物可以分为达标排放（污染物排放浓度低于排放标准）和超标排放（污染物排放浓度高于排放标准）两种情况，与此相对应，排污收费可分为排污费和超标排污费。

（1）排污费　所有向环境排放污染物的排污者均应缴纳排污费，而不管其污染物浓度是否超标。我国从 2003 年 7 月在全国范围实施的总量收费就是排污收费（噪声超标排污费除外）。

（2）超标排污费　对超标排放污染物的行为征收超标排污费，而达标排放时，不征收超标排污费。2003 年 7 月以前，我国的废气超标排污费、噪声超标排污费就是典型的超标排污费。

环境对污染物有一定的容纳量，即环境容量。环境容量资源是一种流失性资源，应对其合理利用，从这一角度讲，超标收费是可行的。一般来说，在排污收费制度的初期，大多采用超标排污费。

3. 按照排污收费的功能划分

按照排污收费的功能，排污收费可以分为以下三类。

（1）刺激型排污收费　刺激型排污收费的主要目的是刺激排污者治理污染，一般来说，这种类型的排污收费的收费标准较高（高于污染治理成本），因而排污者愿意选择治理污染，而不是向环境排放污染物。目前，发达国家多采用刺激型排污收费。

（2）筹集资金型排污收费　筹集资金型排污收费的主要目的是筹集专项资金，以解决环境保护资金不足的困难，这种类型的排污收费的收费标准较低（低于污染治理成本），因而排污者宁愿选择向环境排放污染物，而不是进行污染治理。目前，发展中国家多采用筹集资金型排污收费。

（3）混合型收费　混合型排污收费兼顾了排污收费的刺激污染治理和筹集资金两种功能，一般来说，这种类型的排污收费的收费标准介于刺激型排污收费和筹集资金型排污收费之间。我国的排污收费制度就属于混合型收费。

4. 按照受控污染因子分类

按受控污染因子，排污收费可以分为以下两类。

（1）单因子收费　单因子收费是指当同一排污口排放的污染物有多种类型时，仅按收费额最高的一种污染物收取排污费。如我国 1982～2003 年实行的污水超标排污费、废气超标排污费、噪声超标排污费就是典型的单因子收费。

（2）多因子收费　多因子收费是指当同一排污口排放的污染物有多种类型时，叠加征收多种污染物的排污收费。我国现在实行的总量收费制度规定，污水、废气按 3 个污染因子收费，实际是部分多因子收费。根据环境经济学理论，多因子收费是排污收费的发展方向。

四、排污收费的计算方法

（一）污水排污费的计算方法

1. 污水排污费的收费规定

根据我国的排污收费政策，污水排污费的收费规定如下。

① 排放污水实行排污就收费，三因子总量收费。

② 对超标准排放，加倍征收污水排污费。

③ 城市集中污水处理设施实行不超标不收费，超标加倍收费。

④ 废水中一类污染物按车间排放口排放量收费。

⑤ 同一排污者有多个排放口，应分别计算叠加征收排污费。

⑥ 对同一排放口中的同类污染物或相关污染物的不同指标不应重复收费，同一排放口中的化学需氧量（COD）、五日生化需氧量（BOD$_5$）、总有机碳（TOC）只收一项，大肠菌群数和总余氯量只征收一项。

⑦ 对冷却排水和矿井排水只按增加的污染物征收。

⑧ 对畜禽养殖场和医院，规模化才征收污水排污费。

⑨ 对小型排污者可以采用抽样测算的办法核算排污量计征排污费。

2. 污水排污费计算步骤

（1）查水污染物排放标准

按照国家综合排放标准与国家行业排放标准不交叉执行的原则，航天推进剂使用执行《航天推进剂水污染物排放标准》（GB 14374—1993），钢铁工业执行《钢铁工业水污染物排放标准》（GB 13456—2012），《海洋石油勘探开发污染物排放浓度限值》（GB 4914—2008），船舶执行《船舶污染物排放标准》（GB 3552—1983），污水海洋处置工程执行《污水海洋处置工程污染控制标准》（GB 18486—2001），纺织染整工业执行《纺织染整工业水污染物排放标准》（GB 4287—2012），《制浆造纸工业水污染物排放标准》（GB 3544—2008），合成氨工业执行《合成氨工业水污染物排放标准》（GB 13458—2013），磷肥工业执行《磷肥工业水污染物排放标准》（GB 15580—2011），烧碱、聚氯乙烯工业执行《烧碱、聚氯乙烯工业水污染物排放标准》（GB 15581—1995），兵器工业执行《兵器工业水污染物排放标准》（GB 14470.1～14470.2—2002），城镇污水处理厂执行《城镇污水处理厂污染物排放标准》（GB 18918—2002），畜禽养殖业执行《畜禽养殖业污染物排放标准》（GB 18596—2001），肉类加工工业执行《肉类加工工业水污染物排放标准》（GB 13457—1992），味精工业执行《味精工业污染物排放标准》（GB 19431—2004），柠檬酸工业执行《柠檬酸工业水污染物排放标准》（GB 19430—2013），医疗机构执行《医疗机构水污染物排放标准》（GB 18466—2005），啤酒工业执行《啤酒工业污染物排放标准》（GB 19821—2005），其他行业均执行《污水综合排放标准》（GB 8978—1996）。

（2）计算污染当量数

一般污染物污染当量数计算方法如下。

$$污染当量数＝排放量/污染当量值$$

$$pH 值、大肠杆菌、余氯量的污染当量数＝污水排放量/污染当量值$$

$$色度的污染当量数＝污水量×色度超标倍数/污染当量值$$

$$色度超标倍数＝（实际值－标准值）/标准值$$

$$畜禽养殖、小型企业和三产的污染当量数＝污染排放特征值/污染当量值$$

（3）计算某一污水排放口的污染当量总数

将每个排污口的前三位污染物当量数（对超标排放污染物的当量数应加 1 倍计算）相加得到该排污口的总污染当量数，即为每个排污口的排污总量（当量总量）。

（4）计算某一排污口污水排污费

$$污染排污费＝0.7×污染当量总数$$

对超标污染物，加 1 倍征收超标排污费。

【案例一】

某化工厂 1990 年建成投产，2006 年 5 月废水排放情况为，废水量 10 万立方米，污染物排放浓度 COD 200 毫克/升、BOD 80 毫克/升、SS 150 毫克/升、石油类 20 毫克/升、pH 值 4。该厂污水排入Ⅳ类水水域，求该厂 2006 年 5 月份应缴纳的污水排污费。

解：① 查排放标准。该化工厂执行《污水综合排放标准》中的二级标准，即 COD 150 毫克/升、BOD 60 毫克/升、SS 200 毫克/升、石油类 10 毫克/升、硫化物 1.0 毫克/升、pH 值 6~9。

② 计算污染物当量数

$$COD 月排放量 = 10^{-3} \times 100000 \times 200 = 20000 千克/月（超标排放）$$
$$COD 的当量数 = 20000 千克/1 千克 = 20000 污染当量$$
$$BOD 月排放量 = 10^{-3} \times 100000 \times 80 = 8000 千克/月（超标排放）$$
$$BOD 的当量数 = 8000 千克/0.5 千克 = 16000 污染当量$$
$$SS 月排放量 = 10^{-3} \times 100000 \times 150 = 15000 千克/月（达标排放）$$
$$SS 的当量数 = 15000 千克/4 千克 = 3750 污染当量$$
$$石油类的月排放量 = 10^{-3} \times 100000 \times 20 = 2000 千克/月（超标排放）$$
$$石油类的当量数 = 2000 千克/0.1 千克 = 20000 污染当量$$
$$pH 值的当量数 = 100000 吨污水/1 吨污水 = 100000 污染当量（超标排放）$$

排污当量前三位是 pH 值（超标不加倍）、COD（超标加倍）、石油类（超标加倍），COD、BOD 只收一项。

$$污染当量总数 = 100000 + 20000 + 20000 = 140000 污染当量/月$$

③ 计算污水排污费

$$污水排污费基本收费额 = 0.7 元/污染当量 \times 140000 污染当量/月 = 98000 元/月$$
$$超标加倍收费额 = 0.7 元/污染当量 \times (20000 + 20000) 污染当量/月 = 28000 元/月$$

该化工厂 2006 年 5 月应该缴纳污水排污费 = 98000 + 28000 = 126000 元

（二）废气排污费的计算

1. 废气排污费的收费规定

根据我国的排污收费政策，废气排污费的收费规定如下。

① 排污即收费　超标准排放废气污染物，按照《大气污染防治法》的规定进行相应处罚。

② 废气排污费的多因子收费规定为排污量最多的 3 个污染因子叠加收费。

③ 同种污染物不同污染因子不得重复收费，烟尘与林格曼黑度只收一项。

④ 二氧化硫和氮氧化物排污费征收标准遵守分期实施逐步到位的原则。

⑤ 一个排污者有多个排污口，应分别计算合并征收。

2. 废气排污费计算步骤

（1）查大气污染物排放标准　按照综合性排放标准与行业性排放标准不交叉执行的原则，锅炉执行《锅炉大气污染物排放标准》（GB 13271—2014），工业炉窑执行《工业炉窑大气污染物排放标准》（GB 9078—1996）、《火电厂大气污染物排放标准》，火电厂执行《火电厂大气污染物排放标准》（GB 13223—2011），恶臭物质排放执行《恶臭污染物排放标准》（GB 14554—1993），其他行业均执行《大气污染物综合排放标准》（GB 16297—1996）。

（2）计算污染物当量数

$$污染当量数 = 排放量/污染当量值$$

（3）计算某一废气排放口的污染当量总数

前三位污染当量数相加得到该排污口的总污染当量数。

（4）计算某一排污口废气排污费

$$废气排污费 = 0.6 \times 前 3 项污染物的污染当量数之和$$

【案例二】

某钢厂废气产生速率为 5 万立方米当量/小时，废气中污染物的浓度为粉尘 5 克/立方米、二氧化硫 0.8 克/立方米、一氧化碳 6 克/立方米、氮氧化物 0.4 克/立方米、氟化物 0.01 克/立方米。除尘设施除尘率为 95%，一氧化碳的回收率为 90%。该厂 2006 年 5 月生产 720 小时，计算该厂 5 月份应缴纳的废气排污费。

解：① 计算污染物当量数

$$废气量 = 50000 \times 720 = 36 \times 10^6$$

$$粉尘排放量 = 10^{-6} \times 36 \times 10^6 \times 5000(1-95\%) = 9000 kg/月$$

$$粉尘的污染当量数 = 18000 \div 4 = 2250 \ 污染当量$$

$$二氧化硫的排放量 = 10^{-6} \times 36 \times 10^6 \times 800 = 28800 \ kg/月$$

$$二氧化硫的污染当量数 = 28800 \div 0.95 = 30315.8 \ 污染当量$$

$$一氧化碳的排放量 = 10^{-6} \times 36 \times 10^6 \times 6000(1-90\%) = 21600 \ kg/月$$

$$一氧化碳的污染当量数 = 21600 \div 16.7 = 1293.4 \ 污染当量$$

$$氮氧化物的排放量 = 10^{-6} \times 36 \times 10^6 \times 400 = 14400 \ kg/月$$

$$氮氧化物的污染当量数 = 14400 \div 16.7 = 15157.9 \ 污染当量$$

$$氟化物排放量 = 10^{-6} \times 4000 \times 9000 \times 10(1-90\%) = 360 kg/月$$

$$氟化物的污染当量数 = 360 \div 0.87 = 413.8 \ 污染当量$$

② 废气中污染物总排放量

废气中污染当量数排序在前三位的是二氧化硫、粉尘、氮氧化物。

$$总的污染物排放量 = 30315.8 + 2250 + 15157.9 = 47723.7 \ 污染当量$$

③ 该厂 2006 年 5 月废气总排污费

$$30315.8 \times 0.4 + 2250 \times 0.6 + 15157.9 \times 0.6 = 22571 \ 元$$

（三）固体废物排污费的计算

根据我国的排污收费政策，固体废物排污费的收费规定如下。

① 对固体废物实行排污即收费和一次性征收排污费的政策。

② 对无专用贮存场、无专用处置设施或有专用贮存场、有专用处置设施但达不到环境保护标准（即无防渗漏、防扬散、防流失设施）排放的工业固体废物，征收固体废物排污费。

固体废物排污费的收费计算如下。

$$固体废物排污费 = 固体废物排放量 \times 收费标准$$

【案例三】

某钢铁厂，月生产 30 天，每天产生冶炼渣 1 万千克，该厂没有专用废渣贮存场，计算该钢铁厂每月应缴纳的固体废弃物排污费。

解：① 冶炼渣属于工业固体废弃物，没有专用的废渣贮存场，收费标准为 25 元/吨。

② 计算钢铁厂冶炼渣每月排放量

$$10000 \times 30 \div 1000 = 300（吨）$$

③ 应缴纳排污费

$$300 \times 25 = 7500（元）$$

（四）环境噪声超标排污费的计算

1. 超标噪声排污费的收费规定

根据我国的排污收费政策，超标噪声排污收费的规定如下。

① 环境噪声超标才收费。

② 一个单位边界上有多处噪声超标，征收额应按最高超标声级计征。

③ 同一施工场地多个建筑施工阶段同时进行时，按噪声限值最高的施工阶段计征超标噪声排污费。

④ 对超标噪声分昼夜计征，叠加收费。

⑤ 夜间超标噪声按等效噪声和峰值超标噪声计。

⑥ 一个单位有多个不同的作业场所，应分别计算合并征收。

⑦ 一个厂界沿边界长度超过 100 米的边界上有两处（含两处）以上噪声超标的，按超标排污费最高一处再加一倍征收超标噪声排污费。

⑧ 农村建筑噪声不征收超标噪声排污费。

⑨ 机动车、飞机、船舶等流动污染源暂不征收噪声超标排污费。

2. 噪声超标排污费计算步骤

① 查噪声排放标准。建筑施工场地适用《建筑施工场界噪声排放标准》（GB 12523—2011），其他排污单位适用《工业企业厂界环境噪声排放标准》（GB 12348—2008）。

② 计算超标噪声值

超标噪声值＝噪声值－标准值

频繁突发噪声＝峰值噪声－（标准值＋10）

偶然突发噪声＝峰值噪声－（标准值＋15）

③ 查收费标准。根据超标噪声值，查收费标准。

④ 确定各点超标噪声排污费。对于噪声超标不足 15 天的，超标噪声排污费应该减半收费。

⑤ 选择、叠加。在昼间、夜间分别选择最高收费额，叠加得到该排污单位超标噪声排污费基本值。

⑥ 确定超标噪声排污费。判断该排污单位噪声超标的厂界是否超过 100 米，如果没有超过 100 米，则该排污单位的超标噪声排污费基本值就是该排污单位的超标噪声排污费；如果超过 100 米，则需加倍收费，即该排污单位超标噪声排污费基本值乘 2 得到该排污单位超标噪声排污费。

【案例四】

某加工厂，东侧为混合区，南侧为工业区，西侧为交通干线，2006 年 5 月监测到该厂东、南、西的昼/夜噪声分别为 68/59 分贝、68/60 分贝、72/63 分贝，在南侧监测到夜间偶然突发噪声 76 分贝，位于东侧的 1 车间月生产 13 天，位于南、西侧的 2、3 车间月生产 24 天，厂区面积 300×400 平方米。求该厂 2006 年 5 月应缴纳的超标噪声排污费。

解：① 查噪声排放标准。该厂东、南、西侧分别适用《工业企业厂界噪声标准》（GB 12348—90）的 Ⅱ、Ⅲ、Ⅳ类区域标准，东、南、西侧昼/夜噪声标准值分别为 60/50 分贝、65/55 分贝、70/55 分贝。

② 计算超标噪声值

东侧昼间噪声值＝68－60＝8

东侧夜间噪声值＝59－50＝9

南侧昼间噪声值＝68－65＝3

南侧夜间噪声值＝60－55＝5

西侧昼间噪声值＝72－70＝2

西侧夜间噪声值＝63－55＝8

西侧夜间偶然突发噪声值＝76－（55＋15）＝6

③ 查收费标准。根据各点超标噪声值，查超标噪声收费标准，结果如下。

东侧昼间噪声超标排污费为 1760 元

东侧夜间噪声超标排污费为 2200 元

南侧昼间噪声超标排污费为 550 元

南侧夜间噪声超标排污费为 880 元

西侧昼间噪声超标排污费为 440 元

西侧夜间噪声超标排污费为 1760 元

西侧夜间偶然突发噪声超标排污费为 1100 元

④ 确定各点超标噪声排污费。东侧噪声超标不足 15 天，超标噪声排污费应该减半收费，东侧昼/夜超标噪声排污费为

$$1760 \div 2 = 880（元）$$
$$2200 \div 2 = 1100（元）$$

⑤ 选择、叠加。在东、南、西侧昼间噪声超标排污费中选 880 元，在东、南、西侧夜间和西侧夜间偶然突发噪声超标排污费中选 1760 元，昼夜叠加 1760 + 880 = 2640 元。

⑥ 确定超标噪声排污费。该厂噪声超标的厂界超过 100 米，需加倍收费，该厂应缴纳超标噪声排污费为

$$2640 \times 2 = 5280 元$$

五、排污收费的作用

环境外部性一般都是用收益或费用来测度的，具体指标很多。

排污收费制度在我国环境保护工作中发挥着重要作用，有以下两种具体表现。

1. 经济刺激

通过征收排污费，给排污者施加了一定的经济刺激（排污者需支付一定数额的排污费），这将促使排污单位减少污染物排放。如图 9-1 所示，企业的污染物产生量为 Q，曲线代表排污单位的边际污染治理费用，在排污收费水平 T_1 下，企业污染物排放量为 Q_1，此时，企业缴纳的排污费（图中 OT_1CQ_1 的面积，记为 $S_{OT_1CQ_1}$）与污染治理费用（S_{CQ_1Q}）之和最小；若企业将排污量增加到 Q_3，则企业将增加支付费用为 S_{CDE}；若企业将排污量减少为 Q_2，则企业将增加支付费用为 S_{BCG}。

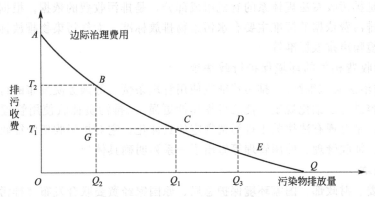

图 9-1　排污收费的经济刺激作用

另外，若将排污收费水平提高到 T_2，同样道理，企业污染物排放量为 Q_2。由此可以看出，通过征收排污费，可以刺激企业治理污染，减少污染物排放。

排污收费制度的经济刺激作用表现在促进了老污染源的治理、控制了新污染源的产生、促进了工业"三废"的综合利用。

2. 筹集资金

排污收费的另一项功能是筹集资金，即通过实施排污收费制度，可以筹集到一部分专项资金。如我国从 20 世纪 70 年代末期开始实施排污收费制度，到 2011 年，全国排污费征收总额达到 200 亿元❶。排污收费制度筹集的专项基金，为我国的环境保护工作开辟了一条新的集资渠道。此外，排污费政策有利于激励企业进行污染控制技术创新，还能够为政府带来税收收入。

六、我国的排污收费制度

（一）我国排污收费制度的发展历程

排污收费制度已在我国实施了 30 多年，可以将其发展历程分为提出与试行、建立与实施、改革与发展三个阶段。

1979 年 9 月，江苏省苏州市在 15 个企业开展排污费征收试点工作，成为我国率先试行排污收费制度的城市。1988 年 7 月 28 日国务院发布《污染源治理专项基金有偿使用暂行办法》（国务院第 10 号令），拉开了我国排污收费制度改革的帷幕。1992 年 9 月 14 日，国家环保局、国家物价局、财政部、国务院经贸办联合发布《关于开展征收工业燃煤二氧化硫排污费试点工作的通知》，决定对"两省（贵州、广东）九市（重庆、宜宾、南宁、桂林、柳州、宜昌、青岛、杭州、长沙）"的工业燃煤征收二氧化硫排污费。1998 年 5 月 26 日，国家环境保护总局、国家发展计划委员会、财政部联合发布了《关于在杭州等三城市实行总量排污收费试点的通知》，该文件规定，从 1998 年 7 月 1 日起，在杭州市、郑州市、吉林市开展总量收费试点工作。这标志着我国已经初步建立起总量收费制度。《排污费征收使用管理条例》《排污费征收标准管理办法》《关于减免及缓缴排污费有关问题的通知》以及《关于环保部门实行收支两条线管理后经费安排的实施办法》的颁布，标志着新排污收费制度在我国正式建立。

（二）我国排污收费制度的法律体系

1. 排污收费的相关法律

在我国，与排污收费制度相关的法律有《环境保护法》《水污染防治法》《海洋环境保护法》《大气污染防治法》《固体废物污染防治法》《环境噪声污染防治法》等。

环境标准是排污收费法规体系的有机组成部分，是排污收费的依据。根据排污收费的有关规定，征收排污费依据的标准主要有水污染物排放标准、大气污染物排放标准、固体废物控制标准、环境噪声排放标准等。

2. 与排污收费相关的环境保护行政法规

《水污染防治法实施细则》《排污费征收使用管理条例》等国务院发布的行政法规将排污收费制度的内容进行了细化规定，使之可操作性更强。《排污费征收使用管理条例》是排污费的专项法规，是对现有法律关于排污费规定的具体化，它对排污收费的征收目的、征收对象、征收程序、征收管理、使用管理等做出了一系列明确具体规定。

3. 部门规章

原国家计委、财政部、国家环境保护总局、原国家经贸委联合发布《排污费征收标准管理办法》（2003 年 2 月），国家环境保护总局发布《关于排污费征收核定有关工作的通知》（2003 年 4 月），财政部、国家环境保护总局联合发布《排污费资金收缴使用管理办法》（2003 年 3 月），财政部、原国家计委、国家环境保护总局联合发布《关于减免及缓缴排污

---

❶ 资料来源：http://news.china.com.cn/live/2013-04/23/content_19651590.htm。

费有关问题的通知》（2003年5月），财政部、国家环境保护总局联合发布《关于环保部门实行收支两条线管理后经费安排的实施办法》（2003年4月），国务院2000年第281号令《违反行政事业性收费和罚没收入收支两条线管理规定行政处分暂行规定》（2000年2月1日）等。

4. 地方性法规和规章

各省、自治区、直辖市以及较大城市的人民代表大会及其常委会、人民政府制定了一系列有关排污收费的地方性法规和规章。主要内容包括排污费征收标准调整；贯彻执行法律、行政法规条文的具体规定。如河北省政府发布的《河北省排污费征收使用管理实施办法》等。

（三）我国排污收费的征收程序和收费标准

我国排污收费的征收程序由排污申报登记、排污申报登记的审核、排污申报的核定、排污费的计算、排污费征收和排污费的减、免、缓六大步骤组成。

1982年颁布《征收排污费暂行办法》，制定了污水、废气、废渣排污费征收标准。1991年6月颁布《关于调整超标污水和统一超标噪声排污费征收标准的通知》，对我国的污水超标排污费收费标准进行了修订，同时，统一了我国的噪声超标排污费收费标准。

2003年发布的《排污费征收标准管理办法》制定了我国的总量收费标准[1]，原有收费标准被废止。污染当量是指根据各种污染物或污染排放活动对环境的损害程度、对生物体的毒性以及处理的技术经济性，规定的有关污染物或污染排放活动的相对数量关系。

（四）我国排污收费制度对环境保护的影响[2]

（1）为各级环保机构建设提供经费　按照国务院关于排污费使用的规定，征收排污费的20%可用于环保业务补助，这笔资金保证了各级环境保护机构日常工作的开展以及机构的不断发展。

（2）为环境保护提供专项资金　我国征收的排污费主要用于污染防治，使用中将一部分排污费返还企业，帮助企业治理污染。1982年的《征收排污费暂行办法》中规定：排污单位在采取治理污染措施时，应当首先利用本单位自有财力进行，如确有不足，可报经主管部门审查汇总后，向环境保护部门和财政部门申请从环境保护补助资金中给予一定数额的补助。这种补助一般不得高于其所缴纳排污费的80%。2003年新颁布的《排污费征收使用管理条例》中规定征收的排污费主要用于拨款补助或者贷款贴息，同时新条例规定排污费全部用于环境污染治理。

（3）刺激排污单位积极治污　通过征收排污费，企业对比分析其边际控制成本、边际社会收益，不断采取新污染控制技术来控制污染，从而减少污染物的排放量。根据环境保护部门的调查、分析，通过实施排污收费制度，在一定程度上起到了促进排污单位治理污染，加强环境管理，加快技术进步的积极作用。

（五）存在的问题

第一，主要污染物排污费征收标准偏低，不高于污染治理成本，企业违法成本低，守法成本高，不利于调动企业治污积极性，不利于污染物的治理和减排。

第二，因政府干预、执法不严或监测手段落后、不能准确核定排放量等原因导致的排污费不足额征收影响了污染治理资金的筹集和环保设施的建设。

第三，部分地方存在截留、挪用、挤占排污费的现象，影响环境污染防治。

第四，排污费允许进入产品成本，降低了排污收费制度的实际效率。

---

[1]　总量收费是指一切排污单位和个体工商户按照排放污染物的种类和数量，以污染当量计征排污费。

[2]　宁晓伟. 我国排污权交易与排污收费制度整合问题研究. 河南大学, 2010.

根据《征收排污费暂行办法》的规定，企业缴纳的超标排污费和污水费允许进入产品成本。排污费可以转嫁给消费者，"污染者付费"的原则实际上已经被"消费者付费"所取代，从而弱化了排污费与厂商产量之间的关联度。

第五，对单位超标排污量的统一收费导致排污者实际负担的不公平。例如，企业甲和企业乙的污水超标排放量均为 50 吨，但企业甲治理污水的成本仅为 5 元/吨，而企业乙每吨污水的治理成本则高达 8 元，那么如果按照统一的超标排污收费标准对甲、乙两家企业实施征收的行为将产生事实上的不公平。

第六，政府对排污费的使用不当导致排污收费制度的低效率。

（六）完善排污收费制度的建议❶

① 研究调整排污费征收标准，提高企业治污积极性。依据"谁污染、谁付费"原则积极推进环境污染外部成本的内部化。力争在"十二五"期间将二氧化硫排污费征收标准逐步提高到治理污染的全部成本水平。

② 切实加强排污费征收管理。各级环保部门须严格依据国家规定的征收标准计征排污费。同时，严格核定排污者的污染物排污量。

③ 建立排污量和排污费缴纳情况公告制度。

④ 积极开展排污费征收情况稽查，加强污染源自动监控设施建设。

⑤ 强化政府对排污费的有效监管，杜绝排污费的"无偿返还"。

⑥ 政府职能部门必须制衡，立法权、执行权、处置权必须相对的分离。

排污费的征收都是按照国家制定的排污标准进行的，这在一定程度上保证了立法权与执行权的分离，但是，对国家排污费征收标准中未作规定的部分，将由各个省、自治区、直辖市的环保部门制定地方的排污费征收标准，并由当地政府报国务院价格主管部门、财政部门、环境保护行政主管部门和经济贸易主管部门备案。

此外，县级以上政府的环保部门对本辖区内企业排污费的减、免、缓等申请均享有独立的裁定权，裁定结果在当地公告后即可生效。由此看来，省、自治区、直辖市的环保部门仍然存在"既当裁判又当运动员"的机会，一旦政府所追求的经济增长目标与环保发生冲突，我们将无法确定这些部门制定排污费征收标准的公平性。

比如，A 市为了招商引资而不惜牺牲环境，对这种经济发展战略，当地环保部门其实是持反对意见的，但是由于环保部门归 A 市市政府管理，最终往往是以环保部门的退让为结局。

⑦ 提高排污费使用效率。应该思考如何创新排污费使用的监督评价机制，激励资金掌管者提高排污费的使用效率。建立有效的监督评价制度，提高治污资金的使用率，避免治污资金的浪费。

在现实中，获得专项贷款的企业经常将治污资金挪作他用，再将所剩无几的基金投入治污项目中，最终治污项目由于资金不足而被迫"流产"。因此，治污费一旦列入治污资金，就必须强化对治污项目的效果评价，前期评价作为后期贷款的依据，接受专项贷款的法人应该对贷款用途承担行政或法律责任。

七、排污费的使用对环境保护的刺激作用

（一）排污费的使用范围

《排污费征收使用管理条例》规定，"排污费必须纳入财政预算，列入环境保护专项资金

---

❶ 来源：http://www.ndrc.gov.cn/jggl/jgqk/t20070404 126543.htm.

进行管理，主要用于下列项目的拨款补助或者贷款贴息：重点污染源防治；区域性污染防治；污染防治新技术、新工艺的开发、示范和应用；国务院规定的其他污染防治项目。"

环境保护专项资金应严格做到专款专用，严格规定各级政府部门、财政部门和环保部门必须按照规定严格审批、管理和监督，任何单位不得截留、挤占和挪用。

为了严格环境保护专项资金的使用管理和监督，《排污费征收管理使用条例》明确规定排污费的使用管理由环境保护部门和财政部门按职能分工共同管理，互相监督，以保证资金的专款专用。环境保护部门负责编制环境保护专项资金使用项目的计划和计划审批后实施过程中的检查、监督和验收，财政部门负责计划的资金审批、资金使用方向的审查。

（二）环境保护专项资金使用的程序

1. 编制环境保护专项资金使用指南

国务院财政、环境保护行政主管部门每年应根据国家环境保护宏观政策和污染防治工作的重点，编制下一年度的环境保护专项资金申请指南。地方财政、环境保护行政主管部门可以参考国务院财政、环境保护行政主管部门编制的环境保护专项资金申请指南，并根据本地区污染防治工作的重点，制定本地区的环境保护专项资金申请指南。

2. 提出资金使用申请

污染治理项目组织实施单位应根据污染治理项目和开发项目的具体情况，确定申请哪一级环境保护专项资金。

中央环境保护专项资金的使用申请：项目组织实施单位属中央直属单位的，在经项目所在地省级财政、环保部门同意并签署意见后，通过其主管部门（总公司、集团公司）向财政部和环保总局申报。非中央直属单位应通过其所在地的省、自治区、直辖市财政部门和环境保护部门联合向国家环境保护总局和财政部提出申请。

省级环境保护专项资金的使用申请：省直属单位通过其主管部门直接向省级环境保护部门和财政部门提出申请；非省级直属单位应通过其所在地区市级环境保护部门和财政部门联合向省级环境保护部门和财政部门提出申请。

市级环境保护专项资金的使用申请：市级直属单位通过其主管部门直接向市级环境保护部门和财政部门提出申请；非市级直属单位应通过其所在地县级环境保护部门和财政部门联合向市级环境保护部门和财政部门提出申请。

县级环境保护专项资金的使用申请：项目组织实施单位直接向县级环境保护部门和财政部门提出申请。

申请使用环境保护专项资金时，需要提交申请文件，申请文件包括正文和附件。正文为申请环境保护专项资金的正式文件。附件为项目可行性研究报告，内容包括项目实施要达到的目标、技术路线、投资概算、申请专项资金的数额及使用方向、项目实施的保障措施、预期的社会效益、经济效益、环境效益等。如果申请的不是行政拨款，而是申请使用贷款贴息的单位，还应提供经办银行出具的专项贷款合同和利息结算清单。

3. 环境保护部门对申请环境保护专项资金的项目进行项目审查

环境保护部门对申请项目的内容进行审查。审查内容包括项目是否符合环境保护专项资金使用范围；项目是否属于国家和地方的环境保护政策和污染防治的重点；项目申请的文件（包括正文和申请表）是否齐全。

4. 环境保护部门会同财政部门组织专家对项目进行评审

报审的项目经环境保护部门初步审查后，对符合环境保护政策、污染防治工作重点和专项资金使用规定和要求，且所报材料项目齐全，环境保护部门应会同财政部门组织有关专家对项目是否符合国家法律规定、在技术上的可行性、经济上的合理性、环境效益和社会效益显著性等方面进行综合评审。对通过评审的报审项目按其轻重缓急进行统一排序，建立相应的环境保护专项资金项目库进行统一管理，根据专项资金的财政情况分期列入预算。

5. 环境保护部门和财政部门联合下达项目预算

环境保护部门和财政部门根据环境保护专项资金的结存和排污费征收转缴情况，按照"先收后用"的原则，确定财力基础，按照支付能力从列入项目库的项目中分期分批下达使用环境保护专项资金的项目预算。

6. 环境保护部门和财政部门联合拨付项目资金

对列入使用环境保护专项资金的项目预算，由环境保护部门和财政部门根据国家规定的拨付方式，将项目的专项资金按规定下拨给项目组织实施单位或承担单位。

7. 项目组织实施单位或承担单位进行项目招投标

项目组织实施单位或承担单位，在收到环境保护专项资金后，应当严格按照国家有关招投标的管理规定，对其实施的环境污染防治项目进行公开的招投标。

8. 项目实施过程中的监督检查

环境保护专项资金拨付后，财政部门应负责对环境保护专项资金及其配套资金到位情况和使用情况进行监督检查；环境保护部门应负责对项目组织实施单位或承担单位制订的治理方案、设备和工艺的优劣、项目实施进度、污染物削减措施等实施监督检查。

9. 项目竣工后的验收和分析

污染治理项目建设竣工后，应及时向负责环境保护专项资金审批的环境保护部门和财政部门申请验收，并提供相关的文件，如项目工程竣工验收申请、项目工程竣工资金决算表、项目竣工验收申请表和治理效果监测报告等。环境保护部门和财政部门在接到验收申请后，应及时组织有关专家对项目进行验收。

对通过验收的项目，应按规定进行项目效益（社会效益、经济效益、环境效益）评估分析，并将评估报告随项目档案一并归档。

第二节　排污权交易制度

一、基本概念

排污权交易有许多种称谓，如可交易的许可证、可交易的排污权、排污许可交易、可交易的许可证与排污权和排污交易。通常所说的排污权是指排污单位在获得行政部门许可之后，依据排污许可证指定的范围、时间、地点、方式和数量等，排放污染的权利。以排污权进行交易就是排污权交易。

排污权交易由美国经济学家戴尔兹（J. H. Dales）在其1968年发表的著作《污染、财富和价格》中首次提出。美国国家环保局（EPA）首先将其应用于大气污染源及河流污染管理，而后德国、澳大利亚、英国等国家相继开展了排污权交易的实践。

二、排污权交易的理论基础

根据总量控制的要求，环保部门给排污单位颁发排污许可证，排污单位必须按照排污许可证的要求排放污染物。由于经济的不断发展，排污单位及其排污情况会发生变化，会对排污许可证的需求发生变化。排污权交易正是为了满足排污单位的这一需求而产生的。

排污权交易的主要思想是建立合法的污染物排放权利（这种权利通常以排污许可证的形式表现），以此对污染物的排放进行控制。

　　排污权交易的一般做法：政府部门事先确定一定区域的环境质量目标，并据此评估该区域的环境容量；其次，推算出该区污染物的最大允许排放量，并将其分割成若干规定的排放量，即若干排污权；然后，政府对排污权进行分配（采取竞价拍卖、定价出售或无偿分配等方式），建立供其合法买卖的排污权交易市场。实际上，排污权交易是通过模拟市场来建立排污权交易市场，在这个市场体系中，污染者是市场主体，客体是"减排信用"（或称为剩余的排放许可）。

　　排污权交易的理论基础可以用图 9-2 说明。

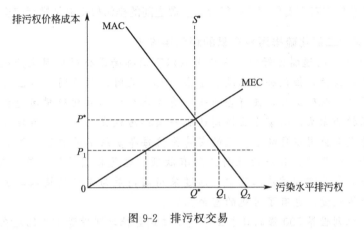

图 9-2　排污权交易

　　图 9-2 中，横轴表示污染水平和排污权。MAC 表示每一污染量对应的控制成本，即排污的边际控制成本，排污量越多（控制量越少），边际控制成本越低。而控制污染的唯一方法是减少产量，因此边际控制成本 MAC 实际为排污权的需求曲线。MEC 表示边际外部成本。Q^* 为最优排污权数量，P^* 为排污权的最优价格。对管制当局而言，发放 Q^* 数量的排污权就可以实现帕累托最优。S^* 代表排污权的供给曲线，排污权的发放由政府管制，所以不受价格变动影响。当排污权的价格为 P_1 时，企业选择购买 Q_1 排污权，因为如果企业的排污量小于 Q_1（Q_1 的左侧），购买排污权比控制污染更便宜（MAC 高于 P_1）；如果企业的排污量大于 Q_1（在 Q_1 右侧），控制排污的成本就比购买排污权的成本低（MAC 在 P_1 线的下方），企业会选择控制排污量，将排污量从 Q_2 减少到 Q_1。

　　既然存在排污权的供给与需求，排污权的供给者和需求者就可能进行交易，这就形成了排污权交易市场。

　　排污权交易是一种基于市场的环境政策，排污权交易必须在环境管理部门监督管理下才能完成交易，下面对排污权交易作三点说明。

　　（1）排污权交易是环境容量资源商品化的体现　排污权是排污企业向环境排放污染物的一种许可资格。环境容量是一种资源，这里所指的环境容量是环境的纳污能力，它是有价值的。排污企业向环境排放污染物，实质上就是利用了环境容量资源。因此，排污权交易的对象是环境容量资源。

　　我国明确规定环境容量所有权归国家所有，企业拥有排污许可的使用权。环境有一定容量说明环境有一定的自净能力。国家通过建立总量排放制度，将排污指标分配到企业，赋予企业一定的向自然界排放污染的权利，作为企业为社会创造财富、做出贡献的回馈。

　　（2）排污权交易实际上是排污许可制度的市场化形式。

　　（3）排污权交易是环境总量控制的一种措施　排污权交易的实质就是采用市场机制达到保护环境的目标。

三、排污权交易类型

从经济学角度看,排污许可证的交易方式有无偿交易和有偿交易两种类型。无偿交易是指排污许可证指标在排污单位之间无偿转让;有偿交易是指排污许可证指标在排污单位之间有偿转让。在市场经济体制下,无偿交易显然难以实施,排污许可证的有偿交易应作为排污权交易的一项基本原则。

(一)点源与点源间的排污权交易

这是指排污指标富余的排污单位将其一部分排污指标转让给需要排污指标的排污单位,接收排污指标的排污单位向对方支付相应的货币。点源之间的排污权交易是排污权交易的主要方式。

【专栏】我国首例二氧化硫排污权交易的顺利实施[①]

2002 年年底,南通醋酯纤维有限公司(以下简称南通公司)因生产规模的扩大,需增加二氧化硫排放量,但该公司已没有富余指标。此时,位于同一市区的天生港发电公司由于实施了烟气脱硫工程,使得企业手中有了富余的二氧化硫排污量指标。因此,经南通市环境保护局牵头,两家企业协商达成一项排污权交易。即在为期 6 年的交易期限里,由天生港发电公司以每吨 250 元的交易价格每年卖给南通醋酯纤维有限公司 300 吨的二氧化硫排污权指标,且一次性付清所有款项。这是我国首例二氧化硫排污权交易。之后,南通公司在其四期扩建工程中,通过采用国内最为先进的技术与装备,大幅度降低了二氧化硫排放量,也有了可观的富余指标。

2003 年,位列世界 500 强的日本王子制纸株式会社计划投资 139 亿元在南通经济技术开发区建成迄今日本向海外投资的最大工业项目。作为一个新建项目,这家会社手中没有排污总量控制指标。为此,南通市环境保护局出面当"红娘",安排王子制纸与南通公司进行二氧化硫排污指标的买卖洽谈。南通公司从富余的排污指标中,每年拿出 400 吨二氧化硫排放指标卖给王子制纸,为期 3 年共计 1200 吨。根据南通市的市场行情,每吨二氧化硫排放权的"成交价格"已上涨到了 1000 元。至此,又一桩二氧化硫排污权交易在南通市成交。双方很快签订合同,并一次性付款到位。这样,既保证了王子制纸的顺利开工建设,又使得南通公司有了"赚头",还实现了南通市二氧化硫排放总量的有效控制。

(二)点源与面源间的排污权交易

点源与面源间的交易是指某一排污单位(点源)与面源之间的排污权交易。这种交易方式是排污权交易的一种新形式。

【专栏】工业点源与农业面源排污权交易机制研究[②]

相较于大型工业点源,农业面源污染减排成本较低的状况为两者进行排污权交易提供了有利条件。通过整合众多农户的较少数量的污染物排放量及减排量,农户组织的统一行动可以形成较大的"污染源",便于和工业点源污染进行排污权交易,同时在协商中还可以增加讨价还价的能力。

我们以美国明尼苏达州的一家制糖厂和甜菜种植者之间的交易为例来解释农户形成组织统一行动与点源污染源进行排放权交易的情况。2000~2001 年,制糖厂与 100 名农

---

❶ 根据 2004 年 11 月 3 日《扬子晚报》资料整理。

❷ 王奇,王会,陈海丹等. 工业点源-农业面源排污权交易的机制创新研究. 生态经济,2011(7):29~32;Fang F,William E K,Brezonik P L. Point nonpoint source waterquality trading:a case study in the Minnesota River Basin [J]. Journal of the American Water Resources Association,2005(6):645~658.

场主签订了点源-农业面源排污权交易协定，约定 100 名农场主在其所拥有的 7258 公顷土地上采用覆盖耕种的方式降低污染物排放。经计算，这样可以降低磷排放量为 0.36 千克/公顷。当地市政处理磷的费用最高达到 40 美元/千克，企业需支付给农场主的交易价格仅为 13.72 美元/千克。对企业来说，交易引起的经济成本比直接进行市政处理的费用要少很多。而对于农场主来说，虽然采用覆盖耕种也付出了经济代价，但这样可以有效防止甜菜因风吹而造成的损害，综合而言，收益也得到了提高。

（三）点源与政府间的排污权交易

点源与政府（环保部门）间的排污权交易是排污权交易的一种特殊形式，即排污单位向环保部门购买所需的排污许可证指标。

【专栏】点源（江苏太仓市玖龙纸业公司）与政府（苏州市政府）之间的排污权交易❶

玖龙纸业公司，是一家年产 450 万吨各类纸品的外资企业。2006 年，公司准备建设自备电厂，但缺少每年 1400 吨二氧化硫的排放指标。为解决这一难题，太仓市环境保护局四处寻觅"买卖"的卖方。经过调研了解到，近年来，苏州市政府加快了苏州市郊工业企业集中供热的步伐，一举拔掉了众多小烟囱，使排污总量明显下降。苏州市政府手中就握有了可观的总量控制指标。经过环保部门牵线搭桥，得到了苏州市政府大力支持。玖龙纸业公司正式向苏州市政府购买排污权"买卖"成交，苏州市政府每年卖给太仓玖龙纸业公司二氧化硫排污权 1400 吨，从而有力地支持了这家外资企业的顺利投产运行。

（四）国际排污权交易

为了帮助发达国家实现其减限排温室气体的承诺，《京都议定书》设置了三种灵活机制（又称市场机制），即清洁发展机制（CDM）、联合履行机制（JI）和排放贸易机制（ET）。CDM 机制是发达国家与发展中国家以项目为基础的排放贸易，发达国家从中获得温室气体减排量，发展中国家获得资金和技术。JI 机制是发达国家之间以项目为基础的减排合作，主要在发达国家与经济转轨国家之间开展。ET 机制也是发达国家之间的一种排放额度市场交易的合作机制，目前欧盟在其成员国内部建立了一个排放贸易系统，并很快投入运行。这三种机制实质是国家之间的排污权（温室气体排放权）交易。

【专栏】欧盟的排污权交易体系建设

欧盟的排污权交易体系建设始于 2005 年 1 月，它为欧洲大约 1.2 万个排放设施设立了二氧化碳排放上限。这些设施包括发电机组、炼油设备、建材、造纸和制浆以及金属制造设备等。这一体系的设立意在推动欧盟国家完成《京都议定书》规定的减排目标，以及发展清洁机制项目和联合履约项目。在交易市场里，二氧化碳减排额像任何一种金融产品一样在交易所公开买卖。从事减排交易的公司也能够像其他投资公司一样上市融资。2005 年 1 月 1 日，随着欧盟排放交易市场的正式启动，二氧化碳排放权正式成为可交易的商品，二氧化碳排放权将能在公司企业之间直接进行交易或通过银行和交易所进行交易。

2006 年 1 月 24 日，欧盟碳排放交易市场以 25.50 欧元收盘，较前一天的 26.23 欧元下降了 0.75 欧元。当天场外交易（OTC）总量为 260 万吨。欧盟从 1990～2007 年的历史排放水平和 GDP 之间的相关性表明，2005～2007 年，欧盟碳交易市场（EU ETS）贡献的减排量为 120 万～300 万吨，占总体排放的 2%～5%。

❶ 来源：http://www.cenews.com.cn/historynews/06_07/200712/t20071229_27686.html.

四、排污权交易的特点

排污权交易是运用市场机制控制污染的有效手段，与传统的排放标准（排污管制）、排污收费制度相比，排污权交易具有以下优点。

（1）高效率 排污权交易实际上是将排污指标商品化，从而可以利用市场这只"看不见的手"来自动调节，以实现对环境容量资源的合理利用。

排污权交易既有助于实现污染控制目标，又可以降低污染控制成本，如图 9-3 所示。

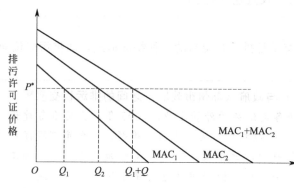

图 9-3 排污权交易使污染控制成本降低

假设只有两个排污单位，分别为单位 1 和单位 2，MAC_1 与 MAC_2 分别表示其污染的边际控制成本。从图 9-3 上可以看出，当排污许可证价格为 P^* 时，两个排污单位分别购买 Q_1、Q_2 的排污许可证，排污单位 2 因治理成本高而购买较多的排污指标。在达到控制目标 Q_1+Q_2 的前提下，两个排污单位的污染控制成本之和最低。

一般说来，排污权的初始分配不影响治理效率，因此环境管理部门所要做的是确定区域的环境质量目标，并根据这一目标制订出该区域的最大排放量；在排污权交易市场上，排污企业从其利益出发，自主决定其排污程度，从而买入或卖出排污权。

（2）有利于政府宏观调控 通过实施排污权交易，有利于政府宏观调控。一是有利于政府调控污染物排放总量，政府可以通过发放或收购排污许可证，控制一定区域内污染物排放总量；二是在必要时可以通过增发或收购排污指标来调节排污权交易价格；三是可以减少政府在制定、调整排污收费标准方面的投入。

如图 9-4，Q^* 表示政府提供的排污许可证指标总量，D_2 为排污许可证的市场需求曲线，此时，排污许可证指标的市场价格为 P，如果排污许可证的需求量增加（如新的企业投产、现有企业扩大生产规模），排污许可证的需求曲线将会由 D_2 变为 D_3，此时排污许可证的市场价格将上升为 P_1。若政府将排污许可证指标的供给量减少为 Q_1，也会出现同样的结果。

如果排污许可证的需求量减少（如企业通过清洁生产等措施减少污染排放量），排污许可证的需求曲线将会由 D_2 变为 D_1，此时排污许可证的市场价格将下降为 P_2。若政府将排污许可证指标

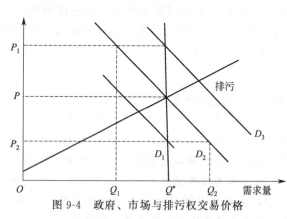

图 9-4 政府、市场与排污权交易价格

的供给量增加为 Q_2，也会出现同样的结果。

（3）避免了管制部门对控制成本的估算偏差 以污染控制为例，污染控制投资在技术上往往是"整体性"的或不可分的。如果要再减少一单位污染，往往需要增加一大笔投资。例如，企业若想再减少一单位的污水排放，就需要购置一台处理设备，甚至需要再建设一座污水处理厂。因此，实际的污染控制投资成本呈阶梯形递增。在确定庇古税时，如果按照减少每一单位污染所分摊的成本求得边际控制成本曲线，则产生与最优庇古税下不同的反应。如

果管制当局估算出的企业的控制成本高于庇古税，则企业将选择交税而不是添置污染控制设备，这样就达不到排污量的控制指标。排污权交易从根本上解决了这一问题，排污权的价格是由市场供求确定的，管制当局只需确定排污权的总量（即污染量减少的总量），就可以交给市场去自行解决。

（4）和庇古税相比，排污权交易既不需要事先一次性确定税额，也不需要对税额进行直接调整　只需确定排污权数量并找到发放排污权的一套机制，然后在市场中由当事人对供给和需求做出反应，进而确定排污权价格。这样，排污权交易的信息成本就可以降低很多。相比较而言，存在通货膨胀时，庇古税的真实价值会降低，控制环境污染的作用会减小，政府必须相应对庇古税作出调整，其管理成本和信息成本都较高。

（5）公平性与普遍性　排污权交易的主体非常广泛，企业、个人均可参与排污权交易。对排污企业而言，可根据自身利益（排污许可证价格与边际控制成本的对比）来灵活确定排污许可证的购买数量和污染治理量；对非排污者而言，可根据自身利益来确定排污许可证的购买数量，以实现控制污染、保护环境的目的。据报道，美国的一些环保团体、公民（包括中小学生）为了改善环境质量，自发购买排污许可证，以减少排污单位的污染物排放量。

（6）灵活性　传统的末端控制要求所有的排污单位必须达标排放。排污权交易与之相比具有更大的灵活性。对新污染源而言，只要满足总量控制的要求，排污单位购买到所需的排污指标后，就可以按规定排污，这为新的排污单位进入某地创造了条件；对现有污染源而言，既可以通过污染治理（或清洁生产）来满足环境保护的要求，也可以通过购买排污指标，来满足环境保护的要求；对环境管理部门而言，只需要控制区域内污染排放的总量，排污权交易的价格则由市场来确定。

（7）排污权交易也存在一些缺点

① 排污许可证的初始分配如果采取拍卖的方式，就会产生与庇古税类似的双重付费的问题。

在政府规定的排污限度以内排污，本来不应付费。但是如果采取拍卖的方式分配许可证，实际上企业对允许的排污也付了费。这样做不尽公平，企业及其利益的代表者可能会对此表示反对。

② 企业对排污权的垄断问题。和其他产品的市场类似，一家企业可能会买下全部排污权，对排污权市场进行垄断。控制排污权市场，实际上就控制了产品市场，使其他企业不能进入该产品市场。

③ 异地交易导致区域排污总量增加。

④ 排污权交易目的的偏差。排污权交易的经济性可能引起企业不正常的交易动机，企业买卖排污权，从中获得经济利润。

⑤ 排污权交易可能带来地区环境污染的隐形转移。

五、设计排污权交易体系应该考虑的问题

成功设计排污权交易体系必须考虑几个问题：一是系统的目标和基本特征，如排污许可的物质基础、可使用排污权的内容、排污权交易的条件、排污权的法律依据以及如何选择参与者；二是确定适当的排污权的初始分配方式；三是如何组织排污权交易；四是建立有效的排污监测系统，如绩效跟踪系统；五是设计激励政策，对遵守环境质量规定的排污企业进行奖励，对不达标排污的企业进行处罚；六是排污权交易制度和其他环境政策的协调等问题。

六、排污权交易应注意的问题

1. 适用范围

从污染物性质角度来看，适宜采用排污权交易的污染物主要是均匀混合吸收性污染物和

非均匀混合吸收性污染物。这些污染物对环境的影响只与污染物的排放量有关。该类污染物排污权交易的管理成本低，排污权交易过程简单。

典型的均匀混合吸收性污染物有二氧化碳、消耗臭氧层物质（ODS）。对非均匀混合吸收性污染物，可通过适当设计将其视为均匀混合吸收性污染物。例如，颗粒物属于非均匀混合吸收性污染物，其污染影响与排放地点相关。但如果适当地划定总量控制的区域，就可以在该区域内视颗粒物为均匀混合吸收性污染物。

从管理成本角度，适合交易的污染物应当具备监测容易、数据可靠、排放影响清楚的特征；从交易市场角度，需要足够的污染源参加交易；从排污权交易角度，污染物环境质量标准控制形式会影响排污权交易的污染物。例如，如果以每小时浓度限值表征污染物环境质量（即污染物的短期浓度是造成危害的主要形式），则对众多污染源的排放浓度、小时排放量或排放速率进行控制尤为重要，控制污染源的年排放量并不能保证短期浓度的达标。用于排污权交易中的排污许可是按照年排放量的形式来操作的，按照短时间设计许可在实际操作中是不可行的。

2. 交易市场的空间范围

市场空间范围的设定应遵循以下三个原则。

（1）市场内的排污者可以清晰地了解自身排放量对环境影响的当量　对均匀混合吸收性污染物，任何范围内的污染源的排放量都是相同的，即污染源的排放当量都是 1。例如，二氧化碳和二氧化硫的排放量控制，可以任意划定交易市场的空间范围。

（2）保证空间范围内有足够的污染源参与交易　该原则实际上也表明了排污权交易手段在污染控制方面的局限。

（3）空间范围内的污染物排放总量与环境质量或者环境保护目标之间的关系是明确的　排污权交易是用来作为一种控制污染物排放量的手段。因此，必须明确和清楚污染控制的目的。例如，二氧化硫排放量控制虽然会对区域二氧化硫浓度的降低有作用，但也可能会使得部分区域的二氧化硫浓度升高，但该手段的目的是控制酸沉降而不是区域环境二氧化硫浓度。

七、美国的排污权交易

美国是最早进行排污权交易理论研究和实践的国家。20 世纪 60 年代，戴尔斯提出运用产权手段控制污染。20 世纪 70 年代，美国开始在大气污染控制和河流污染源管理中应用排污权交易，1975 年开始实施"气泡政策"，1976 年开始实施补偿政策，1979 年实施排污银行计划。

（一）美国的排污权交易政策

美国的排污权交易政策包括以下四种。

1. 气泡政策

在环境管理中，将一定区域内的多个排污口视为一个整体，即一个气泡。在一个气泡内部，不同的排污单位之间可以交易排污许可证指标。

2. 补偿政策

补偿政策是指在保证污染总量下降的前提下，才能允许建立新的排污单位，以此来保证区域环境质量不断改善。即新建、扩建企业时，必须首先削减现有污染源的污染排放量，新建、扩建企业增加的排污量应该小于现有污染源的污染削减量。

3. 节余政策

节余政策要求企业生产规模扩大时，必须通过改进生产工艺，使其排污水平不超过其拥有的排污许可证指标。

4. 排污银行

将企业产生的污染削减量以信用证的形式存入排污权"银行",信用证可以留作将来使用或交易以及抵消新污染源排放量的增加,也可以转让给其他排污单位。

(二) 美国的排污权交易形式

经过近30年的发展,美国形成了不同类型的排污权交易体系。吴健在《排污权交易》(中国人民大学出版社)一书中将美国的排污权交易分为以下两种类型。

1. 排污信用交易

在该体系下,污染源或污染设施削减的污染排放,经过环境保护局认可,就成为排放削减信用,它是交易的媒介或通货。排污信用交易体系没有总量的限制,又被称为"开放市场体系"。

2. 总量控制型排污权交易

总量控制型排污权交易是预先为一定区域内的污染源设立年度排放上限和一定时间内的削减计划。总量控制型排污权交易有总量的限制,又被称为"封闭市场体系"。美国的二氧化硫排放权交易是这种交易的代表,见图9-5。

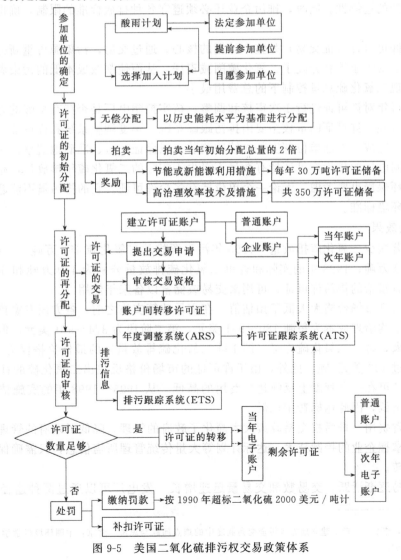

图 9-5　美国二氧化硫排污权交易政策体系

(三) 美国的酸雨计划和二氧化硫排污交易政策

1. 酸雨计划和二氧化硫排污交易

1990 年美国国会通过的《清洁空气法》修正案第四条提出的"酸雨计划"明确规定：分两个阶段在电力行业实施二氧化硫排放总量控制和交易政策，第一阶段（1995 年 1 月至 1999 年 12 月），规定 110 个严重污染电厂的 263 个重点污染源比 1980 年减少 350 万吨二氧化硫排放；第二阶段（2000 年 1 月至 2010 年年底），控制对象增加到 2000 多家，要求规模在 2.5 万千瓦以上的所有电厂都参与该计划，并最终使它们的二氧化硫年总排放量比 1980 年减少 1000 万吨，同时减少氮氧化物排放 200 万吨。确定了整个酸雨项目的环境目标后，美国二氧化硫排放交易政策通过参加单位的确定、初始分配许可、再分配许可（许可证交易）和审核调整许可四个部分工作来实现污染控制的管理目标。

值得注意的是，虽然此种交易方式在理论上可能造成污染物排放量在某年瞬时增大，但从实际情况来看这种情况并未发生，参与交易的企业每年的实际排放量始终保持在每年分配限额附近，近两年还有明显下降。因为随着参与交易的排污者持续增加，持有排污权的排污者对排污权价格的预期使得他们很谨慎地使用手中的排污权利，甚至主动开展减排活动，以保证自身生产的连续性。同时，排污企业还必须遵守各种排放标准的限制，确保当地环境质量的稳定❶。

再分配许可（许可证交易）是整个计划的核心。通过交易，污染源可重新分配其持有的许可，实际上就等于重新分配了二氧化硫削减责任，从而使削减成本低的污染者持有较少的许可证，实现二氧化硫总量控制下的总费用最小。

环保局每年对许可证进行 1 次审核和调整，核实控制电厂是否持有足够的许可证以保证其排放的合法性。许可证的审核主要由排污跟踪系统、年度调整系统和许可证跟踪系统三个数据信息系统完成。参加单位都安装连续监测装置以保证及时、准确地监察排污量。每年年末，所有控制电厂的排污许可证持有数量不得少于实际的二氧化硫年排放量，超出则受到处罚。此外，环保局也要考虑，无论一个单位持有多少许可证，它的排污量不能超过基于健康因素考虑的环境标准。

2. 实施效果

（1）显著减少二氧化硫排放量　1995 年污染源排放二氧化硫 450 万吨，而它们的许可排放量为 740 万吨；1998 年的实际和许可二氧化硫排放量分别为 470 万吨和 600 万吨。这些污染源尚有富余的排污许可证，可用来交易或储蓄以备来年使用。

（2）许可证市场价格大大低于预估值　在交易政策实施之前，各方面专家预测第一阶段二氧化硫的平均治理成本为每吨 180～981 美元，第二阶段为 374～981 美元。但自排污交易政策实施以来，每一二氧化硫许可（即 1 吨二氧化硫排放量）的最低价格仅为 69 美元/吨，最高的也不过 140 美元/吨。此外，由于许可证的市场价格反映出二氧化硫的社会平均治理成本，因此，可在一定程度上反映达标费用的高低。从 1995～1998 年的实施情况看，二氧化硫市场价格低，因此达标费用也低。

（3）节省费用　排污权交易政策大大简化了政府的管理，降低了政府的管理成本。不再要求环保局掌握企业的控制技术、达标计划等大量传统管理所需信息，只需确保排污监测系统的有效运转。

（4）交易逐渐活跃、交易数和交易量迅速增长　发电厂可以通过两种途径获得排放许

---

❶　王军玲，李想，朱晓．建立地方排污全交易制度中的难点问题与思考．北京：中国环境科学学会．（第 3 卷），2011：2352～2354.

可，即由美国环保局主持的小型拍卖年会或与其他电厂进行交易。如图 9-6 所示，在 1980～2006 年，美国的二氧化硫排发权交易相当活跃。

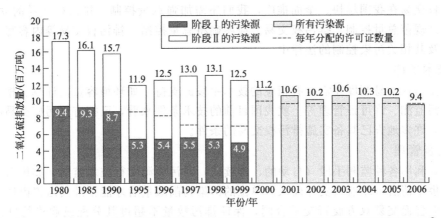

图 9-6　1980～2006 年二氧化硫总量控制与排放交易计划中许可证持有量及排放量❶

3. 美国实施排污交易政策的经验

① 法律基础完善。1990 年《清洁空气法》修正案第四条对排污交易作了明确规定。

② 丰富的排放交易试点经验及大量的酸雨研究。

③ 技术先进。企业都安装了先进的在线连续监测设备，且与美国环保局连网。

④ 完善的信息系统。以计算机网络为平台的排放跟踪系统、审核调整系统和许可跟踪系统使企业、官员和所有感兴趣的公民可随时了解企业二氧化硫排污状况和许可证交易状况，信息透明度大。

⑤ 良好的市场。美国是市场经济发育最好的国家，有完善的证券交易市场和经纪人制度。

八、我国的排污权交易

（一）排污权交易实施的可行性

排污权交易作为一项经济手段，是市场经济体制下环境保护的有效措施。根据国外排污权交易的成功实践以及我国一些地方试点的经验，排污权交易适合我国的国情，应尽快在我国推广。在我国实施排污权交易制度的可行性可从以下几方面说明。

1. 法律保障

目前，我国的法律虽没有对排污权交易作明确规定，但在一些政策、法规中已涉及排污权交易的内容。

① 1988 年 3 月国家环境保护局颁布的《水污染物排放许可证管理办法》规定："水污染物排放指标，可以在本地区的排污单位间互相调剂。"

② 1992 年国务院批准的我国环境发展十大对策之一是"运用经济手段保护环境"。

③ 1993 年国务院批准的《中国环境保护行动计划（1991～2000）》中规定："要根据中国的具体情况，借鉴国际社会的成功经验，制定和实施一些新的环境政策。中国目前的环境保护政策中，仍有一些未涉及的领域，或有待进一步深化的问题，如排污收费、排污权交易、污染集中控制等方面，都需要制定一些具体的政策规定"。

④ "国务院关于落实科学发展观加强环境保护的决定"（2005.12.14）规定："运用市场机制推进污染治理……有条件的地区和单位可实行二氧化硫等排污权交易"。

---

❶　来源：EPA Acid Rain 2006 Progress Report.

除此之外，部分地区如上海市、本溪市、包头市、青岛市、太原市已经制定了有关排污权交易的地方法规、政策。但是，上述政策、法规还不能有效地保证排污权交易的实施，为了使排污权交易在我国尽快、全面推广，我们还需加强总量控制、排污权交易的立法进程，通过法律来规范总量控制、排污权交易。应明确将总量控制、排污权交易等内容写入《环境保护法》及其相关污染控制的法律中。

2. 技术条件

实施排污权交易制度还需要有相应的技术手段的支持，如环境容量的计算、排污指标的分配、排污监测、许可证管理等。就我国目前的技术条件来看，已拥有排污权交易所需要的全部技术，许多地方已具备实施排污权交易的条件。

3. 监督管理

政府要利用各种监测手段（自动的、连续的）对污染源实行技术监测。如排污单位提出排污权出售申请后，政府核实并确认该单位的污染物削减量后才能批准其出售申请。交易达成后，政府督促交易双方履行交易合同，保证排污数量不超过其分配或购买的排放量。此外，在时间、空间分布上，也需要政府监督排污权交易。

4. 信息收集

涉及价格、需求量和供给量、需求单位和供给单位等。信息收集的程度也将直接影响交易成本和交易成功率。

（二）排污许可证的交易程序

排污许可证的交易程序主要包括以下几个步骤。

1. 初始排污权分配

初始排污权分配是进行排污权交易的基础。实施总量控制制度，首先需要将排污许可证指标分配给辖区内的排污单位，排污单位按照排污许可证的要求排放污染物。

2. 申请

由排污权交易的出让方与购买方向环保部门提交排污权交易申请书，申请书中需填写的内容包括购买（出让）排污指标的种类、数量、交易时间、地点等。

3. 审核

环保部门对排污权交易的审核主要包括以下三点。

（1）审核排污许可证出让方　主要审查出让方是否有富余的排污许可证指标，该指标通过污染治理、清洁生产、产品（业）结构调整等措施获得，且排污许可证指标必须是持久的、可定量的、可实施的。

（2）审核排污许可证购买方　一般说来，排污许可证购买方应符合国家产业政策和环境保护法律、政策的要求；否则，环保部门不能批准交易。例如，环保部门不允许"十五小"❶企业购买排污许可证指标。

（3）审核交易双方　包括两点：①审核排污许可证指标，防止指标过分集中。例如，对一个城市大气污染物总量控制而言，如果大气污染物排污许可证指标过分集中于城市的某一局部地区，虽然总量指标没有超过该城市的总量控制指标，但仍可能造成某一局部地区严重的大气污染；②审核交易量，若交易双方在同一功能区，一般可进行等量交易，若交易双方不在同一功能区，则须根据排污权交易系数核算后的排污许可证指标进行交易。

---

❶ "十五小"是指小造纸、小改革、小染料、土法炼汞、土法炼砷、土法炼焦、土法炼油、土法炼铅锌、土法炼硫、土法选金、土法农药、土法漂染、土法电镀以及土法生产石棉制品和土法生产放射性制品企业，是国务院1996年颁布的《国务院关于加强环境保护若干问题的决定》中明令取缔关停的十五种重污染小企业。

4. 协商

申请交易的就排污权交易的数量、价格、时间等具体内容进行协商，最终达成排污权交易协议。必要时，还需环保部门参与协商，向交易双方提供有关排污许可证指标的供求信息、污染治理技术、成本信息等，供交易双方参考。

5. 发证

经审核合格后，环保部门向排污权交易双方发放新的排污许可证。发放新的排污许可证后，排污权交易才能生效。

（三）我国排污权交易的实践

20世纪80年代，上海市开始在黄浦江进行水污染物排放权交易试点。90年代，我国开始在包头、平顶山、柳州、开远等地进行大气污染物排污权交易试点。2001年11月，我国第一例二氧化硫排污权交易是南通市天生港发电有限公司与南通醋酸纤维有限公司的二氧化硫排污权交易。2009年3月27日，在湖北武汉成立的华中地区第一家环境资源交易机构——湖北环境交易所，首日交易COD排放指标500吨。2010年6月5日，西安举办了中国西北地区首家排污权拍卖交易会，陕西省延长石油集团等5家企业项目共竞得2300吨二氧化硫排放权，总成交额达944.9万元。2012年3月28日，北京市正式启动了碳排放权交易试点，并启动了碳排放权交易电子平台系统（中国7个碳排放权交易试点城市——北京市、天津市、上海市、重庆市、湖北省等）。2014年11月11～14日，中国7个试点的6个试点碳市场（重庆碳市场无成交量）成交金额达315万元。中国力争在2016年开始运行全国碳交易市场，努力实现将当前割裂的碳排放权交易市场形成统一体系的目标。

（四）相关问题的探讨

1. 排污权价格的确定

如何确定排污权的交易价格，是目前排污权交易中存在的一个重要问题。下面是上海市水污染物排污权交易中提出的排污权价格的计算公式。

$$P = (2G + 5D) \cdot \delta \cdot A \cdot B \tag{9-1}$$

式中，P为某污染物的单位排污权交易价格（元/千克）；G为削减单位某污染物所需投资数（基建投资＋设备投资，当地2年平均数）；D为削减单位某污染物所需运行费（当地2年平均数）；A为污染因子权重，当主要污染因子转让给非主要污染因子时，$A=1$，反之，$A=1.2$；B为功能区权重，当高功能区向低功能区转让时，$B=1$，反之，$B=1.2$；δ为交易费用系数，包括环保部门提取的管理费用、转让方为发生交易而花费的费用。

从式（9-1）可见，目前排污权的价格主要由治理费用决定。污染物的治理费用一般包括污染治理的基建和设备投资及设备运行费用。另外，排污权价格还与交易双方所处功能区以及由于发生交易而必须付出的交易费用等有关。

2. 排污许可证指标的分配方式

从经济学角度看，初始排污权分配有无偿分配和有偿分配两种方式。1990年美国国会在关于《清洁大气法修改方案》的辩论中，提出了三种初始分配方案，即免费分配、公开拍卖和固定价格出售。

初始排污权的无偿分配有一定的合理性，企业为社会提供了就业机会、缴纳了税收以及生产了社会需要的产品。因此，政府无偿分配给企业一定数量的排污许可证指标具有合理性。初始排污权的无偿分配可能是公平的，也可能是不公平的。根据科斯定理，在产权明晰、交易成本为零的前提下，初始产权的界定对社会总福利并不构成影响。

3. 交易资金的使用

上海水污染物排放交易过程中环保部门收取的交易费用体现在δ中。在δ值中有0.4作为环保部门的管理费。需要说明的有两点，一是环保部门收取这部分费用应该用于企业的染治理或鼓励企业间排污权交易；二是政府的管理也应该市场化、规范化，应防止环保部门借此"以权谋私"，否则将会给排污权交易市场带来消极的影响。

（五）我国排污权交易存在的主要问题及对策

1. 排污权交易存在的主要问题

我国部分省、市开展了水污染和大气污染的排污权交易试点，排污权交易取得了一定的进展，但从总体上看，我国排污权交易的规模和程度还远跟不上环境保护的需求。目前，我国排污权交易存在的问题主要有以下几点。

（1）"总量控制"目标尚未成为环境保护的核心思想　在现行环境保护法律法规框架中，只有个别针对特种污染物的规定体现了"总量控制"目标。而其他主要的法律法规均没有对"总量控制"的明确规定。

（2）排污权一级、二级市场亟待完善　在一级市场上，相对于土地、矿产等有形资源，排污权属于无形资源，其有偿使用缺乏政策和法律依据。此外，就排污权初始分配而言，在新建污染企业和已建污染企业之间还存在着"双轨并存"（即有偿和无偿取得）的不公平局面，抑制了企业有偿取得排污权的积极性。此外，政府定价不能及时反映市场供求关系的弊端以及环保监管部门和排污企业之间可能存在的"寻租"行为都会打击其他企业购买排污权、减少污染物排放的积极性，最终导致出现排污权"有价无市"的局面。

此外，针对排污权交易二级市场，由于企业数量众多、规模不等、分布零散等原因，导致排污权交易市场的基础信息搜寻成本过高。

（3）有关排污权交易的法律和政策滞后　尽管部分省市如山西、江苏等也相继出台了一些与排污权交易有关的地方性法规，但是还没有国家层面上的立法，排污权交易从审批到交易，尚没有统一的标准。

（4）环保的"总量控制"和经济增长之间的矛盾很难平衡　实施排污权交易，首先要科学核定区域内排污总量，总量一旦核定，在一定时期（通常为1年）内是不宜调整的。目前，我国排污总量的核定尚处于初始探索阶段，但由于一些地方采用粗放型的经济增长方式以追求当地经济的快速发展，导致经济增长与环保总量控制之间的矛盾凸显，造成排污总量难确定的困难。另外，个别地区不断突破总量控制底线的做法，也使整个排污权交易体系很脆弱。

（5）存在地方保护主义　一些地方政府仅从本地区经济利益角度考虑，认为限制排污就等于限制生产，限制经济发展，因此，往往默许企业暗中增加排污量。此外，在一些跨地区的排污权交易中，计划卖出方所在的政府行政部门常常介入交易过程。

（6）交易行为没有延续性，交易空间范围局限　几乎所有试点中的交易案例都是围绕解决个别具体问题而发生的，只是尝试性的，只发生在一段时间内；排污权交易还只是对现行政策的补充，并没有被作为一项独立的政策推广。

（7）排污权交易实践中，市场供给乏力，交易量稀少，流动性不足　如浙江嘉兴市，2007年的COD排放总量约为11.8万吨，二氧化硫排放量为27.3万吨，但进入交易中心交易的减排量只有几百吨。

（8）地区环境污染的隐形转嫁及污染热点问题　在地区间买进和卖出排污权的实质就是一种隐形的国内地区污染转嫁。在强调国家经济发展的时期，国内地区污染转嫁比发达国家对发展中国家的污染转嫁更容易被忽略。

2. 对策建议

为了充分发挥排污权交易的作用，需要尽快完善我国的排污权交易体系。为此，需要做好几方面的工作，一是完善排污权交易的法律体系；二是加快建立和完善排污权交易市场；三是建立和完善排污权交易的政策调控体系；四是加强环境执法。

第三节　排污收费制度和排污权交易制度的比较

一、排污收费制度与排污权交易制度的相同之处

1. 理论基础的内在联系

从两者的环境经济学理论分析角度看，排污收费制度和排污权交易制度都是基于外部不经济性理论而产生的环境管理手段，以实现对稀缺而有限的环境容量资源的有效保护。

2. 实现社会目标的一致性

两种制度都是采用经济刺激手段调动排污者的治污积极性，促使企业加强经营管理，提高资源能源利用效率，最大限度地降低能耗和减少污染物总排放量，改善居民居住、生活条件，实现人类与环境的可持续发展。

二、排污收费制度与排污权交易制度的不同之处

（一）经济学理论不同

1. 排污收费制度的经济学理论基础——庇古理论

我国采取排污收费的方法或称征收庇古税的方法行"污染者付费"的原则，利用政府行为对排污者收费，以弥补私人成本与社会成本之间的差距。虽然排污收费方式依靠法律和政府的行政权威来实施，但因为该手段是通过经济利益刺激来驱使致污企业治理污染，所以可以称得上是一种环境经济手段。

2. 排污权交易制度的经济学理论基础——科斯定理

科斯定理认为，在交易费用为零和产权界定明晰的情况下，私人之间所达成的自愿协议可以使经济活动的边际私人净产值和边际社会净产值相等，从而排除导致外部性存在的根源。所以，实现科斯定理的前提是要明确自然环境与资源的所有权并创造高效率的权利交易市场。

（二）两种经济手段的实施方式不同

虽然排污权交易与排污收费都是基于市场的环境管理手段，但两者之间有明显的区别。排污收费制度是先制订一个价格，然后让市场确定总的污染物排放量；而排污权交易则恰好相反，即先确定总排放量，然后根据市场反应确定价格，既是优化资源配置的过程，也是优化污染治理责任配置的过程。

此外，也应该注意到，庇古手段较多地依靠政府干预，而科斯手段则较多依靠市场机制。过度依赖政府干预，可能会出现企业向政府、下级政府向上级政府的寻租现象，导致"政府失灵"；而科斯手段认为政府不必直接介入市场，因为政府只是市场秩序的维护者。因此，从手段实施效果、达到效果时的可靠性、公平性和持续性来看，科斯定理的方法明显优于庇古理论。而且，就环境经济手段的灵活性来看，产权协商具有明显优势。

第四节　碳排放交易

一、碳排放交易概述

碳交易是为促进全球温室气体减排，减少全球二氧化碳排放所采用的市场机制。在二氧化碳（CO_2）、甲烷（CH_4）、氧化亚氮（N_2O）、氢氟碳化物（HFCs）、全氟碳化物（PFCs）及六氟化硫（SF_6）六种被要求减排的温室气体中，二氧化碳（CO_2）为最大宗，

因此，以每吨二氧化碳当量（tCO₂e）为单位计算温室气体减排量的交易通称为"碳交易"，其交易市场称为碳市场，见图9-7所示。

在2008～2012年，全球碳交易市场规模每年达600亿美元，2012年全球碳交易市场容量为1500亿美元，超过石油市场成为世界第一大市场。

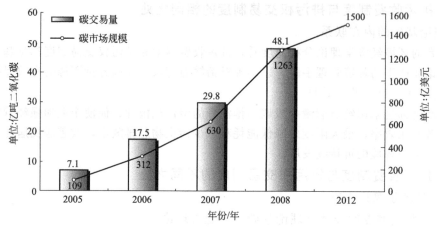

图9-7　全球碳市场交易量和规模（数据来源：世界银行报告）

根据《京都议定书》规定，协议国家承诺在一定时期内实现一定的碳排放减排目标，各国再将自己的减排目标分配给国内不同的企业。当某国不能按期实现减排目标时，可以从拥有超额配额或排放许可证的国家（主要是发展中国家）购买一定数量的配额或排放许可证以完成自己的减排目标。同样地，在一国内部，不能按期实现减排目标的企业也可以向拥有超额配额或排放许可证的企业购买一定数量的配额或排放许可证以完成自己的减排目标。

碳排放权交易被认为是国际控制温室气体的首选机制，它使得环境价值通过市场手段得到体现，比起仅仅依靠行政手段或征收污染税等强制减排政策，碳排放权交易能更有效、更低成本地减少温室气体排放。

二、碳排放交易理论基础

国际碳排放贸易是一种新兴的贸易形态，经济学理论对其做出了许多解释。

（1）新古典经济学　资源稀缺和有效配置是经济学研究的核心，因而在自由市场机制下，通过边际效用理论和一般均衡理论，可以自动实现资源的有效配置和个人利益最大化。但新古典主义在解决碳排放交易的前提假设上遇到了困难。其一，新古典主义认为市场上交易的都是私有物品，而非公共物品。但二氧化碳本身即具有典型的非竞争性与非排他性。其二，新古典经济学认为不存在外部性，而温室气体排放本身却是全球最大的市场失灵。一国生产的发展带来的是全球温度的升高。

（2）庇古理论　考虑到温室气体排放的外部性属性，可以建立一个以市场为基础的碳排放交易制度，在确定总的环境容量和各经济体排放限额的前提下，各排放单位之间可以通过货币的方式互相调剂排放量，从而达到减少排放的目的。这种交易制度允许减量排放的企业在市场上出售其排放权剩余，以获得保护环境的经济补偿；并对增量排放的企业要求缴纳排污税或者向有剩余的单位购买排污权，从而实现环境负外部性的内在化。这种思想就是庇古理论的思想，即通过征收环境税的方法对私人成本进行校正，以实现负外部性的内部化。庇古理论的实施难点在于，征收的环境税税率必须等于社会边际成本与企业边际成本之间的差额，即必须清楚了解环境污染的货币值，但这是不可能的，因为环境污染的影响具有多样性、流动性、间接性、滞后性和不确定性的特点，很难用货币衡量环境污染损失。可行的变通办法是，通过设定环境标准来替代理论上的最佳点，并以此为目标来设计环境税税率。虽然环境税税率不能完全等同于理论上的理想水平，但能在一定程度上产生庇古税的作用。

（3）科斯定理　科斯认为，如果产权得到明确界定的话，在交易成本为零的前提下，人们借助于谈判，就能交换他们的温室气体排放权。如果产权是明晰的、可实施的，在交易成本为零的情况下，产权的初始分配不会影响效率，市场机制会使资源配置自动达到帕累托最优。如果交易成本不为零，就要进行产权制度的安排与选择，通过清晰界定环境资源产权，选择合理的产权制度，就能借助产权分配、拍卖等方式为环境资源建立交易市场，让价格机制调节环境资源的供需，最有效率地实现环境污染负外部性内在化。在市场经济框架下解决环境污染问题的关键是对公共物品产权的界定。

我们认为，减排问题的实质是能源利用程度差异，发达国家广泛利用新能源技术，能源结构优化，利用效率高，进一步减排的难度大，成本高。而发展中国家能源结构中，传统能源比重较高，能源利用效率低，减排空间大，难度较小，成本较低。因此在这两类国家之间，减排一单位温室气体的成本不同，同时发达国家对碳排放配额需求较大，而发展中国家碳排放配额往往有剩余，由此产生了国际碳排放配额交易市场。由于设定各国碳排放配额涉及国际政治格局博弈，需要跨学科的综合视野，因此国际碳排放配额交易与传统的国际货物贸易和服务贸易不同，是一种新型的国际贸易形态。

三、碳排放交易类型

按照形成基础，碳交易类型可分为以配额为基础的交易和以项目为基础的交易。

（1）以配额为基础的交易及特点　指买方直接购买卖方已经获得的碳排放许可配额。这些许可配额是政府部门在《京都议定书》或者其他国内"总量管制和交易制度"之下创建和分配（或拍卖）的指标。例如，《京都议定书》规定的"分配数量单位"或欧盟排放交易体系规定的"欧盟指标"。

这种配额交易在履行环保责任的同时又具有一定灵活性，可使交易的法定参与者能够以较小的成本实现温室气体减排的要求。

（2）以项目为基础的交易及特点　指买方购买来自某温室气体减排项目活动的排放信用，项目的执行能够产生额外的经核证的温室气体减排量。主要指买卖双方交易"清洁发展机制"和"联合履约"项目所产生的"核证的减排量（CERs）"和"减排单位（ERUs）"。目前，"总量管制和交易制度"允许购入一定比例的项目产生的"碳信用"来达到排放的合规性，称之为"抵扣"。一般来说，只要签发了项目为基础的信用额，并最终交付了该信用和满足了减排要求，这些信用实质上就等同于许可配额。

但也需要注意到，以项目为基础的信用具有一定的风险，如法规要求、项目开发和执行问题、耗时长的审批以及较高的交易成本等。

根据交易的动力来源，碳交易类型可分为强制性碳交易和自愿性碳交易。

（1）强制性碳交易　又称为强制性的合规市场，是以配额为基础的碳交易。强制性碳减排市场上的交易者，不管是以买家身份还是卖家身份出现，都是为了完成"总量管制和交易制度"下承担的碳减排配额和指标。

（2）自愿性碳交易　又称非合规市场，由各种公司、政府、组织、国际性活动的组织者和个人构成，他们自愿购买碳排放权来抵消自己的碳排放，从而实现减排目标。这些自愿补偿额通常是从零售商或者是一些投资于一揽子碳抵消项目的组织那里购买，而这些组织常常把实施项目所获得的碳抵消额度以较低的价格销售给客户。

> **【专栏】自愿性碳交易市场**
>
> 自愿性碳交易市场总体分为碳汇标准与无碳标准交易两种。
>
> 自愿市场碳汇标准交易主要包括自愿减排量（VER）的交易。同时很多非政府组织从环境保护与气候变化的角度出发，开发了很多自愿减排碳交易产品，比如农林减排体系（VIVO）计划，主要关注在发展中国家造林与环境保护项目；气候、社区和生物多样性联盟（CCBA）开发的项目设计标准（CCB），以及由气候集团、世界经济论坛和国际碳交易联合会（IETA）联合开发的温室气体自愿减量认证标准（VCS）。
>
> 自愿市场的无碳标准，是在《无碳议定书》的框架下发展的一套相对独立的四步骤碳抵消方案（评估碳排放、自我减排、通过能源与环境项目抵消碳排放、第三方认证），以实现无碳目标。

自愿减排交易市场存在于强制性减排市场建立之前，它不依赖法律进行强制减排，因此也不需要对其部分交易获得的碳减排量进行统一认证与核查。目前，尽管自愿减排市场的管理还有待完善，但因其从申请、审核、交易到开发所需时间相对更短，价格也较低，更具灵活的机制特点，被广泛用于企业市场行销、品牌建设和企业社会责任宣示等方面。

四、碳交易的法律依据、标准与方案

经过联合国政府间气候变化专门委员会的努力，155个国家于1992年5月9日的"联合国环境与发展会议"（又称为"地球高峰会"）上签署了《联合国气候变化框架公约》（以下简称《公约》）。作为世界上第一个为全面控制二氧化碳等温室气体排放，以应对全球气候变暖给人类经济和社会带来不利影响的国际公约，它为国际社会在应对全球气候变化问题上提供了一个国际合作的基本框架。《公约》规定发达国家为缔约方，应采取措施限制温室气体排放，同时要向发展中国家提供新的额外资金以支付发展中国家履行《公约》所需增加的费用，并采取一切可行的措施促进和方便有关技术转让的进行。

1997年12月联合国气候变化框架公约第三届缔约国会议在日本京都通过了《公约》的第一个附加协议，即《京都议定书》（以下简称《议定书》）。《议定书》把市场机制作为解决以二氧化碳为代表的温室气体减排问题的新路径，提出了二氧化碳排放权的交易，简称碳交易。

2001年联合国气候变化框架公约第七届缔约国会议，通过了落实《京都议定书》的一系列决定文件，称为"马拉喀什文件"，包括第15/Cp.7号决定"《京都议定书》第六条、第十二条和第十七条规定的机制的原则、性质和范围"；第16/Cp.7号决定"执行《京都议定书》第六条的指南"；第17/Cp.7号决定"执行《京都议定书》第十二条确定的清洁发展机制的方式和程序"；第18/Cp.7号决定"《京都议定书》第十七条的排放量贸易的方式、规则和指南"。碳交易主要依据以上的法律文件进行。

除了以上协议条文外，碳交易的其他标准和方案还有下述几种。

（1）ISO14064（2006标准）　是ISO14000族国际环境管理体系新增加的标准，全称为《关于温室效应气体（GHG）散发的量化、报告和查证》。该标准给政府和工业界提供了一个项目的整套工具，包括一套GHG计算和验证准则。该标准旨在减少温室气体（GHG）排放，促进GHG量化、监测、报告和验证的一致性、透明度和可信性；保证组织识别和管理与GHG相关的责任、资产和风险；促进GHG限额或信用贸易；支持可比较的和一致的GHG方案或程序的设计、研究和实施。该标准规定了国际上最佳的温室气体资料和数据的管理、汇报和验证模式。

（2）温室气体盘查议定书倡议行动（GHG Protocol Initiative）　是由世界企业永续发展委员会（WBCSD）和世界资源研究所（WRI）于1998年共同发起的，并在2001年公布了一套企业温室气体会计与报告的标准，这份标准是一套协助公司量化及报告包括二氧化碳（CO_2）、甲烷（CH_4）、氧化亚氮（N_2O）、氢氟碳化物（HFCs）、全氟碳化物（PFCs）及六氟化硫（SF_6）六种温室气体排放量的指南，并制定和颁布了《温室气体盘查议定书计划量化标准》，用以量化温室气体削减计划量减量值。这些机构的温室气体盘查议定书已被全球各地的企业、非政府组织以及政府机构广泛地接受和采用，成为报告温室气体年度排放量的有效工具。

（3）欧盟碳排放权交易计划（EU ETS） 是全世界最大的多国家排放额交易计划，也是欧盟气候政策中的重要支柱。该计划设置排放限额时主要考虑，各国排放配额之和不超过《京都议定书》承诺的排量，各国减排的技术潜力，对不同企业或产业不得歧视，"提前行动"产业的贡献，考虑能效技术的作用，必须列出所有参与分配的企业名单及其配额等等。目前 EU ETS 只允许使用清洁发展机制（CDM）项目的核证减排量（CERs）和联合履行（JI）项目减排单位（ERUs）。第一阶段从 2005 年 1 月到 2007 年 12 月，排放量上限设定为66 亿吨二氧化碳，排放配额均免费分配；每年剩余的 EUA 可以用于下一年度的交易，但不能带入第二阶段。第二阶段从 2008 年 1 月到 2012 年 12 月，将最大排放量控制为每年 20.98亿吨，排放额度仍以免费分配为主，并逐步引入排放配额的有偿分配机制。同样，每年剩余的 EUA 可以用于下一年度的交易，但不能带入下一阶段。第三阶段从 2013 年到 2020 年，将对交易机制进行大幅改革，以避免内部市场失灵；将扩大纳入排放体系的行业范围，强化价格信号作用以引导投资，创造新的减排空间；将减少总的减排成本，提高系统效率；将逐步提高以拍卖方式分配的配额比例。

五、碳排放交易机制、交易体系及主要碳交易所

1. 碳交易的三种机制

根据《京都议定书》的规定，碳交易有三种交易机制，即排放贸易 ET、联合履行 JI 和清洁发展机制 CDM。

（1）排放贸易（Emissions Trade，ET） 排放贸易是指《京都议定书》第十七条所确立的合作机制。该机制仅限于发达国家间交易转让碳排放配额，即允许一个发达国家将其完成减排义务后剩余的碳排放配额，贸易转让给另外一个未能完成减排义务的发达国家，同时从转让方的允许排放限额上扣减相应的转让额度。排放交易单位为欧盟配额（EUAs）。

（2）联合履行（Joint Implementation，JI） 联合履行是《京都议定书》第六条所确立的合作机制。主要是指发达国家之间通过项目级合作实现的减排单位可以转让给另一发达国家缔约方，同时在转让方的数量配额上扣减相应的额度。相对而言，该机制的谈判进展比清洁发展机制和排放贸易容易得多。排放交易单位为排放减量单位（ERU）。

（3）清洁发展机制（Clean Development Mechanism，CDM） 清洁发展机制是《京都议定书》第十二条所确立的合作机制。其主要内容是指发达国家通过提供资金和技术的方式，与发展中国家开展项目级的合作，实施有利于发展中国家可持续发展的减排项目，从而减少温室气体排放量，并将减排量抵消额转让给发达国家。这是一种"双赢"的机制：一方面发展中国家通过合作可以获得资金和技术，有助于实现可持续发展，履行其在《京都议定书》中所承诺的限排或减排义务；另一方面发达国家可以获得项目产生的全部或者部分经核证的减排量，并用于履行其在《京都议定书》下的温室气体减限排义务，并可以大幅降低实现减排所需的费用。

这三种机制的共同特点是实现"境外减排"，即不在本国境内完成减排任务。这三种机制使减排值量化，允许买卖和交易减排指标，引导企业通过交易降低减排的成本。其中，CDM 机制是唯一包括发达国家（买方）和发展中国家（卖方）的机制。

2. 碳交易体系

碳交易体系是《京都议定书》制定的本国或者区域性碳交易规则，交易体系的设立实际

上确定了市场范围，促使碳交易市场规模化的形成，并规范运营。目前全球还没有统一的国际排放权交易市场，在区域市场中，也存在不同的交易商品和合同结构，各市场对交易的管理规则也不相同。

（1）欧盟碳排放权交易计划（EU ETS）　欧盟为了帮助其成员国履行《京都议定书》的减排承诺，于 2005 年 1 月 1 日正式启动了欧盟排放交易体系（EU ETS），这是世界上第一个国际性的排放交易体系。欧盟排放贸易体系的目标和功能是减排二氧化碳，它涵盖了所有欧盟成员国，非欧盟成员国瑞士、挪威、加拿大、新西兰、日本等通过签署双边协议，也参与了这一体系。该交易体系采用的是总量管制和排放交易的管理和交易模式，欧盟每个成员国每年先预定二氧化碳的可能排放量，然后政府根据总排放量向各企业分发被称为"欧盟排碳配额（EUAs）"的二氧化碳排放权。如果企业在期限内没有使用完其配额，则可在排放市场上出售其剩余额度；但如果企业的排放量超出分配的配额，就必须通过碳交易所从没有用完配额的企业手中购买配额，否则，将会受到重罚。目前欧洲的四个交易所——阿姆斯特丹的欧洲气候交易所、奥斯陆的北方电力交易所、法国的未来电力交易所、德国的欧洲能源交易所参与碳交易。欧盟碳交易活动的 3/4 是场外柜台交易和双边交易，其中半数以上场外柜台交易是通过交易所结算交割。由于欧盟排放交易体系是一个依据欧盟法令和国家立法建立在企业层次上的机制，仅管理工业设施的排放，而《京都议定书》是政府间谈判达成的，对国家的排放总量设定减排目标，因此，欧盟排放交易体系与《京都议定书》的关系是相互独立运行。但是，就目前而言，欧盟排放交易体系是最符合《京都议定书》，最具权威性的交易体系。

（2）芝加哥气候交易所　芝加哥气候交易所（Chicago Climate Exchange，CCE）成立于 2003 年，是全球第一个也是北美地区唯一自愿参与温室气体减排交易，并对减排量承担法律约束力的先驱组织和市场交易平台。目前，CCX 是全球第二大碳汇贸易市场也是全球唯一同时开展二氧化碳（CO_2）、甲烷（CH_4）、氧化亚氮（N_2O）、氢氟碳化物（HFCs）、全氟碳化物（PFCs）及六氟化硫（SF_6）六种温室气体减排交易的市场。芝加哥气候交易所要求会员通过减排或购买补偿项目的减排量实现减少温室气体排放的承诺。通过芝加哥气候交易所，会员可以对可持续发展和温室气体减排做出更系统的计划，及早采取减排和认购补偿行动；可以定期测量排放量，有选择地采用各种减排技术和缓解措施；可以更好地了解碳交易市场走向，为全球碳排放交易做更好准备；可以向股东、评议机构、市民、消费者和客户展示关于气候变化的战略远景；可以卖出超标减排量并获得额外利润，而未完成减排目标的会员可以通过购买农业碳汇❶等手段弥补（成员购买的碳汇量不能超过其目标减排量的一半）。2004 年，芝加哥气候交易所在欧洲建立了分支机构——欧洲气候交易所。2005 年与印度商品交易所建立了伙伴关系，此后又在加拿大建立了蒙特利尔气候交易所。虽然美国退出了《京都议定书》，CCX 却允许其会员以登记在 CDM 体系下的项目来抵消其承诺的减排额。

（3）英国排放交易体系　英国排放交易体系（the United Kindom Emissions Trading System，UK ETS）始建于 2002 年 3 月，是英国实现《京都议定书》一揽子工程的重要途径。UK ETS 的运作方式包括两种模式——配额交易与信用额度交易。前者是拟定一个绝对减量指标，然后指定每个企业的排放配额。后者则由参与者以其他提升能源效率或减量专案计划提出其相对减量目标所产生的额外减量。UKETS 规定，当企业选择了基准年后，需对该基准年的排放源进行盘查，并将排放源清单申报排放交易当局（ETA），作为此后管控

---

❶　碳汇一般是指从空气中清除二氧化碳的过程、活动和机制，主要通过采用免耕、植树、植草等方式增加土壤中的有机物含量来实现。

的依据。

（4）澳大利亚排放贸易体系　澳大利亚的新南威尔士州温室气体减排体系（New South Wales Greenhouse Gas Abatement Scheme，NSW GGAS）是全球最早强制实施的减排计划之一。2003 年 1 月 1 日，澳大利亚新南威尔士州启动了为期 10 年涵盖 6 种温室气体的州温室气体减排体系。该体系与欧盟排放交易体系的机制相类似，但参加减排体系的公司仅限于电力零售商和大的电力企业。排放体系所有的活动由新南威尔士独立价格和管理法庭（IPART）监督，作为监督机构，IPART 评估减排计划对可行的计划进行授权、颁发证书，并监督执行过程中是否存在违规现象，同时也管理温室气体注册-记录减排计划的注册及证书的颁发。

（5）世界其他主要碳交易体系　除以上提到的碳交易体系外，世界上还有美国的绿色交易所（Green Exchange）、新加坡亚洲碳交易所（Asia Carbon Exchange，ACX-Change）、欧洲能源交易所（European Energy Exchange，ECX）等近 20 多个交易所在不同体系或商业计划下运作着。它们主要的区别在于其交易对象的区别。

虽然从 2008 年开始，我国相继成立了上海环境能源交易所、北京环境交易所、天津排放权交易所、大连环境交易所、河北环境能源交易所、昆明环境能源交易所、广州环境资源交易所、贵阳环境能源交易所、上海环境能源交易所新疆分所 9 所环境交易所，迈出了构建碳交易市场的第一步。但是，目前这些交易所的交易项目大多属于《京都议定书》体制之外的自愿减排类型。

六、国际碳市场的发展现状与趋势

2011 年，全球碳市场的交易额较 2006 年增长 1400 多亿美元，已达到 1760 亿美元。近几年，国际气候谈判如南非德班会议、德国波恩会议以及泰国曼谷会议等虽然由于与会各国存在分歧，均未达成实质性的成果，但全球碳市场的交易仍在持续增长。从长远看，碳价回升是大势所趋。

碳市场建设方面，目前尚未形成全球性的碳交易市场，仍以区域性的碳市场建设为主，如欧盟碳交易市场、美国（RGGI）、新西兰碳交易体系（NZ ETS），以及正在建设的澳大利亚碳交易市场和我国碳交易市场，墨西哥与韩国也都通过了综合性的气候法案，为未来的市场化机制建设打下了基础。

七、国内碳市场的发展现状与趋势

与国际碳市场低迷不同的是我国碳市场的建设正在稳步推进。一方面，我国积极探索碳交易试点工作，2011 年 11 月 17 日公布的《国务院关于加强环境保护重点工作的意见》，要求推进环境税费改革，开展排污权交易试点。2011 年 10 月，国家发展和改革委员会发布了《关于开展碳排放权交易试点工作的通知》，批准北京、上海、天津、广东、重庆、湖北和深圳七省市开展碳排放交易试点工作，于 2013 年前开展区域碳排放权交易试点，计划于 2015 年起在全国范围内开展碳排放交易，建立统一的交易市场。其他省市加紧开展碳交易试点筹备工作。2013 年 11 月 1 日，经国家林业局同意，由中国绿色碳汇基金会与华东林业产权交易所合作开展的全国林业碳汇交易试点在浙江义乌正式启动。碳交易试点工作的推进将为建立强制性碳交易市场奠定坚实基础，也为最终建立全国性的碳市场奠定了良好的基础。

我国政府也出台了一系列相关政策，为我国碳市场的建立打下了坚实基础。2011 年 8 月 3 日，经修订的《清洁发展机制项目运行管理办法》正式实施，新办法对清洁发展机制项目的管理体制、申请和实施程序、法律责任等内容做了详细规定，对促进和规范清洁发展机制项目的有效有序运行起到了重要作用。2010 年，我国发布了《"十二五"规划纲要》。

《"十二五"规划纲要》中明确提出了"建立完善温室气体排放统计核算制度,逐步建立碳排放交易市场"。这是中国政府首次在国家级正式文件中提出建立中国国内碳市场。2011 年 11 月 9 日国务院通过《"十二五"控制温室气体排放工作方案》,要求加快建立温室气体排放统计核算体系及探索建立碳排放交易市场。2012 年 6 月,国家发展和改革委员会印发的《温室气体自愿减排交易管理暂行办法》明确了自愿减排交易的交易产品、交易场所、新方法学申请程序以及审定和核证机构资质的认定程序,解决了国内自愿减排市场缺乏信用体系的问题。

【专栏】我国 CDM 项目的快速发展❶

2005 年 6 月 26 日,我国第一个 CDM 项目——内蒙古辉腾锡勒风电场项目在联合国清洁发展机制执行理事会(EB)注册成功。随后,我国 CDM 项目逐年增加,产生的核证减排量也在逐年上涨。根据联合国气候公约网站(UNFCCC)发布的数据显示,截至 2013 年 5 月 31 日,我国在联合国清洁发展机制执行理事会注册的项目累计有 3614 个,约占全球 CDM 项目注册总数(6898 个)的 52.4%。从已注册 CDM 项目的预计年度减排量来看,我国已注册 CDM 项目的预计年度减排量为 572231208 吨二氧化碳当量,占全球已注册 CDM 项目预计减排总量 894679182 吨二氧化碳当量的 64%。同样截至 2013 年 5 月 31 日,我国获得签发的 CERs 数量为 85245064 吨二氧化碳当量,占联合国总签发量 1334898773 吨二氧化碳当量的 61.9%。因此,我国无论是在联合国注册成功的 CDM 项目数上,还是在 CDM 项目产生的预计减排量上,或是在获得联合国签发的 CERs 数量上,均居于世界首位。

思 考 题

1. 简述排污收费的基本概念及其分类。

2. 某牛皮加工厂 2000 年 2 月建成,污水均排入 Ⅳ 类水体,2006 年 6 月排放污水量 80000 吨/月,COD300 毫克/升,pH 值为 12,SS200 毫克/升,BOD150 毫克/升,请计算该厂 2006 年 6 月应缴排污费。

3. 某锻造厂地处城乡结合部,1989 年 12 月建成投产,排气筒高 30 米,2006 年 4 月排污情况如下:废气量 50000 毫克/立方米,二氧化硫 800 毫克/立方米,粉尘 900 毫克/立方米,该厂月生产 700 小时,请计算该厂 2006 年 4 月应缴排污费。

4. 简述排污权交易制度的基本概念及其分类。

5. 分别简述排污收费及排污权交易的理论基础,并分析两者的异同。

6. 结合国际碳贸易发展现状,联系发达国家排污权交易政策的实施经验,谈谈我国实施排污权交易政策的可行性及所需条件。

---

❶ 来自:碳排放交易网 http://www.tanpaifang.com/tanjiaoyi/2013/1102/25481.html.

第十章　环境与贸易

自 20 世纪 70 年代以来，贸易与环境问题引起了人们日益广泛的关注，人们关注的焦点，一是环境资源参与国际贸易的原因与格局；二是自由贸易与环境保护之间的关系；三是一国的环境政策与贸易政策对其经济的影响；四是最优环境政策的选择；五是利用经济手段解决国际贸易中跨国环境污染问题。本章将由浅入深，对以上问题进行探讨。

第一节　环境禀赋与比较优势

经济的快速发展使得一国环境产品❶的生产与国际经济的联系越来越密切。首先，环境作为中间投入，直接参与到产品与服务的生产过程，成为一国产品与服务比较优势的决定因素。如地处热带与温带地区的国家，自然资源差异决定了他们生产的产品与技术选择不同，从而各自具有的比较优势也会有所不同。其次，环境产品的公共品属性，也会影响一国服务贸易的国际竞争力。如美丽的风景有利于增强一国旅游业的国际竞争力。再次，环境容纳废弃物的能力强弱，也对一国的比较优势有影响。自然环境自净能力较强的国家，投入在污染物控制和治理上的成本较低，能增强本国产品的价格竞争力。

一、要素禀赋与比较优势

根据国际贸易理论，如果一个国家在生产某种产品上具有相对价格比较优势，则它将出口该产品。

假定 A 国、B 国都生产两种商品 1 和 2。p_1 和 p_2 代表 A 国在封闭条件下的商品 1 和商品 2 的均衡价格水平。p_1^* 和 p_2^* 代表 B 国在封闭条件下商品 1 和商品 2 的均衡价格水平。令 A 国商品 1 的相对价格 $p=p_1/p_2$，B 国商品 1 的相对价格 $p^*=p_1^*/p_2^*$。两国间建立贸易关系的条件是 $p>p^*$ 或 $p<p^*$。如果 $p<p^*$，则表明 A 国在商品 1 上具有价格比较优势，A 国将出口商品 1 给 B 国，并从 B 国进口商品 2。商品 1 的国际市场相对价格 p^w 将在两国的国内均衡价格之间，即 $p<p^w<p^*$。

A 国在商品 1 上的价格比较优势可能受许多因素影响，包括 A 国要素丰裕程度、生产商品使用的技术、两国对商品 1 和商品 2 的需求程度等。其中要素丰裕程度是静态地影响一国价格比较优势的重要因素，瑞典经济学家赫克歇尔和俄林提出的"要素禀赋论"（Heckscher-Ohlin 模型，简称 H-O 模型）认为，如果两国生产同一种产品的技术完全相同，由于两国之间要素禀赋的差异，两国生产要素相对价格会产生差异，并会使产品的供给能力产生差别，最终导致两国相同产品的相对价格水平不同，由此产生国际贸易。因此，某种要素相对丰裕的国家，将生产并出口该种要素密集型的产品，进口稀缺要素密集型的产品。H-O

---

❶ 全称为"环境要素密集型产品"，也就是说，在生产者一类产品的时候，环境要素相对于其他要素投入程度要高的产品。即，如果将环境要素投入记作 E，其他要素投入记作 F，两类产品 A、B，若存在 $(EA/FA)>(EB/FB)$，则 A 是环境要素密集型产品，或叫环境产品，B 为其他产品。

模型的分析与结论同样适用于环境要素禀赋存在差异的国家，并解释这些国家的环境产品发生国际贸易的原因。

二、环境资源禀赋与比较优势

环境禀赋是影响一个国家环境资源密集型产品[1]相对供给能力和价格比较优势的重要因素。假设有两个国家 A 国和 B 国，两国都有优质环境资源要素和劣质环境资源要素，都可以生产优质环境资源密集型产品和污染密集型产品[2]，两国将所有生产要素都用于这两种产品的生产，且两国生产同一种产品的生产技术相同，经济规模不变，不考虑运输成本和政府管制。假设 A 国优质环境资源相对 B 国更为丰裕。

若两国均无环境政策，那么 A 国的优质环境资源密集型的产品将比 B 国具有更强的成本比较优势，而 A 国的污染密集型产品比 B 国的污染密集型产品更具有价格比较劣势。这样，A 国将向 B 国出口优质环境资源密集型的产品，并从 B 国进口污染密集型产品；而优质环境资源稀缺的 B 国的污染密集型商品具有价格比较优势，将向 A 国出口污染密集型产品，并从 A 国进口优质环境资源密集型产品。随着贸易不断进行，一方面 A 国进口的污染密集型产品的数量持续增多，A 国的环境质量将下降；另一方面，B 国将生产更多污染密集型商品，B 国的环境质量也将下降。因此没有环境政策约束，两国环境质量将随着国际贸易的开展而恶化。

若两国都制定了环境政策，对污染密集型产品实行征收排污税等强制性污染控制措施。由于 A 国对优质环境资源密集型的产品不征收排污税，对污染密集型产品征收排污税，会使污染密集型产品成本上升，优质环境资源密集型产品的相对价格下降，A 国消费者对优质环境资源密集型产品的需求上升，对污染密集型产品的需求下降。B 国实行强制性污染控制措施，将使 B 国的污染密集型产品成本上升，相应地优质环境资源密集型产品的相对价格下降，B 国消费者对优质环境资源密集型产品的需求上升，对污染密集型产品的需求下降。因此实行强制性污染控制措施均使两国对优质环境资源密集型产品的相对需求上升，对污染密集型产品的相对需求下降，致使两国在生产中都加大了优质环境资源密集型产品的生产，减少污染密集型产品的生产，最终使两国的环境质量都得到改善。同时 A 国的比较优势不断提升，而 B 国的比较优势不断下降。

三、强制性污染控制措施对国际竞争力的影响

构建强制性污染控制的国际贸易模型，模型中包括以下前提假设。

（1）只有两个国家，A 国和 B 国，A 国较穷，B 国较富。

（2）每个国家均生产产品 D 和其他产品。D 有两种生产方法，一种不对生产的排放物进行控制，因此生产成本较低，但是会污染周围环境。另一种生产方法利用征收排污税的方法对排放物进行了控制，不会对环境造成污染，但是会使生产成本上升。两种生产方法生产出的 D 产品是同质产品。

（3）A 国可以使用两种生产方法生产 D 产品，因此 A 国的 D 产品的国内均衡价格水平较低，是 D 产品的出口国。

（4）B 国已经禁止使用第一种生产方法，因此 B 国的 D 产品的国内均衡价格水平较高，是 D 产品的进口国。

---

[1]　指在生产要素的投入中需要使用较多的土地、原始森林等环境资源才能进行生产的产业。

[2]　将环境要素分为优质环境资源要素和劣质环境资源要素两类环境要素，如果某环境产品生产中使用的优质环境资源要素密集程度较高，那么这种环境产品就被称为优质环境资源密集型产品。相应地，如果某环境产品生产中使用的劣质环境资源要素密集程度较高，那么这种环境产品就被称为劣质环境资源密集型产品，或称为污染密集型产品。

（5）忽略关税、运费等因素。

如果 A 国采取强制性污染控制措施生产产品 D，会对国际贸易产生影响。

图 10-1(a) 为 A 国产品 D 的供求曲线；图 10-1(b) 为两国产品 D 的总供求曲线，即世界供求曲线；图 10-1(c) 为 B 国产品 D 的供求曲线。

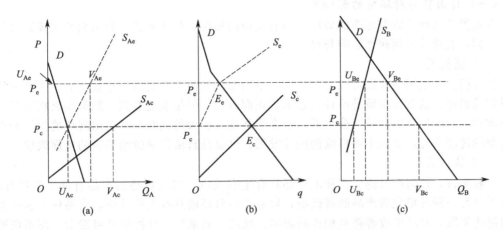

图 10-1 强制性污染控制措施对 A、B 国供求的影响

图 10-1(a) 中，A 国有两条供给曲线，S_{Ac} 对应价格较低的有污染生产技术的供给曲线，S_{Ae} 对应价格较贵的无污染生产技术的供给曲线。图 10-1(c) 中 B 国 D 产品的供给曲线只有一条，即只使用价格较贵的无污染生产技术生产 D 产品的供给曲线 S_B。将同一价格水平下两国 D 产品的需求量和供给量分别相加，可以得出图 10-1(b) 中的 D 产品世界总供给曲线和总需求曲线，其中 S_c 表示由 A 国生产提供的不控制污染、成本较低情况下的 D 产品总供给曲线，相应的国际均衡点为 E_c，均衡价格为 P_c。在这一价格下，A 国是 D 的净出口国，出口量为 $U_{Ac}V_{Ac}$，B 国是 D 的净进口国，进口量为 $U_{Bc}V_{Bc}$。S_e 为 A 国和 B 国生产提供的控制污染、成本较高情况下的 D 产品总供给曲线，相应的国际均衡点为 E_e，均衡价格为 P_e。如果 B 国采取环境保护措施，只允许进口使用价格较贵的无污染生产技术生产的 D 产品，那么 A 国的出口量将下降为 $U_{Ae}V_{Ae}$，B 国的进口量减少为 $U_{Be}V_{Be}$，小于使用廉价污染技术生产的 D 产品的进口量 $U_{Bc}V_{Bc}$。根据以上模型，我们可以得出以下结论。

① A 国使用价格较低的有污染生产技术生产的 D 产品供给较为平缓时，其产量较大，将会拉低国际市场 D 产品的价格水平。

② D 产品的世界市场价格降低，将使世界市场上对 D 产品的需求提高。

③ 世界市场上对 D 产品需求上升将鼓励 A 国扩大使用价格较低的有污染的生产技术，增加 D 产品的产量。

④ A 国扩大使用价格较低的有污染的生产技术生产 D 产品，导致污染增加。如果污染主要集中在生产企业附近，那么 A 国将承受生产 D 产品的大部分污染。

⑤ 国际贸易与竞争机制将使 A 国和 B 国利用价格较贵的无污染生产技术生产 D 产品的企业生产规模日渐缩小，最终退出市场。

以上结论表明，穷国使用价格较低的有污染生产技术生产 D 产品，可以增加本国 D 产品的生产和出口，降低 D 产品的世界市场价格，增加全世界特别是本国的污染。但如果其他各国采取环境保护措施，限制使用价格较低的有污染生产技术生产的 D 产品入境，穷国就无法以损害其自身环境为代价提高其在国际贸易中的比较优势。

第二节　自由贸易与环境的冲突

一、自由贸易与环境的关系

（一）自由贸易对环境的影响[1]

自由贸易对环境既有正面的效应，也有负面的效应。具体来说，自由贸易主要通过以下四个方面，直接或者间接地影响环境。

1. 经济规模

从各国经济发展的实践可以发现，当一个国家的经济水平达到一定程度后，其环境污染有减弱的趋势。这是自由贸易给环境带来的正面效应。但是也应看到，如果缺乏相应的环境管理政策，一国的自由贸易充分发展，带来经济规模扩大的同时，就会出现环境污染和对自然资源的过度消耗，造成不可持续的经济发展。这就是自由贸易带给环境的负面效应。

2. 贸易产品

一般而言，任何产品的生产和消费都具有生态效应。如果贸易的产品有助于保护环境，或者可作为一种环境危害产品的替代物，贸易产品对环境具有正面效应，贸易作为这一类商品的流通手段，对环境改善将有积极的影响。反之，如果贸易交换的是可能对生态系统造成危害的产品，如有害废物的越境转移、危险化学品和濒危物种的贸易，造成对人体、环境和生物物种的损害，贸易产品对环境具有负面效应。

3. 经济结构的影响

贸易自由化使各个国家根据本国的比较优势来决定生产、出口、进口和消费结构。在比较优势理论的引导下，各国会密集使用本国丰富的资源，生产并出口这种资源密集型的产品，进口并补充国内稀缺要素密集型的产品。在贸易过程中，随着资源拥有量的改变，相应的要素与产品的价格也在发生变动。如果这种数量和价格的变动包含了对环境资源要素的补偿，那么经济活动对环境的影响是正面的。相反，如果要素的数量和价格的变动不能改善该国自然资源的配置，不能对环境资源要素做出补偿，那么，在缺乏完善的环境政策的情况下，会导致对环境的负面影响。贸易对环境的影响是正面的还是负面的，主要取决于政策或者制度的安排。如果制度的安排有利于经济结构合理的发展和对环境资源要素的补偿，那么就可以实现经济与环境之间的协调发展。

4. 制度兼容的影响

从理论上来说，贸易自由化的法规和保护环境的法规应该不相抵触。但在实践中，贸易自由化的法规在某些情况下会影响环境政策的实施。从以上的分析可以看出，贸易对环境的影响是多层面的，在人们还不能正确认识环境价值的情况下，政府调节政策以保护环境就非常关键。

【专栏】金枪鱼贸易案

1988 年，美国根据新修改的《海洋哺乳动物法案》宣布禁止进口墨西哥金枪鱼。其理由是美国认为在东太平洋海域，海豚处于濒危状态，应停止在该地带用大型渔网进行的捕鱼活动，因为这些大型渔网在捕捞金枪鱼的同时捕捞了海豚。这项限制对墨西哥影响极大，墨西哥提出上诉，认为美国的这项措施是保护主义行为，因为多年来美国船队捕杀的海豚远多于墨西哥。从此，墨西哥与美国展开了一场贸易之争，这就是著名的以

---

[1]　张养志，吴亮，聂元贞. WTO 新议题：争论·影响·对策. 兰州：甘肃人民出版社，2005.

保护环境为名，设置贸易壁垒的"金枪鱼贸易案"。

（二）环境保护对自由贸易的影响

自由贸易要求政府减少对贸易的干预和限制，最大限度消除贸易障碍。环境保护的目的是减少对环境资源的破坏，提高环境质量，实现可持续发展。经济和科技发展水平落后的发展中国家，首要的发展目标是实现经济快速增长，不可能优先考虑环境问题，也不可能对本国生产企业提出不切实际的高环境标准。这样发达国家利用国内环境保护主义制定的一些严格苛刻的环境技术标准，就将环境保护政策转变成了贸易壁垒。具体来说，环境保护对自由贸易的影响主要有以下几个方面。

（1）各国环境法规和国际环境公约，对贸易有一定的限制性影响　例如各国制定的环境法规和国际环境保护公约，会对贸易产品提出环境技术标准，对产品的生产过程和成分含量作出规定。出口企业为了达到这些环境技术标准，被迫增添设备，增加加工制造环节，导致产品成本上涨，削弱了产品的价格竞争力，进而对国际贸易产生了一定的限制性影响。

（2）提供环境支持措施　某些国家政府出于保护本国环境和环保产业的目的，对本国环保产业和有利于环境保护的出口产品提供直接或间接的现金补贴、财政资助、税收优惠等支持措施，扩大企业利润空间，降低产品出口成本，增强本国环保产业及相关产品的国际竞争力。

（3）转移污染产业　国际污染产业转移市场的形成可以从供求两个方面分析，从供给角度看，一些发达国家制定了较高的环境技术标准，迫使本国污染生产行业向外转移。从需求角度看，一些发展中国家为发展经济，制定吸引外资的优惠政策，对环境污染产业移入限制不严，最终形成了国际污染产业转移市场。污染产业转移一方面导致发展中国家或地区的环境加剧恶化；另一方面，发展中国家污染产业的出口产品又往往因为低于发达国家环境技术标准，而被发达国家限制进口。

（4）抵制环境倾销　发展中国家经济科技水平落后，很少关注环境保护和制定较高的环境技术标准，因此其工业环境成本相对较低，产品具有较强的价格竞争优势。对此一些发达国家将发展中国家的环境成本优势视为补贴，对来自于发展中国家的具有环境成本优势的进口产品进行抵制，特别是当这些产品对本国工业造成重大损害或者产生重大威胁时，或对本国新建工业产生重大威胁时，对之征收反补贴税或反倾销税❶。

保护环境和发展贸易是社会经济发展的两个重要方面，两者有着密切联系：快速增长的贸易可以在一定程度上促进环境保护的发展；而强化环境保护又会为国际贸易创造巨大的贸易机会。但是由于国际经济中不合理的经济秩序和一些国家不恰当的发展方式，发展贸易与保护环境之间的矛盾冲突不断发生：各国制定的环境技术标准和环境法案极大地限制了国际贸易发展；而盲目增长的对外贸易又在一定程度上破坏了可持续发展的基础，对生态环境产生很大的消极影响。

二、自由贸易与环境保护冲突的分析

贸易与环境之间的冲突的成因较为复杂，大致可以包括以下几个原因。

1. 发展水平差异

各国在环境保护与自由贸易上产生冲突的根本原因是发达国家与发展中国家在经济、科技和环境保护意识发展水平上的差异。发展中国家处于工业化早期阶段，首选目标是发展经济，出口资源密集型产品是它们获得出口收入的主要手段，这些国家很难为了保护自然环境

---

❶　进口国为了抵消进口商品的倾销效果而在正常关税之外对该倾销商品征收的进口附加税。反倾销税的税额通常等于或小于该进口商品在出口国市场上的售价（或正常价格）超过进口国市场售价的部分，即等于或小于其倾销差额。

而放弃出口。而发达国家已经完成了工业化进程，公众保护环境的意识提高，在产品的生产、加工、运输、销售等各环节都有完善的环境技术标准和环境法规措施，对不符合本国环境技术标准和环境法规的产品往往会予以抵制，从而形成环境保护与自由贸易之间的冲突。

2. 环境成本外在化

贸易与环境之所以产生冲突，经济学分析的原因是有资源环境负外部性的产品或服务的价格没有包含或没有完全包含环境成本，即环境成本外在化。导致环境成本外在化的根本原因是资源环境具有公共品属性，难以对其产权进行界定。如果能将环境成本内在化，产品与服务价格充分反映其生产成本和环境成本，那么相应地就不需要采取贸易限制措施来保护环境了。

3. 规则冲突

首先是指自由贸易政策与环境政策的规则冲突。环境政策的出发点是保护环境水准不下降，为达此目的，允许采取相应的贸易限制措施，限制污染产品的生产和输出。而贸易政策的出发点是消除阻碍贸易运行的各种关税与非关税限制，最大限度实现贸易自由化。其次，规则冲突表现为发生贸易与环境冲突时，争端各方援引的规则不一致。现行的国际环境保护公约的相关规定与多边贸易规则体系中有关环境保护的规定不完全一致，规则解释含糊不清，不能为解决贸易与环境冲突提供明确的规则依据，导致发达国家与发展中国家在环境保护与贸易自由化之间的矛盾更趋尖锐复杂。再次，在环境问题日益国际化的今天，发达国家积极将环境保护纳入国际贸易规则体系，迫使发展中国家成员方提高环境技术标准，承担更多的环境保护义务。

三、贸易与环境领域的焦点问题

环境污染、破坏和退化是全球性问题，但对如何遏制环境日益恶化趋势，世界各国由于所处经济发展阶段不同、自然资源禀赋不同，以及国情差异，它们的看法并不完全相同，在如何采取措施协调贸易与环境的关系上存在较大分歧。现阶段，贸易与环境领域的焦点问题也是贸易与环境冲突的具体体现，主要表现为以下几点。

1. 是否应该用贸易限制措施来达到环境保护目的

环境保护主义者认为，在缺乏有效的环境保护措施时，贸易活动和经济增长推动了生产、消费和运输活动不断扩大，加剧了自然环境退化，因此应当限制贸易活动。自由贸易主义者认为，国际贸易能更有效地配置资源，提高资源利用效率，是有利于环境保护的，而且国际贸易推动了经济增长，可以提高各国的收入水平，使人们有更多的资源可以用于环境保护。如果为了保护环境而实行贸易限制措施，不仅会增加社会成本，而且有可能成为变相的非关税壁垒，影响国际贸易正常发展。

实际上，造成全球环境污染的真正原因是经济活动规模不断扩张，以及人们控制污染的措施不协调。而人们控制污染的措施不协调，将使一国的环境污染通过种种渠道扩散到其他国家，贸易限制措施的确能在一定程度上限制他国污染产品的生产和消费，但利用贸易限制措施来保护环境仍需考虑诸多问题。

2. 环境标准与竞争力问题

当前各国所处的经济社会发展阶段不同，对环境保护的认识水平不一致，导致各国的环境标准存在较大差距。发达国家的环境标准普遍较高，而发展中国家的环境标准则相对较低。发达国家的企业主和产业工人认为，本国严格的环境标准降低了其产品的国际竞争力，而发展中国家实施较低的环境标准，使其生产过程中的环境成本降低，获得了成本和价格比较优势，构成"生态倾销"，因此是一种不公平竞争，应采取措施限制"生态倾销"产品进口。发展中国家则认为，一国制定环境标准要顾及本国经济发展水平和实际国情，不应该要求各国制定并实行相同的环境标准，更不应该因为使用的环境标准有所不同就对他国使用贸易限制措施。

通过影响生产中的环境成本，环境标准的确会对产品竞争力造成一定影响，但是环境成本在产品成本中的比例并不高，以环境标准较高的美国为例，其环境成本占产品成本的比例也仅为1%～5%。制定和协调各国环境标准需要顾及到各国不同的经济发展水平，应考虑到发展中国家的具体情况与合理要求，必要时发达国家应给予发展中国家技术和资金的支持。

3. 环境标准与污染产业转移问题

发达国家的企业和产业工人担心由于本国污染产业转移到别国，会导致本国投资机会和就业机会减少，因此他们会对本国政府施加压力，要求降低本国环境标准，或者向发展中国家的政府施加压力，要求提高其环境标准。发展中国家则担心污染产业转移到本国，尽管会给本国带来投资和就业机会，但是也会造成本国环境进一步恶化，因此发展中国家也会审慎对待国际直接投资，防止污染产业转移到本国。

【专栏】波特竞争理论

理论重点由五个部分组成：五力模型、三大一般性战略、价值链、钻石体系和产业集群。

1. 五力模型

由迈克尔·波特于20世纪80年代初提出，认为行业中存在着决定竞争规模和程度的五种力量——进入壁垒、替代品威胁、买方议价能力、卖方议价能力以及现存竞争者之间的竞争，这五种力量综合起来影响着产业的吸引力。

2. 三大一般性战略

让企业获得较好竞争位置的三种一般性战略，即总成本领先战略、差异化战略及专一化战略。"总成本领先战略"要求企业必须建立起高效、规模化的生产设施，全力以赴地降低成本，严格控制成本、管理费用及研发、服务、推销、广告等方面的成本费用。"差异化战略"是将公司提供的产品或服务差异化，树立起一些全产业范围中具有独特性的东西。"专一化战略"是主攻某个特殊的顾客群、某产品线的一个细分区段或某一地区市场。

3. 价值链

该概念出自1985年波特出版的《竞争优势》一书，他认为企业提供给顾客的产品或服务，其实是由一连串的活动组合起来所创造出来的。企业的价值链同时会和供货商、通路和顾客的价值链相连，构成一个产业的价值链。任何一个企业都可以价值链为分析的架构，思考如何在每一个企业价值活动上，寻找降低成本或创造差异的策略作为，同时进一步分析供货商、厂商与顾客三个价值链之间的联结关系，寻找可能的发展机会。

4. 钻石体系

波特认为，决定一个国家的某种产业竞争力的有4个因素，即生产要素（包括人力资源、天然资源、知识资源、资本资源、基础设施）、需求条件（主要是本国市场的需求）、相关产业和支持产业的表现——这些产业和相关上游产业是否有国际竞争力和企业的战略、结构、竞争对手的表现。

5. 产业集群

20世纪90年代由美国哈佛商学院的竞争战略和国际竞争领域研究权威学者麦克尔·波特创立。其含义是在一个特定区域的一个特别领域，集聚着一组相互关联的公司、供应商、关联产业和专门化的制度和协会，通过这种区域集聚形成有效的市场竞争，构建出专业化生产要素优化集聚洼地，使企业共享区域公共设施、市场环境和外部经济，降低信息交流和物流成本，形成区域集聚效应、规模效应、外部效应和区域竞争力。

4. 贸易、经济增长与环境保护的关系

发展国际贸易能够促进一国经济增长，但一国经济增长与环境状况之间的关系，究竟是改善还是恶化，人们的认识并不一致。有人认为，经济增长必然会伴随不可持续的资源开发和利用行为，最终将导致环境恶化。也有人认为，在经济发展的初级阶段，一国经济增长会伴随着环境恶化；但是当经济发展到一定程度以后，环境恶化就会停滞在某一水平；之后经济增长将促进环境状况的改善，呈现环境库兹涅茨曲线形状❶。

经济增长能否改善环境状况的关键在于经济的增长方式，以及伴随着经济增长，人们能否实施适当的环境保护政策。各国经济发展阶段不同，遭遇的环境问题也有所不同，采取的环境保护政策也应当有所不同。

第三节　贸易措施与环境措施的经济学比较

随着人口规模不断增加，人类生产和消费活动不断扩大，在缺乏有效的环境保护政策的情况下，就会出现环境污染、破坏和退化等问题。因此要治理环境问题，就应该针对人类的生产和消费活动，采取环境措施和贸易措施相结合的方法。实施环境措施可以对污染源（对环境造成污染的生产活动或消费活动）采取相应的强制措施，使环境成本内在化，这是一种最优的政策选择。实施贸易限制措施可以缩小经济活动范围，降低污染，但是会降低经济增长速度和社会福利水平，这是一种次优的政策选择。

为了比较贸易措施和环境措施的效果，本节首先对外部性、产权和市场失灵进行分析，之后将依次分析自由贸易对环境和经济福利的影响；自由贸易条件下实施环境措施对环境和经济福利的影响；在解决环境污染问题上贸易措施替代环境措施的程度；别国贸易政策和环境政策如何影响一国环境和经济福利。

一、外部性、产权及市场失灵

外部性扭曲了市场主体成本与收益的关系，会导致市场无效率甚至失灵。正外部性是某个经济行为个体的活动使他人或社会受益，而受益者无须支付费用。负外部性是某个经济行为个体的活动使他人或社会受损，而造成外部不经济的人却没有为此承担成本。环境污染是一种负外部性，即排污企业为自身创造财富的同时，给周边其他经济主体带来了损害，产生了"外部成本"。长期以来，这种"外部成本"并未计算到排污企业的生产成本中，主要是因为环境资源具有部分或全部公共性，人们可以互不排斥地共同使用自然生态环境资源，因此对环境资源产权界定成本很高，或者根本就难以界定。如果资源环境的产权能明确确定，并得到充分保障，就能及时有效地遏制负外部性的产生，环境污染和环境恶化问题也将得以解决，能够实现社会经济的可持续发展。

图 10-2 表示企业生产活动产生了环境污染，带来了负外部性，导致社会成本超过企业生产成本。

图 10-2 中纵轴 P 和横轴 Q 分别表示产品的价格和数量，D 表示该产品的需求曲线，PMC

---

❶　库兹涅茨曲线最初由西蒙·库兹涅茨在 1955 年提出，表示收入水平和收入水平不平等的关系呈现倒 U 形，收入不平等在国家刚摆脱贫困时趋于严重、收入处于中等水平后趋于稳定、随后出现区域平等的现象。

和 SMC 分别表示生产企业的边际成本曲线和社会边际成本曲线。假设市场是完全竞争的，那

么边际成本曲线也就是供给曲线❶。由于存在负外部性，社会边际成本曲线 SMC 位于企业边际成本曲线 PMC 之上。p 和 s 点分别表示企业和社会的生产均衡点。封闭条件下，不征收污染税时的社会福利水平为 $(mpn-nkp)$ 的面积。如果政府对企业的环境污染征收污染税，并将污染税纳入到企业生产成本中，每单位产品征收的污染税由 SMC 与 PMC 之间的距离决定。企业生产均衡点将从 p 点向 s 点移动，企业的产出由 q^p 减少为 q^s，产品价格水平由 p^p 上升为 p^s。此时的社会福利水平为 $(msn+skpt)$ 的面积，与不征税时比，福利水平增加了 stp 的面积。表明将负外部性内在化可以增加一国净福利水平。

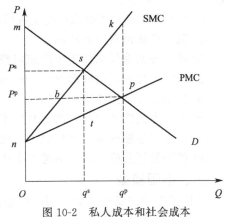

图 10-2　私人成本和社会成本

将负外部性内在化需要一系列条件，首先要求资源环境产权界定清晰。其次要求市场是完全竞争的。还要求市场不存在外部性。但就资源环境产品而言，由于目前绝大多数资源产品具有公共品属性，人们可以自由免费使用资源环境物品，难以对其清晰界定产权。在这三个条件中，能清晰界定资源环境产权是关键。科斯定理表明，只要产权界定是明晰的，并且交易成本很小，那么无论初始产权如何分配，当事人通过协商谈判就可以纠正负外部性，实现资源最优配置、社会效益最大化。在环境污染控制上，如果资源环境产权所有者是受污染者，那么受污染者可以要求污染排放者给予补偿，减少损害环境行为。如果资源环境产权被分配给污染排放者，那么污染排放者可以要求被污染者支付补偿，以减少因减少排污带来的损失。在图 10-2 中，如果资源环境产权所有者是受污染者，生产企业将支付 stpm 的补偿，以换取生产 q^s 许可。如果资源环境产权所有者是污染排放者，被污染者将为减少污染向污染排放者支付 skpt 费用，以"诱使"污染排放者将产出由 q^p 降为 q^s。

当市场上的交易者数量增多时，交易成本会越来越高，市场越来越难以将负外部性内在化。比如污染排放者数量较多，而受污染者数量较少时，受污染者无力补偿污染排放者减少污染排放的成本。此时，借助于政府干预是一个可行的解决办法。

市场失灵情况下，政府实施干预有三种方式。第一种是命令和控制方式，政府将固定的资源环境产权 q^s 在污染排放者和受污染者之间进行分配，*skpt* 为稀缺租金。第二种是庇古税或补贴。生产企业要么生产 q^p 的产出，并支付 *skpt* 的污染税，要么减少产出至 q^s 并得到补贴 *skpt*。第三种是国家约定排放的最高水平，出售或分配排放权。在完全竞争市场上，污染排放价格由均衡产出的 SMC 与 PMC 之间的差距决定，当均衡产出为 q^s 时，污染税税率为 TS。

二、基本假设

当存在环境资源外部性时，生产活动的私人成本和社会成本、消费活动的私人效益和社会效益是不一致的。同时由于环境资源具有公共品属性，其产权界定不明晰，加上多个受污染者和污染排放者之间的交易成本太高，很难将环境资源负外部性完全内在化。为考察自由

---

❶　对完全竞争市场，企业最优的生产规模是由边际成本等于边际收益的原则决定的。当边际成本小于边际收益时，企业扩大产量是可以增加利润的，而当边际成本大于边际收益时，企业就应减少产量。由此可见，通过边际成本曲线可以表现出供应量的变化，所以其供给曲线和边际成本曲线是重合的。

贸易对环境和福利的影响，我们分小国情形和大国情形❶分别进行考察。为简化分析，首先做出如下基本假设。

① 生产者、消费者和政策制定者信息完全充分，并能够正确评估环境资源外部性的影响。

② 仅生产或消费一种产品。

③ 环境外部性仅来源于生产或消费活动，且为负外部性。

④ 假设环境资源负外部性仅表现为环境污染。

⑤ 使用对经济主体提供补贴或者征税的环境政策。

⑥ 不考虑消费者偏好的改变和技术进步。

⑦ 不存在运输成本、管理成本，政策的收入分配效应忽略不计。

⑧ 使用静态分析方法，不考虑生产要素的国际流动。

三、小国模型

小国模型中产品与要素的国际市场价格是给定的，本国政策变动仅仅影响本国的生产和消费活动。在图 10-3 中，横轴代表商品的产出数量，纵轴代表该商品相对于所有其他商品的价格水平（假设其他商品的价格始终保持不变）。D 曲线代表生产企业的产品需求曲线，S 曲线代表生产企业的供给曲线，S' 曲线是生产这种产品的社会边际成本曲线。假设环境污染是由生产活动造成的，并且从一开始生产就存在企业私人成本和社会成本的差异，该差异与生产数量之间存在线性关系。

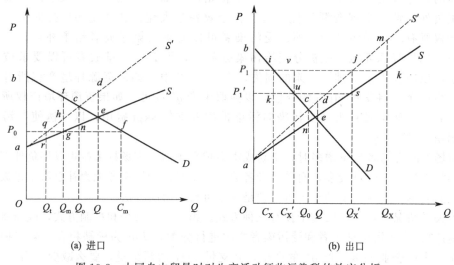

(a) 进口　　　　　　　　　　　　(b) 出口

图 10-3　小国自由贸易时对生产活动征收污染税的效应分析

（1）生产活动的环境负外部性

① 考虑小国不对生产企业的环境污染征收污染税的情况。在封闭条件下，小国的生产和消费将在 e 点达到均衡，此时该产品的产量和消费量均为 OQ，社会福利水平＝生产者剩余＋消费者剩余－∑社会成本与私人成本之差异，即 $abe-ade$ 的面积。假设该国调整了贸易政策，从封闭经济转为自由贸易。在图 10-3（a）中，该国是进口国，由于该国是小国，所以该这种产品的国内市场价格将上升，并等于国际市场价格 OP_0，此时该国该产

---

❶ 指如果一国对某产品的进口或出口量的变化，对该产品世界市场的供求状况产生影响，并导致该产品国际市场价格变动，那么该国就是该产品的贸易大国；反之，如果一国对某产品的进口或出口量的变化，对该产品世界市场的供求状况产生的影响微乎其微，并不会导致该产品国际市场价格变动，那么该国就是该产品的贸易小国。

品的生产量将降低到 OQ_m，消费量将增加到 OC_m，该国将进口 Q_mC_m 数量的该产品。该国社会福利水平为（$abfg-ahg$），从贸易开放中获得的收益是 $defgh$，开放贸易的利益为正，且比无生产外部性的情况下多 $degh$。在图 10-3（b）中，该国是这种产品的出口国，如果该产品的国际市场价格为 OP_1，那么该国将出口 C_xQ_x 单位的产品，该国福利水平为（$abik-amk$），从贸易开放中获得的福利水平为（$eik-dekm$），其结果可能为正，也可能为负，主要取决于无环境外部性时的贸易利益（eik）与生产 QQ_x 产品时所产生的环境外部性（$demk$）。

以上分析表明，如果小国不对生产企业的环境污染征收污染税，在自由贸易条件下，小国如果进口具有环境资源负外部性的产品，将会提高该国的福利水平；如果出口具有环境资源负外部性的产品，则要从贸易收益中减去负环境外部性，福利结果是不确定的。

② 考虑小国采取环境政策对生产企业的环境污染征收污染税的情形。征收的污染税税率等于 S 和 S' 之间的垂直距离。在图 10-3（a）中，封闭经济条件下，政府征收 $ncde$ 的污染税，会使产出水平从 OQ 减少到 OQ_0，社会福利水平为 $abc+ncde$，与不征收污染税时的福利水平 $abe-ade$ 相比，增加了 $ncde+cne$。在自由贸易条件下，如果小国进口具有环境资源负外部性产品的国际市场价格为 OP_0，那么征收 $qrgh$ 的污染税，生产量将从 OQ_m 减少到 OQ_t，社会福利水平为 bfp_0+app_0+qrgh，福利增加了。在图 10-3（b）中，封闭经济条件下，政府征收 $ncde$ 的污染税，会使生产均衡点从 e 点向 c 点移动，产出水平由 OQ 减少到 OQ_0，社会福利水平为 $abc+ncde$。在自由贸易条件下，如果小国出口具有环境资源负外部性产品的国际市场价格为 OP_1，那么征收 $jskm$ 污染税，生产量将从 OQ_x 降低到 OQ'_x，社会福利水平为 $biP_1+P_1ja+jskm$，福利增加了。相对于不征收污染税的情形，征收污染税将使小国生产的具有环境资源负外部性的产品产量都出现不同程度的减少，从而改善环境状况，提高福利水平。

③ 考虑小国采取征收出口税控制环境污染的情形。在图 10-3（b）中，封闭经济条件下，政府征收 $ncde$ 的污染税，会使产出水平从 OQ 减少到 OQ_0，社会福利水平为 $abc+ncde$。在开放经济条件下，政府征收 $vjsu$ 的出口税，会使生产者和消费者面临的价格水平从 OP_1 降至 OP'_1，出口数量也从 C_xQ_x 减少到 $C'_xQ'_x$，对企业生产而言，征收出口税与征收污染税的福利增加是相同的，均为 jkm，但是征收出口税扭曲了消费者行为，消费数量增加了 $C_xC'_x$，带来的福利损失为 iuv，如果 iuv 的面积超过了 jkm，表明征收出口关税尽管使产量下降 OQ'_x，但仍然无法抵补环境污染造成的损失，征收出口关税控制污染的效率要低于对生产活动征收污染税的效率，征收出口税并不是一种理想的政策工具。理想的出口税税率应该低于污染税税率，并且随着出口税税率下降，iuv 面积减少得比 jmk 多。

以上分析表明，征收出口关税或补贴生产企业出口的贸易措施，可以在一定程度上改善环境，但是对国民福利水平的改善力度不如直接对生产企业征收污染税，甚至还会在某些时候引起国民福利水平下降。

（2）消费活动的负外部性

假设资源环境产品负外部性仅仅产生在消费活动中，消费数量增加，则环境污染增加，社会福利变坏；消费数量减少，污染减少，社会福利变好。

① 考察小国仅对本国进口产品的消费活动征收污染税的情形。在自由贸易条件下，如果该小国是资源环境负外部性产品的出口国，由于出口导致该产品国内价格上涨，使小国国内消费数量减少，该国环境和福利水平改善；如果该国进口环境资源负外部性产品，国内市场价格下降，消费量增加，生产数量减少，该国环境和福利水平恶化，如图 10-4 所示。

在图 10-4 中，S 为企业生产供给曲线，D 和 D' 分别代表企业面临的需求曲线和社会需

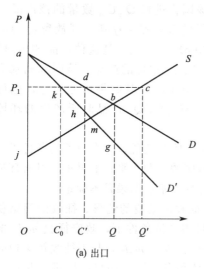
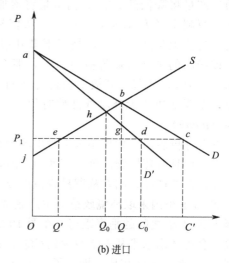

(a) 出口

(b) 进口

图 10-4 小国自由贸易时对消费活动征收污染税的效应分析

求曲线，由于社会成本大于企业生产成本，所以社会需求曲线 D' 位于企业需求曲线 D 的下方。在封闭经济条件下，小国该产品的产量和消费量均为 OQ，如果不对消费行为征收污染税，社会净福利为消费者剩余与生产者剩余之和减去社会成本，即 $abj-abg$。小国调整贸易政策，实行自由贸易。图 10-4(a) 中，国际市场价格为 OP_1，该国将出口 $C'Q$ 数量的产品，社会净福利为 $adcj-adh$，得自贸易的利益为 $kcm-kdh$，大于零。如果该国对消费活动征收污染税，企业消费曲线向下移动至社会需求曲线，并与之重合，消费量下降为 OC_0，出口数量为 C_0Q'，社会净福利为 kmc，得以改善。在图 10-4 (b) 中，国际市场价格是 OP_1，该国将进口 $Q'C'$ 量的该产品，社会净福利为 $acej-acd$，得自贸易的利益是 $deh-bcdg$，可能为正，也可能为负。如果该国征收消费活动的污染税，企业消费曲线向下移动至社会消费曲线，并与之重合，消费量从 OC' 降低至 OC_0，进口数量为 $Q'C_0$，社会净福利为 deh。

以上分析表明，如果环境污染主要源于消费活动，自由贸易条件下，如果小国出口这种产品，该国的环境得到改善，福利水平提高；但是，如果该国进口这种产品，该国环境与福利改善状况不明确，但是如果对消费活动征收污染税，将会改善该国环境与福利状况。

② 考察小国产品比进口产品更污染环境，但是小国对进口产品的消费活动征收污染税的情形。比如国产煤的含硫量比进口煤更多，燃烧时对空气会产生更大的污染。假设小国消费者更加关心煤燃烧产生的污染问题，那么小国消费者会更偏好进口煤，在这种情况下，即使小国不对进口煤征收污染税，自由贸易也能改善该国的环境，提高社会福利水平。在图 10-4 (b) 中，在自由贸易条件下，小国将按 OP_1 的价格进口煤炭，并将本国的国产煤也按 OP_1 的价格全部出口（假设国外消费者不关心所烧煤的硫含量）。此时该国消费者剩余为 acP_1，生产者剩余为 jP_1e，社会净福利为 $acej$，比封闭状态下增加了 bec。即自由贸易同时改善了小国的环境和社会福利水平。如果小国对进口煤的消费征收污染税，那么来自于贸易的利益为 ehd，小于不征消费税时候的福利水平。这表明，如果消费本国某商品会污染环境，那么在自由贸易状态下，不论是否对进口产品征收污染税，消费进口品会使污染减少，改善本国环境和福利水平。

四、大国模型

贸易大国采取的环境措施和贸易措施会影响本国的供给与需求状况，改变国际市场上的供求状况和价格水平，进而影响其他国家的生产、消费和环境状况，最终可能引起其他国家的政策调整。假设大国生产和消费某种产品时所产生的污染仅限在本国，不会向其他国家转移，相比较而言，其他国家生产和消费该产品时产生的污染很小，因此这种具有环境资源负外部性产品的生产曲线，在大国就表现为两条不同的企业边际成本曲线和社会边际成本曲线，而在其他国家，企业边际成本曲线和社会边际成本曲线是重合的。在图 10-5 中，D 曲线代表大国生产企业面临的产品需求曲线，S 曲线代表生产企业的边际成本曲线，即企业的供给曲线，S' 曲线是生产这种产品的社会边际成本曲线。

在图 10-5（a）中，大国国内该产品的均衡价格水平高于国际市场价格水平，那么在自由贸易时，大国将进口该产品。大国对该产品的进口需求增加了该产品国际市场的需求，该产品的国际市场价格将上升为 OP。大国进口数量为 Q_mC_m。自由贸易下，大国对进口的资源环境负外部性较小的进口产品不征收污染税，可以提高大国福利水平，来自于贸易的利益为 ehk。与小国相比，大国来自于自由贸易的收益较低，是因为大国的进口需求拉高了国际市场价格。在图 10-5（b）中，大国国内该产品的均衡价格水平低于国际市场价格水平，在自由贸易条件下，大国将出口有资源环境负外部性的产品，将环境污染转移至其他国家，这种产品在进口国和出口国产生同样的环境污染。如果大国对具资源环境负外部性产品的生产征收污染税，将使本国该产品价格水平上升，企业边际成本曲线先由 S 上升至 S'，并继续右移至 S''，导致国际市场上该商品供给增多，价格水平下降为 P，此时大国来自于贸易的利益是 def，与小国的贸易利益 abc 相比，无法确定孰大孰小，因为征收污染税，小国产出增加量可能多也可能少，如果产出增加很小，但是来自于大国的环境污染产品的进口也可能使小国环境和福利水平降低。

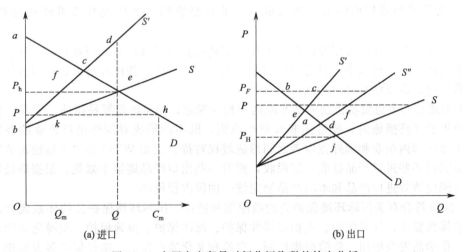

图 10-5 大国自由贸易时征收污染税的效应分析

以上分析表明，对一个生产并出口具有资源环境负外部性的大国来说，如果对出口产品的生产活动征收污染税，能够提高本国的环境和福利水平，并改善全球和贸易伙伴国的环境和福利状况。例如，石油生产大国对生产环节石油的碳含量增税，或者对伐木活动减少的碳吸附能力征税，都能明显有效改善本国和全球环境，提升福利水平。在图 10-6 中，D 曲线为出口国的需求曲线，S、S' 线分别为出口国的企业边际成本曲线和社会边际成本曲线，如果出口国对出口的资源环境负外部性产品每单位征收 bc 的污染税，价格将从 OP 上升到 OP'。进口国由于国内价格水平从 p 上升为 p' 导致的消费者福利损失是 $bcpp'$，但得自环境改善的福利是 $bdcj$，有可能超过 $bcpp'$，这样进口国的整体福利水平提高。对出口国来说，只要污染税收 $bdfh$ 超过生产者剩余的损失 $cdfg-pgbp'$，其整体福利水平也会得到提高。在这种情况下，对污染活动征税带来的总收益为 bcj，将在进口国和出口国之间进行分配。

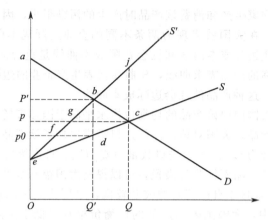

图 10-6 为了改善全球环境而对生产或消费活动征税的效应分析

五、经济措施对国际贸易的影响

经济措施主要通过两种方式影响国际贸易，即价格影响和非价格影响。价格影响是指采取经济措施会影响生产者的成本和产品价格，间接地影响了产品进入市场的机会，并最终影响产品在国际贸易中的竞争力。价格影响的效力主要取决于税收税率和收费费率，特别在用户费和环境税上，作用尤为明显。非价格影响是指对进口产品或厂商进入机会产生影响的经济措施，这些经济措施增加了国外产品或厂商进入市场的难度，间接地提高了产品或厂商的市场进入成本。非价格影响主要体现在许可证贸易和押金-退款制度中。

在实践中，各国往往使用经济措施干预资源环境负外部性产品的国际贸易，从价格和市场准入机会两方面干预入手，最终实现控制环境污染的目的。使用经济措施控制环境负外部性产品贸易时，需要注意以下两点。

（1）必须符合多边贸易体制的基本原则和相应规定，避免出现贸易扭曲。要求一国在设计环境政策的经济措施时，要遵循非歧视性原则，既不能形成对国外出口企业的差别性对待，也不能在国内企业和国外竞争者之间形成歧视对待。比如 WTO 的"边境税调节"规定允许成员国对某些进口产品征收一定税收，而对一些出口产品则给予减免。根据非歧视性原则，成员国应该对进口产品和本国产品制定统一的国内税税率。

（2）应该符合有关国际环境保护公约的原则和精神。国际环境保护公约体系庞大，从环境保护整体性要求、气候保护、生物多样性保护、海洋保护、湿地保护、荒漠化防治、核污染防治、化学品安全使用、危险废物控制、自然和文化遗产保护、南极保护等方面规定了人类社会经济活动不应过度污染和破坏环境，并主张使用经济措施控制环境污染。利用经济措施控制污染的理由，一是由于各国经济社会发展水平的差异，其控制污染的边际成本的差异较大，采取经济措施解决污染过境转移问题，可以充分考虑各国控制污染的成本差异，并使那些控制污染边际成本较低的国家获得比较优势；二是采取经济措施控制环境污染，有利于环境成本内在化，更好地体现公平贸易；三是采取经济措施控制环境污染，有助于弥补发展中国家环境污染控制技术不足的缺点，并积累防治环境污染的资金。

环境问题产生的根本原因，是由于市场失灵导致生产活动和消费活动产生的资源环境负外部性得不到补偿，即环境成本外在化。因此防治环境问题的最优政策选择，就应着眼于纠正市场制度失灵，使环境成本内在化。

六、贸易措施和环境措施对贸易环境和福利的影响

（1）对小国来说，如果不对生产企业的环境污染征收污染税，在自由贸易条件下，小国

进口具有环境资源负外部性的产品，将会提高该国的福利水平；小国出口具有环境资源负外部性的产品，则要从贸易收益中减去负环境外部性，福利结果是不确定的。如果环境污染是由生产活动产生的，小国在实行自由贸易的同时，对生产企业征收污染税，结果会比仅仅实行自由贸易政策带给本国更高的福利。对小国进口产品征收污染税，能改善本国环境，并提高福利水平；对小国出口产品征收污染税能使出口的环境资源负外部性产品的产出减少，改善环境和福利水平。如果小国采取征收出口税控制环境污染，可以在一定程度上改善环境，但是对国民福利水平的改善力度不如直接对生产企业征收污染税，甚至还会在某些时候引起国民福利水平下降。如果环境污染主要源于消费活动，小国出口这种产品，该国的环境得到改善，福利水平提高；如果该国进口这种产品，该国环境与福利改善状况不明确。但是如果对消费活动征收污染税，将会改善该国环境与福利状况。如果消费本国某商品会污染环境，那么在自由贸易状态下，不论是否对进口产品征收污染税，消费进口产品会使污染减少，能够改善本国环境和福利水平。

（2）对大国来说，自由贸易下，大国对进口的资源环境负外部性较小的产品不征收污染税，可以提高大国福利水平。如果大国生产并出口具有资源环境负外部性的产品，对出口产品的生产活动征收污染税，能够提高本国的环境和福利水平，并改善全球和贸易伙伴国的环境和福利状况。

（3）环境问题产生的根本原因，是由于市场失灵导致生产活动和消费活动产生的资源环境负外部性得不到补偿，即环境成本外在化。因此防治环境问题的最优政策选择，就应着眼于纠正市场制度失灵，使环境成本内在化。

思 考 题

1. 简要分析要素禀赋和比较优势在我国对外贸易实践中的适用性。
2. 简述贸易壁垒的表现形式及特点。贸易的环境效应表现在哪几个方面？
3. 试从生产和消费的角度分析贸易措施和环境措施对大国贸易、环境和福利的影响。
4. 试从生产和消费的角度分析贸易措施和环境措施对小国贸易、环境和福利的影响。

参 考 文 献

[1] 《环境科学大辞典》编辑委员会. 环境科学大辞典. 北京：中国环境科学出版社，1991.

[2] 向洪. 当代科学学辞典. 成都：成都科技大学出版社，1987.

[3] 中国社会科学院经济研究所，刘树成. 现代经济词典. 南京：凤凰出版社；江苏人民出版社，2005.

[4] 何盛明，刘西乾，沈云. 财经大辞典：上卷. 北京：中国财政经济出版社，1990.

[5] ［美］萨缪尔森. 经济学：上册. 高鸿业译. 北京：商务印书馆，1981.

[6] ［美］梅纳德·M·哈费斯密特等. 环境、自然系统和发展：经济评价指南. 过孝民，张惠勤，朱惠清译. 北京：经加工出版社，1988.

[7] ［美］约瑟夫·丁·塞尼卡等. 环境经济学. 熊必俊等译. 南宁：广西人民出版社，1986.

[8] ［美］阿兰·兰德尔. 资源经济学：从经济角度对自然资源和环境政策的探讨. 施以正译. 北京：商务印书馆，1989.

[9] 张兰生等. 实用环境经济学. 北京：清华大学出版社，1992.

[10] 国家计委，国家环保局等编. 中国环境与发展. 北京：科学出版社，1992.

[11] 曲格平. 中国环境问题及其对策. 北京：中国环境科学出版社，1989.

[12] 世界银行. 1992年世界发展报告. 北京：中国财政经济出版社，1992.

[13] 化工网. 我国焦炭行业运行现状及发展方向 ［EB/OL］. http://news.chemnet.com/item/2011-06-15/1542015.html. 2010-05-12.

[14] 陈喜红. 论政府在环境保护中的作用. 环境科学与管理，2007，32 (1)：17～20.

[15] 厉以宁，章铮. 第五讲 费用效益分析的基本概念 (下) 外部效果与无形效果. 环境保护. 1992，(10)：25～27，44.

[16] 翁允兵. 福清出台规划明确海洋环境保护总目标实现陆源排海污染总量控制. 中国环境报，2014.

[17] 蒋梦惟. 北京污染总量控制方案一季度出台. 北京商报，2014.

[18] 阿里巴巴钢材. 焦炭出口退税取消将带动国内焦炭需求回升. ［EB/OL］. http://www.taxrefund.com.cn/html/2012/12/20121226092123.htm. 2012-12-26.

[19] ［美］艾伦·克尼斯. 环境保护的费用—效益分析. 北京：展望出版社，1989.

[20] 王金南. 环境经济学：理论·方法·政策. 北京：清华大学出版社，1994.

[21] ［英］杰·沃福德. 环境经济学：市场经济学下环境管理的理论基础. 国家环保局首届环境经济学培训教材. 国家环保局环境与经济政策研究中心，1992.

[22] ［英］杰·沃福德等. 环境经济学：方法、实践与案例. 第二届环境经济学培训教材. 国家环保局环境与经济政策研究中心，1993.

[23] 厉以宁，章铮. 环境经济学. 北京：中国计划出版社，1995.

[24] Suthawan Sathirathai, Edward B. Barbier. Valuing Mangrove Conservation in Southern Thailand. Contemporary Economic Policy, 2001, 19 (2)：109～122.

[25] Antweiler, W. Copehnd B. and Taylor. S. Is Free Trade Good for the Environment. American Economic Review, 2001 (91)：877～988.

[26] Stern N. The Economics of Climate Change：The Stern Review. Cambridge：Cambridge University Press，2007.

[27] Aldy J, Stavins R. Architectures for Agreement：Addressing Global Climate Change in the Post-Kyoto World. Cambridge：Cambridge University Press，2007.

[28] Robert S. Pindyck. Uncertainty in Environmental Economics. Review of Environmental Economics and Policy, 2007 (1)：45～65.

[29] ［日］宫本宪一. 环境经济学. 朴玉译. 北京：生活·读书·新知三联书店，2004.

[30] 严法善. 环境经济学概论. 上海：复旦大学出版社，2003.

[31] 左玉辉. 环境经济学. 北京：高等教育出版社，2003.

[32] ［英］尼古拉斯·斯特恩. 气候变化经济学 (上). 季大方译. 经济社会体制比较，2009 (6)：1～13.

[33] 沈小波. 环境经济学的理论基础、政策工具及前景. 厦门大学学报，2008 (06)：19～26.

[34] 张真，戴星翼. 环境经济学教程. 复旦大学出版社，2007.

[35] 夏光. 环境经济学在中国的发展. 中国人口·资源与环境，1999 (1) 22～26.

[36] 张坤民，潘家华，崔大鹏. 低碳经济论. 北京：中国环境科学出版社，2008.

[37] 张帆. 环境与自然资源经济学. 上海：上海人民出版社，1998.

[38] 罗丽丽. 20世纪资源观的历史回顾与展望. 经济师，2006 (3) 256～257.

[39] 陈大夫.环境与资源经济学.北京:经济科学出版社,2001.

[40] [美]莱斯特·R·布朗,林自新.B模式2.0:拯救地球延续文明.暴永宁译.北京:东方出版社,2006.

[41] 王金南,逯元堂,曹东.环境经济学:中国的进展与展望.中国地质大学学报(社会科学版),2006(05):7~10.

[42] 成金华,吴巧生.中国自然资源经济学研究综述.中国地质大学学报,2004(6):47~56.

[43] 杨云彦.人口·资源与环境经济学.北京:中国经济出版社,1999.

[44] 罗孝君.我国自然资源状况及可持续利用途径.合作经济与科技,2010(2):4~5.

[45] 梁光明.自然资源利用经济与管理.北京:中国经济出版社,2002.

[46] [日]植田和弘.环境经济学.日本岩波书店出版社,1996.

[47] 钟一鸣,张强.从新制度经济学的视角看资源定价的必要性.经济与法,2011(6):207~209.

[48] 王玉庆.环境经济学.北京:中国环境科学出版社,2002.

[49] 杨志,张洪国.气候变化与低碳经济、绿色经济、循环经济之辨析.广东社会科学,2009(6):34~42.

[50] 潘家华.持续发展途径的经济学分析.北京:中国人民大学出版社,1997.

[51] 朱连奇.自然资源开发利用的理论与实践.北京:科学出版社,2004.

[52] 王金南.环境经济学:理论·方法·政策.北京:清华大学出版社,1994.

[53] 王军.气候变化经济学的文献综述.世界经济,2008(8):85~96.

[54] 王胜今,齐艺莹.我国人口、资源与环境经济学学科发展的思考.吉林大学学报,2004(6):89~95.

[55] 世界环境与发展委员会.我们共同的未来.长春:吉林人民出版社,1997.

[56] 杨魁孚,田雪原.人口、资源、环境可持续发展.杭州:浙江人民出版社,2001.

[57] 高南林.低碳经济理论基础及经济学价值解析.商业时代,2013(16):8~9.

[58] 方大春,张敏新.低碳经济的理论基础及其经济学价值.中国人口·资源与环境,2011(7):91~96.

[59] 张坤民.可持续发展论.北京:中国环境科学出版社,1987.

[60] 张帆.环境与自然资源经济学(第2版).上海:上海人民出版社,2007.

[61] 喻国华,曾峰,周箐.西方经济学原理.北京:中国科学技术出版社,1995:1-49.

[62] 朱洪光,钦佩,万树文.自然环境恶化的社会经济原因.农村生态环境,2000,16(2):49~52.

[63] 唐华仓.农业生产环境成本的核算与控制.环境与可持续发展,2006,(3):35~37.

[64] 李闯.农业生产的环境成本估算及政策建议.北京:中央民族大学,2010.

[65] 王松霈,迟维韵.自然资源利用和生态经济系统.北京:中国环境科学出版社,1992:1~35.

[66] 元晓.2007年我国呼吸系统疾病直接医疗费用分析.卫生经济研究,2009,(5):46~48.

[67] 颜夕生.江苏省农业环境污染造成的经济损失估算.农业环境保护,1993,12(4):158~160,173.

[68] ODA/NEPA环境经济学项目办公室.环境经济学培训教材.1995.

[69] ODA/NEPA环境经济学项目办公室.环境经济学培训教材.1996.

[70] DFID/NEPA环境经济学项目办公室.环境经济学培训教材.1997.

[71] 中国科协第二届青年学术年会执行委员会编.资源开发、全球变化与持续发展论文集.北京:中国科学技术出版社,1995.

[72] 徐嵩龄.中国环境破坏的经济损失计量:实例与理论研究.北京:中国环境科学出版社,1998.

[73] 胡涛,王华东.中国的环境经济学:从理论到实践.北京:中国农业科学出版社,1996.

[74] 胡涛,王华东.中国的环境经济学在实践中的应用.北京:中国环境科学出版社,1997.

[75] 张象枢,魏国印,李克国.环境经济学.北京:中国环境科学出版社,1999.

[76] 李金昌.资源核算法.北京:海洋出版社,1991.

[77] 马中.环境与资源经济学概论.北京:高等教育出版社,1999.

[78] 马中.环境与自然资源经济学概论.第2版.北京:高等教育出版社,2006.

[79] 姚健.环境经济学.成都:西南财经大学出版社,2001.

[80] 钱易,唐孝炎.环境保护与可持续发展.北京:高等教育出版社,2000.

[81] 甘师俊.可持续发展——跨世纪的抉择.广州:广东科技出版社,1997.

[82] 王军.可持续发展.北京:中国发展出版社,1997.

[83] 王慧炯等.可持续发展与经济结构.北京:科学出版社,1999.

[84] 曲福田.资源经济学.北京:中国农业出版社,2001.

[85] 许晓峰等.资源资产化管理与可持续发展.北京:社会科学文献出版社,1999.

[86] 李金华.中国可持续发展核算体系(SSDA).北京:社会科学文献出版社,2000.

[87] 蔡运龙.自然资源学原理.北京:科学出版社,2000.

[88] 马中. 环境经济与政策：理论及应用. 北京：中国环境科学出版社，2010.

[89] 李克国. 环境经济学. 第2版. 北京：中国环境科学出版社，2007.

[90] 宋国军. 环境政策分析. 北京：化学工业出版社，2008.

[91] 沈满洪. 资源与环境经济学. 北京：中国环境科学出版社，2007.

[92] ［美］汤姆·蒂坦伯格，琳恩·刘易斯. 环境与自然资源经济学. 北京：中国人民大学出版社，2011.

[93] ［美］保罗·萨缪尔森，威廉·诺德豪斯. 经济学. 萧琛译. 第16版. 北京：华夏出版社，1999.

[94] 兰德尔. 资源经济学. 北京：商务印书馆，1989.

[95] 朱中彬. 外部性的三种不同含义. 经济学消息报，1999，(7).

[96] 杨建洲，张建国. 我国森林限额采伐管理政策失灵分析. 生态经济，2001，(10)：7~9.

[97] 鲁传一. 资源与环境经济学. 北京：清华大学出版社，2004.

[98] 《实现"十一五"环境目标政策机制》课题组. 中国污染减排. 北京：中国环境科学出版社，2008.

[99] 葛察忠，王新，费越等. 中国水污染控制的经济政策. 北京：中国环境科学出版社，2011.

[100] 过孝民，於方，赵越. 环境污染成本评估. 北京：中国环境科学出版社，2009.

[101] 郭红燕，刘民权. 贸易与环境. 北京：科学出版社，2010.

[102] 彭水军，赖明勇，包群. 环境、贸易与经济增长——理论、模型与实证. 上海：上海三联书店，2006.

[103] 黄恒学. 公共经济学. 第2版. 北京：北京大学出版社，2009.

[104] 毛显强，钟瑜，张胜. 生态补偿的理论探讨. 中国人口·资源与环境，2002，12 (04)：38~41.

[105] 夏顺利. 我国环境保护中的政策失灵及其矫治对策. 沈阳：东北大学，2006.

[106] 时晓，吴杰. 澳大利亚矿产资源税制改革：经验与启示. 财会通讯，2013，(5)：125~128.

[107] 杨朝飞，王金勇，葛察忠等. 环境经济政策改革与框架. 北京：中国环境科学出版社，2010.

[108] 朱海玲. 绿色GDP应用研究. 湖南：湖南人民出版社，2007.

[109] 贾丽红. 外部性理论研究——中国环境规制与知识产权制度的分析. 北京：人民出版社，2007.

[110] 梁本凡. 环境经济学高级教程. 北京：中国社会科学出版社，2010.

[111] 宋国军. 排污权交易. 北京：化学工业出版社，2004.

[112] 王奇，王会，陈海丹等. 工业点源——农业面源排污权交易的机制创新研究. 生态经济，2011，(7)：29~32.

[113] Fang F, William E K, Brezonik P L. Point nonpoint source waterquality trading：a case study in the Minnesota River Basin. Journal of the American Water Resources Association，2005 (6)：645~658.

[114] ［美］阿尼尔·马康德雅，雷纳特·帕利特、帕梅拉·梅森，等. 环境经济学词典. 朱启贵译. 上海：上海财经大学出版社，2006.

[115] 中国科学院可持续发展战略研究组. 2012中国可持续发展战略报告. 北京：科学出版社，2012.

[116] 中国环境与发展回顾和展望高层课题组. 中国环境与发展——回顾和展望. 北京：中国环境科学出版社，2007.

[117] 齐晔. 中国环境监管体制研究. 上海：上海三联书店，2008.

[118] 任勇，冯东方，俞海等. 中国生态补偿理论与政策框架设计. 北京：中国环境科学出版社，2008.

[119] 王金南，庄国泰. 生态补偿机制与政策设计. 北京：中国环境科学出版社，2006.

[120] Pearce，D. W.，Turne. R. K.，. The Economics of Natural Resources and the environment. Baltimore：The Johns Hopkins University Press，1990.

[121] Tietenberg，T. Environmental and Natural Resource Economics (3rd edition). NewYork：Harper Collins Publisher，1992.

[122] Turner，R. K.，D. Pearce. Bateman，Environmental Economics：an Elementary Introduction. NewYork：Harvester Wheatsheaf，1994.

[123] Panayotou，T.，. Green Markets：The Economics of Sustainable Development. San Francisco：ICS Press，1993.

[124] Pearce，D. W.，Jeremy J. Warford，World Without End：Economics，Environment，and Sustainable Development，. NewYork：Oxford University Press，1993.

[125] 王伟. 资源经济学. 北京：中国农业出版社，2007.

[126] 高鸿业. 西方经济学（微观部分）. 第5版. 北京：中国人民大学出版社，2011.

[127] 王金南等. 绿色国民经济核算. 北京：中国环境科学出版社，2009.

[128] 易纲，张帆. 宏观经济学. 北京：中国人民大学出版社，2008.

[129] ［美］巴利·C·菲尔德，玛莎·K·菲尔德. 环境经济学. 原毅军，陈艳莹译. 第5版. 大连：东北财经大学出版社，2010.

[130] 沈满洪，蒋国俊等. 绿色制度创新论. 北京：中国环境科学出版社，2005.

[131] 中华人民共和国国家发展和改革委员会. 中国的排污收费制度 ［EB/OL］. http：//www.ndrc.gov.cn/jggl/jgqk/

t20070404 _ 126543. htm. 2007-04-04.

[132] 王军玲，李想，朱晓．建立地方排污权交易制度中的难点问题与思考．北京：中国环境科学学会，2011.

[133] 何源．论限额—可交易许可证制度的美国经验和中国实践问题．科教导刊（中旬刊），2012，(9)：221～222，237.

[134] 李丽平，胡涛，吴玉萍等．构筑我国绿色贸易体系的对策研究．中国人口、资源与环境，2008，18 (2)：200～203.

[135] 孟弘．低碳经济北京下加快推进我国排污权交易的建议．科技管理研究，2011，(12)：89～92.

[136] 代军，吴克明．湖北省实施排污权交易的障碍及对策分析．生态经济，2011，(4)：54～56，161.

[137] 张晓文．论排污权交易制度在我国的建立与完善．企业经济，2010，(9)：183～186.

[138] 姜妮．"十二五"：排污权交易期待新突破．环境经济，2011，(6)：20～27.

[139] 王东，钱翌，胡涛．贸易对我国环境影响的案例研究．青岛科技大学学报（社会科学版），2007，23 (4)：70～73.

[140] 张婷．中国环境科学学会 2006 年学术年会优秀论文集（中卷）．苏州：中国环境科学学会 2006 年学术年会，2006：1689～1693.

[141] 彭本利，李爱年．对我国排污权交易实践的评价研究．安徽农业科学．2012，40 (5)：2942～2944，2947.

[142] 胡涛，吴玉萍，沈晓月等．贸易顺差背后的环资逆差．WTO 经济导刊，2007，(8)：10～12.

[143] 张养志，吴亮，聂元贞．WTO 新议题：争论·影响·对策．兰州：甘肃人民出版社，2005.

[144] 赵玉焕．贸易与环境协调问题研究．北京：对外经济贸易大学，2001.

[145] 赵玉焕．贸易与环境——WTO 新一轮谈判的新议题．北京：对外经济贸易大学出版社，2002.

[146] 陈建国．贸易与环境：经济·法律·政策．天津：天津人民出版社，2001.

[147] ［加］科普兰，［加］泰勒尔，贸易与环境．彭立志译．上海：格致出版社，2009.

[148] 李向前，胡涛，毛显强．贸易政策环境影响评价的国际研究进展．环境科学动态，2003，(2)：39～41.

[149] 郑智昕．浅析国际贸易与环境保护的关系．东南亚纵横，2011，(7)：66～68.

[150] 赵立民．发展中国家国际贸易与环境保护趋势的探讨．发展研究，2008 (2)：28～30.

[151] 吴玉萍，胡涛，毛显强等．贸易政策环境影响评价方法论初探．环境与可持续发展，2011 (3)：35～40.

[152] 张昕．黑龙江省生态旅游资源合理配置．哈尔滨：东北农业大学，2005.

[153] 李旭．基于 CGE 和 SD 模型的污染控制政策分析方法研究．上海：复旦大学，2004.

[154] 徐兰军．耗竭性资源资产评估理论与方法研究．长沙：中南大学，2003.

[155] 王承武．新疆能源矿产资源开发利用补偿问题研究．乌鲁木齐：新疆农业大学，2010.

[156] 周俐萍．环境经济政策实施的必然性分析．商业时代，2009，(7)：47～48.

[157] 包桂英．环境低代价的经济增长初探——以库伦旗为例．呼和浩特：内蒙古师范大学，2010.

[158] 董万银．热电联产环境效益分析方法研究．北京：华北电力大学，2005.

[159] 魏锋．论绿色经济与可持续发展．经济问题探索，2001，(1)：42～44.

[160] 张文健，孙绍荣．浅谈机会主义行为预测与制度设计．工业技术经济，2006，25 (2)：41～42.

[161] 林千红．区域海洋管理理论及其能力建设实践的研究．福建：厦门大学，2005.

[162] 李艳春．"绿色 GDP"核算方法初探．北京统计，2003，(2)：31～33.

[163] 郭建华．关于企业开展绿色核算．辽宁城乡环境科技，2006，26 (6)：7～10.

[164] 刘莹．国际生态经济一体化的理论探讨与实践——以环黄海大生态系为例．青岛：中国海洋大学，2009.

[165] 方韬．电力市场中发电企业环境成本的研究．北京：华北电力大学，2006.

[166] 戴世明．环境容量补偿机制研究．南京：东南大学，2008.

[167] 周一虹．论环境成本的会计控制．中国环保产业，2002，(7) .

[168] 阮渝生．论企业环境成本的管理．北方经贸，2004，(7)：77～78.

[169] 郑宇植．中国环境污染与投资、贸易、GDP 的关系．北京：对外经济贸易大学，2001.

[170] 梅云劲．现代环境会计概念和实务．上海：复旦大学，2004.

[171] 吴锦绣，李梅，胡艳宏等．稀土冶金中"三废"治理方案的探讨．稀土，2008，29 (6)：106～107.

[172] 李月莉．基于 3E 视角的重庆市能源发展现状评析及其对策．南京：南京航空航天大学，2008.

[173] 邓峰．环境资源可持续发展中的利益冲突与制度创新．杭州：浙江大学，2000.

[174] 崔福华．城市生活垃圾焚烧热电联产的环境与经济效益分析．上海：同济大学，2007.

[175] 仇恒东．多层次尾气控制策略成本效益评价体系与方法．北京：北京交通大学，2006.

[176] 许凡．环境政策费用效益分析的研究与实践．天津：南开大学，2001.

[177] 张彩庆．电厂湿法烟气脱硫系统对环境质量改善及经济性分析．北京：华北电力大学，2012.

[178] 刘林奇．对外贸易与环境问题关系研究综述．经济师，2008 (6)：83～84.

[179] 郎平．新一轮多边贸易谈判中的贸易与环境问题．世界经济与政治，2003（1）：11～16.

[180] 毛显强，李向前，涂莹燕等．农业贸易政策环境影响评价的案例研究．中国人口·资源与环境，2005（6）：40～46.

[181] 张天桂．国际合作中贸易与环境的协调研究．世界经济研究所博士学位论文，2009.

[182] 黄辉．WTO与环保——自由贸易与环境保护的冲突与协调．北京：中国环境科学出版社，2004.

[183] 兰天．贸易与跨国界环境污染．北京：经济管理出版社，2004.

[184] ［美］曼瑟尔·奥尔森．集体行动的逻辑．陈郁，郭宇峰，李崇新译．上海：上海三联书店，上海人民出版社，1995.

[185] 强永昌等．环境规制与中国对外贸易可持续发展．上海：复旦大学出版社，2006.

[186] 莫莎．贸易与环境问题的多边及区域协调．世界经济与政治，2006（1）：75～81.

[187] 丁明红．WTO体制下贸易与环境政策之法律协调问题研究——可持续发展的视角．厦门：厦门大学博士学位论文，2006.

[188] 宁晓伟．我国排污权交易与排污收费制度整合问题研究．郑州：河南大学，2010.

[189] 李怀政．国际贸易与环境问题溯源及其研究进展．国际贸易问题，2009（4）：68～73.

[190] 高秋杰，田明华，吴红梅．贸易与环境问题的研究进展与述评．国际贸易问题.2011（1）：57～63.

[191] 吕凌燕，车英．WTO体制下我国环境关税制度的构建．武汉大学学报（哲学社会科学版），2012（6）：26～31.

[192] 陈红蕾，陈秋峰．我国贸易自由化环境效应的实证分析．国际贸易问题，2007（7）：66～70.

[193] 侯鲜明．试论国际贸易中的环境关税问题．商业时代，2007（1）：23～24.

[194] 蔡高强，胡斌．论WTO体制下的碳关税贸易措施及其应对．湘潭大学学报，2010（5）：34～39.